大数据优秀应用解决方案案例

工业、能源、交通卷

国家工业信息安全发展研究中心　编著

人民出版社

指导委员会

主 任 委 员：尹丽波

副主任委员：何小龙　马宁宇　徐　昊

委　　　员：李振军　唐振江　吴宏春　谷甫刚

李　瑛　邱惠君　刘　巍　李向前

专家顾问委员会

组　　　长：梅　宏

委　　　员：（按姓氏笔画排序）

王建民　叶晓俊　付晓宇　冯俊兰

宁振波　吕卫锋　刘　伟　刘　驰

刘贤刚　刘瑞宝　安　晖　许志远

杨　晨　杨春立　杨春晖　邱东晓

何明智　余晓晖　汪存富　罗　银

周　平　周润松　赵国栋　赵菁华

赵鹏飞　胡才勇　查　礼　莫益军

高　斌　黄　罡　黄河燕　董　建

谢志刚　熊桂喜

出版工作委员会

序

党中央、国务院高度重视大数据的发展和应用,2015年8月,国务院印发了《促进大数据发展行动纲要》;2015年10月29日,党的十八届五中全会公报将实施"国家大数据战略"写入党的全会决议,标志着大数据战略正式上升为国家战略;2017年10月18日,习近平总书记在党的十九大报告中指出:要"推动互联网、大数据、人工智能和实体经济深度融合",建设"数字中国";2017年12月8日,在中央政治局第二次集体学习时,习近平总书记发表"审时度势、精心谋划、超前布局、力争主动,实施国家大数据战略、加快建设数字中国"的重要讲话,作出了"推动大数据技术产业创新发展、构建以数据为关键要素的数字经济、运用大数据提升国家治理现代化水平、运用大数据促进保障和改善民生、切实保障国家数据安全"五项战略部署。这一系列动作,开启了新时代我国大数据建设的新篇章。随着国家大数据战略的实施,新一轮的大数据发展正在沿着健康的轨道前行,为数字中国建设和数字经济发展汇聚数据资源和提供动力引擎。

2018年是贯彻党的十九大精神的开局之年,是改革开放40周年,是决胜全面建成小康社会、实施"十三五"规划承上启下的关键一年,抢抓机遇,构建自主可控的大数据产业链、价值链和生态系统,无疑对我国新一代信息技术和新一轮信息化发展具有重大意义。

回顾我国过去几年大数据的发展,可小结为:"进步长足,基础渐厚;喧嚣已逝,理性回归;成果丰硕,短板仍在;势头强劲,前景光明。"

我国大数据产业生态已初步形成,大数据产业发展进入加速期:大数据技术产品创新取得明显进展,大数据软硬件自主研发实力快速提升,涌现出一大批世界一流的大数据创新企业;应用领域从互联网、金融等开始向交通、医疗、政府、工业等逐渐拓展;区域集聚发展效应开始显现,京津冀地区形成了"中关村技术研发—天津装备制造—张家口/承德数据存储"的协同创新带,长三角地区城市将大数据与智慧城市、云计算发展紧密结合，珠三角地区形成了广州和深圳两个国家超级计算中心，腾讯、华为等骨干企业带动形成集聚创新带，东北地区将工业大数据作为发展重点，中西部已经成为大数据产业发展的新增长极。我国大数据产业的发展，为政府治理能力提升、民生公共服务优化、经济转型和创新发展作出了积极贡献。

但是与美国等发达国家相比，我国大数据产业在发展中还面临着不少问题和困难，如基础理论与核心技术落后，这是导致我国信息技术长期处于"空心化"和"低端化"的根本原因，大数据时代如何避免此问题在新一轮发展中再次出现，是一个重大挑战；数据治理体系远未形成，原始数据资源丰富，然而数据壁垒广泛存在、法律法规发展滞后，制约了数据资源中所蕴含价值的挖掘与转化；应用发展不均衡，互联网应用市场化程度高、发展较好，但行业应用广度和深度明显不足，特别是和实体经济融合不够，生态系统亟待形成和发展。

实施国家大数据战略，实现我国由"数据大国"向"数据强国"转变，有必要系统性地加强相关工作，如统筹推进大数据基础设施建设，实现大数据基础设施跨越式发展；创新研发机制，围绕大数据的获取、传输、管理、处理、分析与应用等环节持续开展基础理论研究和关键技术攻关，形成一批技术先进、自主可控，满足重大应用需求的产品、解决方案和服务；深化工业大数据在研发设计、生产制造、管理决策、售后服务等全流程的创新应用；坚持安全与发展并重的原则，建立健全大数据安全保障体系，提升数据安全保障能力；创新人才培养和海外人才引进政策、管理方式，打造多层次数字人才队伍；等等。

为深入了解大数据产业发展现状、趋势及其对经济社会发展的影响，分析我国大数据发展取得的成绩和存在的问题，科学务实推进大数据产业融合创新发展，国家工业信息安全发展研究中心在工业和信息化部信息化和软件服务业司的指导下，在 2016 年全国大数据案例征集工作的基础上继续在全国范围内开展大数据优秀产品和应用解决方案征集活动，从申报和入围情况来看，2017 年的案例申报数量和申报企业的规模质量均有大幅提升，从中也可窥见我国大数据产业发展的日益蓬勃。

希望这套《大数据优秀产品和应用解决方案案例系列丛书（2017—2018 年）》能够产生预期的效果，为我国大数据产业创新发展提供良好的借鉴和参考。

2018 年 4 月于北京

目 录

前 言 / 001

第一部分 总体态势篇

第一章 我国大数据产业发展综述 / 002
　　一、我国大数据发展基本情况 / 002
　　二、存在的问题 / 010
　　三、推动大数据产业发展的措施建议 / 011

第二章 2017 大数据案例征集总体情况 / 013
　　一、案例征集情况 / 013
　　二、案例入围情况 / 019

第二部分 大数据应用解决方案篇——工业、能源、交通

第三章 工业领域 / 022
01 联想工业大数据解决方案
　　——联想（北京）有限公司 / 022
02 区域级工业云创新服务平台应用集成解决方案
　　——贵州航天云网科技有限公司 / 031
03 工程机械行业智能装备、智能服务及智能管理
　　一体化解决方案
　　——中联重科股份有限公司 / 039
04 基于大数据技术的高速动车组健康诊断及
　　专家支持系统
　　——中车青岛四方机车车辆股份有限公司 / 049

05 基于大规模个性化定制的轮胎全生命周期
大数据应用方案
——双星集团有限责任公司 / 056

06 东方国信节能大数据平台
——北京东方国信科技股份有限公司 / 066

07 数据驱动的服装大规模个性化定制系统解决方案
——青岛酷特智能股份有限公司 / 074

08 Xrea 工业互联网大数据平台
——江苏徐工信息技术股份有限公司 / 083

09 飞机快速响应客户服务平台
——金航数码科技有限责任公司 / 092

10 复杂装备智能运维解决方案
——北京工业大数据创新中心有限公司 / 099

 11 基于大数据技术的燃气轮机远程诊断及专家支持系统
——中国船舶重工集团公司第七〇三研究所 / 108

12 酒钢集团信息系统监管与经营分析大数据应用
解决方案
——酒泉钢铁（集团）有限责任公司 / 116

13 基于工业大数据的智慧运营解决方案
——中国软件与技术服务股份有限公司 / 128

14 晶澳太阳能智能综合管理运营平台
——北京东方金信科技有限公司 / 135

第四章　能源电力 / 142

15 电力大数据开放共享服务平台解决方案
——全球能源互联网研究院有限公司 / 142

16 基于大数据云平台的智能矿山解决方案
——神华和利时信息技术有限公司 / 153

17 全球可再生能源储量评估、前景分析与规划平台
——中国电力建设股份有限公司 / 163

18 大数据关键技术研究及其在智能发电中的应用
——湖南大唐先一科技有限公司 / 172

19 "拾贝云＋智慧电厂"一体化管控平台
　　　——广州健新科技股份有限公司 / 179

第五章　交通物流 / 187

20 摩拜单车
　　　——摩拜（上海）智能技术有限公司 / 187

21 ET 城市大脑
　　　——阿里云计算有限公司 / 198

22 交通大数据中心解决方案
　　　——北京同方软件股份有限公司 / 208

23 铁路桥隧检养修管理系统与大数据分析
　　　——中铁大桥科学研究院有限公司 / 216

24 基于 BIM 技术的交通基础设施资产养护管理解决方案
　　　——中交公路规划设计院有限公司 / 227

25 高速公路交通大数据应用解决方案
　　　——大唐软件技术股份有限公司 / 239

26 运满满全国公路干线物流智能调度系统
　　　——江苏满运软件科技有限公司 / 248

27 车联网大数据场景应用解决方案
　　　——广东翼卡车联网服务有限公司 / 255

28 "云图"交通大数据解决方案
　　　——中国电信股份有限公司广东分公司 / 262

29 先进的新一代智慧城市系统
　　　——青岛海信网络科技股份有限公司 / 277

30 货车帮车货匹配系统
　　　——贵阳货车帮科技有限公司 / 286

31 盾构 TBM 施工大数据应用平台
　　　——中铁隧道局集团有限公司 / 295

32 智慧公交信息综合管理系统解决方案
　　　——广州通达汽车电气股份有限公司 / 309

33 交通交警大数据服务解决方案
　　　——陕西北佳信息技术有限责任公司 / 319

附录："2017 大数据优秀产品和应用解决方案案例"
　　　入选名单 / 327

前言

　　人类五千年农耕文明、三百年工业文明都已成为过往，历史的车轮正驶入一个崭新的数字文明时代。数字文明逐步渗透到社会神经的各个末梢，带来了人类社会理念和生活方式翻天覆地的变化，使得人类和自然的共生与发展更加平衡、高效、和谐。大数据，作为数字文明时代的基础性战略资源，体现了当今时代背景下全新的资源观，业已成为推动数字经济发展的关键要素，以及促进创新的重要动力和提升国家治理能力的有效抓手。

　　党中央、国务院高度重视大数据发展，习近平总书记在党的十九大报告中明确指出要"加快建设制造强国，加快发展先进制造业，推动互联网、大数据、人工智能和实体经济深度融合"，要大力发展数字经济，建设"数字中国"。李克强总理在第十三届全国人民代表大会第一次会议上的政府工作报告中提出，要加快新旧发展动能接续转换，推动大数据、云计算、物联网广泛应用，对传统产业深刻重塑；"实施'中国制造2025'，推进工业强基、智能制造、绿色制造等重大工程，先进制造业加快发展"；深入推进供给侧结构性改革，"实施大数据发展行动，加强新一代人工智能研发应用，在医疗、养老、教育、文化、体育等多领域推进'互联网+'"。

　　概而言之，要坚持以供给侧结构性改革为主线，加快发展数字经济，就是要推动实体经济和数字经济融合发展，推动互联网、大数据、人工智能同实体经济深度融合，继续做好信息化和工业化深度融合这篇大文章，推动制造业加速向数字化、网络化、智能化发展；要运用大数据提升国家治理现代化水平，建立健全大数据辅助科学决策和社会治理的机制，推进政府管理和社会治理模式创新，实现政府决策科学化、社会治理精准化、公共服务高效化。对此，工业和信息化部响应党中央国务院战略部署，深化落实《促进大数据发展行动纲要》《大数据产业发展规划（2016—2020年）》《中国制造2025》《国务院关于深化制造业与互联网融合发展的指导意见》《新一代人工智能发展规划》等重大政策。

　　整体来说，我国大数据产业正在进入加速发展期。党的十八大以来，在国家政策的推动下，在各界共同努力下，我国大数据产业发展迅猛。一是顶层设计不断加强，政策机制日益健全。国家发展改革委、工信部、中央网信办等46个部委共同建立了促进大数据发展部际联席会议机制。全国已有三十多个省、自治区、直辖市制定实施了相关政策文件，二十余个地方专设了相关管理机构。二是关键技术领域不断取得突破，创新能力显著提升。大数据软硬件自主研发实力快速提升，一批大数据技术和平台处理能力跻身世界前列。三是大数据应用逐步深化，推动实体经济转型升级。金融、电信、政务、医疗、教育等领域涌现了一批大数据典型应用，不断加强利用大数据改造提升传统产业，促进了工业互联网、工业大数据、工业云协同发展。四是区域布局持续优化，示范引领效应凸显。全国推进建设了8个国家大数据综合试验区以及4个大数据产业特色优势明显的大数据新型工业化产业示范基地，在更高层次上促成了产业的规范发展和提质增效。此外，大数据基础设施、法律法规、标准体系、安全保障能力、人才队伍建设等发展环境也日益完善。

　　为进一步贯彻落实国家大数据战略，发掘推广大数据与实体经济融合的典型经验和做法，根据《工业和信息化部办公厅关于组织开展2017大数据优秀产品和应用解决方案征集活动的通知》（工信厅信软函〔2017〕568号），工业和信息化部信息化和软件服务业司响应部党组统一工作部署，指导国家工业信息安全发展研究中心在地方主管部门、中央单位和企业的大力支持下，征集相关案例1057个，在组织四十余位业内专家经过三轮严格评审基础上评选出100个优秀案例，编撰形成了《大数据优秀产品和应用解决方案案例系列丛书（2017—2018年）》。

　　该丛书共分为三册，分别为《大数据优秀产品案例》《大数据优秀应用解决方案案例工业、能源、交通卷》《大数据优秀应用解决方案案例政务民生卷》。其中，《大数据优秀产品案例》较为全面地展示了国内企业在大数据产品方面的技术突破、产品架构和推广成效；《大数据优秀应用解决方案案例工业、能源、交通卷》涉及国内工业、能源电力和交通物流等领域率先示范的企业在技术创新和推广应用方面的先进经验；《大数据优秀应用解决方案案例政务民生卷》涉及政务、医疗、农业、金融、商贸等政务和民生领域，主要在治理模式、应用创新方面有各自独特的经验做法。

　　希望本丛书可为地方发展大数据产业提供重要的参考和指导，进一步推进大数据综合试验区和集聚区建设，为企业、科研单位开展大数据业务提供可借鉴的经验和模式。

2018年4月20日

第一部分

总体态势篇

第一章　我国大数据产业发展综述

近年来，随着新一代信息技术和人类生产生活方式交互融合，我国大数据市场应用需求爆发，大数据技术创新能力不断提升，行业应用进程加快，产业发展环境日益优化，大数据已成为推动数字经济发展的关键生产要素，深刻影响着人们的生产生活方式。但是，我国大数据产业仍然面临着基础设施不完备、大数据与实体经济融合程度不高、核心技术创新不足、数据开放共享进展较慢等诸多挑战。当前，我国经济已由中高速增长阶段转向高质量发展阶段，正处在转变发展方式、优化经济结构、转换增长动力的攻关期，进一步推动制造强国、网络强国建设，做大做强数字经济，加快产业转型升级，需要大力推动大数据技术产业发展，充分释放数据红利，优化资源配置，这为我国大数据发展提供了广阔空间。

一、我国大数据发展基本情况

（一）我国高度重视大数据产业发展

习近平总书记多次就大数据发展作出重要指示。2017 年 10 月 18 日，习近平总书记在党的十九大报告中指出，推动互联网、大数据、人工智能和实体经济深度融合，加快数字中国建设。2017 年 12 月 8 日，习近平总书记在中央政治局第二次集体学习时强调，构建以数据为关键要素的数字经济，推动实体经济和数字经济融合发展（见表 1-1）。

表 1-1　习近平总书记大数据发展部分重要论述

时间	场合	论述摘要
2018 年 4 月 20 日	全国网络安全和信息化工作会议	发展数字经济，加快推动数字产业化，依靠信息技术创新驱动，不断催生新产业新业态新模式，用新动能推动新发展 推动产业数字化，利用互联网新技术新应用对传统产业进行全方位、全角度、全链条的改造，提高全要素生产率，释放数字对经济发展的放大、叠加、倍增作用

时间	场合	论述摘要
2018 年 1 月 30 日	中共中央政治局第三次集体学习	要深化供给侧结构性改革,加快发展先进制造业,推动互联网、大数据、人工智能同实体经济深度融合
2017 年 12 月 8 日	中共中央政治局第二次集体学习	推动实施国家大数据战略,加快完善数字基础设施,推进数据资源整合和开放共享,保障数据安全,加快建设数字中国,更好服务我国经济社会发展和人民生活改善
2017 年 12 月 3 日	第四届世界互联网大会	推动互联网、大数据、人工智能和实体经济深度融合,发展数字经济、共享经济,培育新增长点、形成新动能
2017 年 11 月 10 日	亚太经合组织工商领导人峰会	我们将推动互联网、大数据、人工智能和实体经济深入融合,在数字经济、共享经济、清洁能源等领域培育新的增长动能
2017 年 10 月 18 日	中国共产党第十九次全国代表大会	加快建设制造强国,加快发展先进制造业,推动互联网、大数据、人工智能和实体经济深度融合
2017 年 5 月 14 日	"一带一路"国际合作高峰论坛	推动大数据、云计算、智慧城市建设,连接成 21 世纪的数字丝绸之路
2016 年 4 月 19 日	网络安全和信息化工作座谈会	加强大数据挖掘分析,更好感知网络安全态势,做好风险防范
2015 年 12 月 16 日	第二届世界互联网大会开幕式致辞	"十三五"时期,中国将大力实施网络强国战略、国家大数据战略、"互联网 +"行动计划,发展积极向上的网络文化,拓展网络经济空间,促进互联网和经济社会融合发展
2015 年 5 月 23 日	致国际教育信息化大会的贺信	当今世界,科技进步日新月异,互联网、云计算、大数据等现代信息技术深刻改变着人类的思维、生产、生活、学习方式,深刻展示了世界发展的前景

资料来源:国家工业信息安全发展研究中心整理。

近年来,国务院印发了一系列政策措施推进大数据发展(见表 1-2)。2015 年 8 月,国务院发布《促进大数据发展行动纲要》,系统部署大数据发展工作,强化顶层设计。2016 年,工业和信息化部印发《大数据产业发展规划(2016—2020 年)》,统筹推动大数据产业发展。2017 年 11 月,为发展先进制造业,推动互联网、大数据、人工智能和实体经济深度融合,支持传统产业优化升级,国务院发布《关于深化"互联网 + 先进制造业"发展工业互联网的指导意见》,提出加快工业大数据产业化进程、促进工业大数据创新应用。各省、自治区、直辖市大数据产业推进力度也不断加强,陆续出台了 160 余项大数据规划、指导意见等政策文件。随着国家和地方政策措施进一步实施,大数据产业发展环境不断优化,大数据已成为提升政府治理能力和公共服务水平、加快产业转型升级、推动经济社会发展的新引擎。

表 1-2 我国大数据相关主要政策文件

时间	发文单位	政策	政策详情
2018 年 4 月	国务院	《国务院关于落实〈政府工作报告〉重点工作部门分工的意见》	做大做强新兴产业集群，实施大数据发展行动，加强新一代人工智能研发应用，在医疗、养老、教育、文化、体育等多领域推进"互联网＋"
2017 年 11 月	国务院	《关于深化"互联网＋先进制造业"发展工业互联网的指导意见》	开发工业大数据分析软件，聚焦重点领域，围绕生产流程优化、质量分析、设备预测性维护、智能排产等应用场景，开发工业大数据分析应用软件，实现产业化部署
2016 年 9 月	国务院	《政务信息资源共享管理暂行办法》	促进大数据发展部际联席会议，指导和组织国务院各部门、各地方政府编制政务信息资源目录
2016 年 7 月	国务院	《国家信息化发展战略纲要》	加强经济运行数据交换共享、处理分析和监测预警，增强宏观调控和决策支持能力
2016 年 5 月	国务院	《关于深化制造业与互联网融合发展的指导意见》	以激发制造企业创新活力、发展潜力和转型动力为主线，以建设制造业与互联网融合"双创"平台为抓手，发展新四基——"一软、一硬、一网、一平台"
2015 年 10 月	十八届五中全会	《中共中央关于制定国民经济和社会发展第十三个五年规划的建议》	实施网络强国战略，实施"互联网＋"行动计划，发展分享经济，实施国家大数据战略
2015 年 8 月	国务院	《促进大数据发展行动纲要》	系统部署大数据发展工作，加快政府数据开放共享，推动产业创新
2015 年 7 月	国务院	《关于运用大数据加强对市场主体服务和监管的若干意见》	运用大数据加强对市场主体的服务和监管，明确时间表
2015 年 5 月	国务院	《中国制造 2025》	以信息化与工业化深度融合为主线，重点发展新一代信息技术等十大领域
2015 年 3 月	国务院	《"互联网＋"行动计划》	推动移动互联网、云计算、大数据、物联网等与现代制造业相结合

资料来源：国家工业信息安全发展研究中心整理。

(二) 体制机制不断完善, 产业发展势头良好

为贯彻落实《促进大数据发展行动纲要》，进一步加强组织领导，强化统筹协调和协作配合，加快推动大数据发展，我国建立了由国家发展改革委、工业和信息化部、中央网信办等 46 个部委共同参与的促进大数据发展部际联席会议机制，组建了促进大数据发展专家咨询委员会。地方政府先行先试，不断深化和推进体制机制改革，据不完全统计，截至 2017 年 12 月，我国已有 13 个省、自治区、直辖市成立大数据管理机构，共计 24 个（见表 1-3）。在各级政府的共同推动下，我国大数据产业实现蓬勃发展：大数据基础设施建设不断加强、核心技术突破取得进展、

行业应用逐步深化、产业支撑体系进一步完善，涌现出一批新企业、新技术、新产品、新模式。未来，在我国加快推进网络强国建设，加快建设数字中国，不断推进数字经济发展的进程中，大数据产业必将迎来更大发展机遇。

表 1-3 我国部分大数据管理局设立情况

序号	时间	名称	省份
1	2014 年 2 月	广东省大数据管理局	广东省
2	2015 年 2 月	石家庄大数据中心	河北省
3	2015 年 5 月	广州市大数据管理局	广东省
4	2015 年 9 月	兰州市大数据社会服务管理局	甘肃省
5	2015 年 9 月	成都市大数据管理局	四川省
6	2015 年 10 月	贵州省大数据发展管理局	贵州省
7	2015 年 11 月	浙江省数据管理中心	浙江省
8	2015 年 11 月	黄石市大数据管理局	湖北省
9	2015 年 11 月	保山市大数据管理局	云南省
10	2015 年 12 月	长安镇大数据管理局	广东省
11	2016 年 4 月	兰州新区大数据管理局筹备办公室	甘肃省
12	2016 年 6 月	陕西省大数据管理与服务中心	陕西省
13	2016 年 6 月	沈阳市大数据管理局	辽宁省
14	2016 年 7 月	咸阳市大数据管理局	陕西省
15	2016 年 9 月	贵阳市大数据发展管理委员会	贵州省
16	2016 年 10 月	宁波市大数据管理局	浙江省
17	2016 年 11 月	乌兰察布市大数据管理局	内蒙古自治区
18	2016 年 11 月	银川市大数据管理服务局	宁夏回族自治区
19	2017 年 3 月	重庆市大数据发展局	重庆市
20	2017 年 4 月	黔东南州大数据管理局	贵州省
21	2017 年 6 月	杭州数据资源管理局	浙江省
22	2017 年 8 月	酒泉市大数据管理局	甘肃省
23	2017 年 9 月	内蒙古自治区大数据发展管理局	内蒙古自治区
24	2017 年 12 月	佛山市数字政府建设管理局	广东省

资料来源：国家工业信息安全发展研究中心整理。

（三）企业主体培育效果明显，龙头企业国际化进程加快

各地政府大力推进基于数据的创新创业，据不完全统计，全国已有约 1600 家大数据企业。贵州、上海、四川、山西等十余个地方纷纷通过政府投资方式成立并支持大数据企业，通过市场化运作推进政府数据开发应用。阿里巴巴、腾讯、华为、百度、滴滴、ofo 等大数据企业纷纷布局海外市场：阿里巴巴于 2014 年 9 月 19 日在美国纽约证券交易所挂牌交易，截至 2018 年 4 月，阿里巴巴集团旗下的阿里云已设立包括美国东部、美国西部、欧洲、中东、印度、马来西亚、新加坡、印度尼西亚、澳大利亚及日本在内的 10 个海外数据中心；腾讯旗下的腾讯云设立了包括美国硅谷数据中心、德国法兰克福数据中心及韩国首尔数据中心在内的 3 个海外数据中心；华为云俄罗斯节点也于 2018 年 3 月开始运营；百度于 2005 年 8 月 5 日在美国纳斯达克上市；2017 年 12 月，阿布扎比慕巴达拉公司和日本软银集团等国际投资集团参与了滴滴出行的第九轮融资；而 ofo 于 2017 年 12 月 7 日宣布正式进入法国巴黎，标志着 ofo 已经在海外 19 个国家中的 50 个城市正式运营。

（四）产学研协同创新能力提升，推进关键技术产品研发

工业和信息化部围绕提高互联网、大数据、人工智能等领域的创新能力，推动信息化和工业化深度融合，分三批次共认定了 77 个重点实验室，主要依托高校、科研院所或具有行业优势的企业进行建设与管理，其中大数据领域分别依托西北工业大学和国家工业信息安全发展研究中心建设大数据存储与管理重点实验室、工业大数据分析与集成应用重点实验室（见表 1-4）。国家发展改革委批复建设 13 个大数据领域国家工程实验室项目，其中除医疗大数据应用技术国家工程实验室、大数据协同安全技术国家工程实验室外，其他 11 个实验室均采用产学研相结合的模式，高校与企业共建，联合开展大数据领域的合作研究，相关承担单位和合作共建单位名单详见表 1-4。阿里云、腾讯云、UCloud 等企业加快自主研发数据库，在 NoSQL、NewSQL 等方面，星环、PingCAP、柏睿、巨杉、上海中标等一大批创新企业快速成长。阿里巴巴大数据平台在 2017 年"双十一"当天数据处理超过 320PB，支付成功峰值达 25.6 万笔 / 秒，实时数据处理峰值 4.72 亿条 / 秒，流计算能力显著提升。

表 1-4　大数据领域国家级实验室及相关单位名单

序号	实验室名称	批准单位	承担单位	合作单位
1	大数据存储与管理重点实验室	工业和信息化部	西北工业大学	—
2	工业大数据分析与集成应用工业和信息化部重点实验室	工业和信息化部	国家工业信息安全发展研究中心	—
3	大数据系统计算技术国家工程实验室	国家发展改革委	深圳大学	国家信息中心、中兴通讯、清华大学、腾讯
4	大数据系统软件国家工程实验室	国家发展改革委	清华大学	北京理工大学、国防科学技术大学、中山大学、百度、腾讯、阿里云
5	大数据分析技术国家工程实验室	国家发展改革委	西安交通大学中国科学院计算技术研究所北京大学	国家信息中心、中兴通讯、清华大学、腾讯
6	大数据流通与交易技术国家工程实验室	国家发展改革委	上海数据交易中心有限公司	浪潮软件集团、中国联合网络通信集团有限公司、中国互联网络信息中心、复旦大学、华东理工大学、华东政法大学、合肥工业大学、中国信息通信研究院等
7	大数据协同安全技术国家工程实验室	国家发展改革委	北京奇虎科技有限公司	中电长城网际系统应用有限公司、中国信息安全测评中心、国家互联网应急中心、公安部第三研究所、国家信息中心、中国信息通信研究院、复旦大学、中国科学院信息工程研究所、北京中测安华科技有限公司、哈尔滨安天科技股份有限公司、中国东南大数据产业园
8	医疗大数据应用技术国家工程实验室	国家发展改革委	中国人民解放军总医院	—
9	教育大数据应用技术国家工程实验室	国家发展改革委	华中师范大学	教育部教育管理信息中心和中央电化教育馆、浙江大学、浪潮软件集团有限公司、武汉天喻信息股份有限公司、江苏金智教育信息股份有限公司、北京慕华信息科技有限公司等
10	综合交通大数据应用技术国家工程实验室	国家发展改革委	北京航航天大学	北京航空航天大学、西南交通大学、中国交通通信信息中心、北京市交通信息中心、中国铁道科学研究院、民航数据通信有限责任公司等
11	社会安全风险感知与防控大数据应用国家工程实验室	国家发展改革委	中国电子科技集团公司电子科学研究院	—

续表

序号	实验室名称	批准单位	承担单位	合作单位
12	工业大数据应用技术国家工程实验室	国家发展改革委	北京航天数据股份有限公司	中国机械工业集团公司、哈尔滨电气集团公司、阿里云计算有限公司、中国沈阳自动化研究所、北京工业大学、中国质量认证中心、北京金隅股份有限公司、北京工业大学
13	空天地海一体化大数据应用技术国家工程实验室	国家发展改革委	西北工业大学	中国科学院遥感与数字地球研究所、中国测绘科学研究院、国家海洋局第一海洋研究所、中国兵器北方信息控制研究院集团有限公司等
14	大数据分析与应用技术国家工程实验室	国家发展改革委	北京大学	中国科学院数学与系统科学研究院、北京奇虎科技有限公司、北京嘀嘀无限科技发展有限公司、中山大学、中国信息安全研究院等
15	大数据分析系统国家工程实验室	国家发展改革委	中国科学院计算技术研究所	中国科学院大学、中科院计算机网络信息中心、曙光信息产业股份有限公司、国创科视科技股份有限公司

资料来源：国家工业信息安全发展研究中心整理。

（五）工业大数据创新发展加快，促进大数据和制造业深度融合

制造业是实体经济的主战场，发掘工业大数据的潜力对我国建设制造强国和网络强国具有重要意义。党中央、国务院高度重视工业大数据、工业互联网、工业云的协同发展，先后印发《中国制造2025》《国务院关于深化制造业与互联网融合发展的指导意见》《关于深化"互联网＋先进制造业"发展工业互联网的指导意见》等政策文件，深入挖掘、释放工业大数据红利，推动产业转型升级。工业和信息化部等相关部委以打造工业互联网平台体系为重点，进一步推动工业互联网平台建设、实施百万工业APP培育、百万企业上云等工程。随着我国"两化"深度融合以及制造业与互联网融合的不断深入，大数据相关技术已经逐渐应用于工业企业和产业链的各环节，有力提升了研发设计效率和生产制造水平，涌现了一批优秀的工业大数据技术、产品和解决方案。工业大数据基础设施建设加快，全流程应用逐渐深入，海尔、红领、联想、三一重工、航天云网、树根互联、昆仑数据、美林数据等企业大力推进工业大数据创新应用，建设了一批工业大数据平台，北京、江苏等地方也积极推进工业大数据创新中心建设。

（六）行业应用成效显著，区域特色和产业集聚程度提升

大数据在政务、交通、商贸、金融等领域的深化应用，大大改善了人们的生产

生活方式。浙江推进政务大数据应用，让群众办事实现"最多只跑一次"，利用阿里大数据平台构建"城市大脑"。贵川蒙等省区紧抓发展大数据的机遇，凭借高海拔、低气温、低电价等天然优势和财税政策优惠顺势推进大数据产业发展和基础设施建设。在产业集聚方面，2016年国家发展改革委、工业和信息化部、中央网信办三部门联合批复了8个大数据综合试验区，包括国家大数据（贵州）综合试验区，两个跨区域类综合试验区（京津冀、珠江三角洲），四个区域示范类综合试验区（上海、河南、重庆、沈阳），一个大数据基础设施统筹发展类综合试验区（内蒙古）。2018年2月，工业和信息化部首次批复了大数据·成都崇州、大数据·内蒙古林格尔新区、大数据·上海静安区、大数据·河北承德经济开发区等4个大数据领域新型工业化产业示范基地，促进大数据产业发展。地方也积极推动大数据产业发展，因此涌现出一批大数据产业园区、基地和集聚发展区。

（七）产业支撑能力不断加强，发展环境日益完善

大数据安全保障体系、制度体系及相关法律法规逐步完善。2017年6月1日起，《中华人民共和国网络安全法》正式实施，对我国网络安全保障工作作出了系统规定，包括规范大数据安全下的个人信息保护、定义跨境数据传输评估、规定网络安全等级保护等。目前，十余个省市提出编制适用于本地大数据工作的法规制度，贵州等地探索建立大数据安全靶场。大数据标准化工作取得阶段性进展，大数据标准化工作组研究制定一批关键急需标准，完善大数据标准体系，积极参与国际标准化工作，推进二十余项国家标准和6项国际标准研制应用。据不完全统计，各地成立了105个大数据联盟、二十余个大数据交易中心（见表1-5）。十余个地方成立了大数据产业投资基金，基金总额超过500亿元。此外，2018年3月21日，教育部公布了第三批获批大数据本科专业的院校，全国目前共283所高校，获批高校数量排名前四的省（自治区/直辖市）分别为河南、北京、安徽、广东。

表1-5　我国大数据交易中心和平台

省（自治区/直辖市）	时间	名称
北京市	2014年2月	中关村数海大数据交易平台
	2014年12月	北京大数据交易服务平台
	2015年12月	京津冀大数据交易中心
河北省	2015年12月	河北大数据交易中心

续表

省份	时间	名称
吉林省	2016 年 4 月	浪潮四平云计算中心·大数据交易所
黑龙江省	2016 年 1 月	哈尔滨数据交易中心
上海市	2016 年 4 月	上海数据交易中心
江苏省	2015 年 10 月	徐州大数据交易所
	2015 年 12 月	华东江苏大数据交易平台
浙江省	2016 年 6 月	钱塘大数据交易中心
	2016 年 9 月	浙江大数据交易中心
湖北省	2015 年 7 月	湖北大数据交易中心交易平台
	2015 年 7 月	武汉东湖大数据交易中心
	2015 年 7 月	武汉长江大数据交易所
	2015 年 11 月	华中大数据交易所
广东省	2016 年 6 月	广州大数据交易服务平台
贵州省	2014 年 12 月	贵阳大数据交易所
陕西省	2015 年 8 月	陕西西咸新区大数据交易所
新疆维吾尔自治区	2016 年 8 月	亚欧大数据交易中心
辽宁省	2015 年 7 月	沈阳大数据交易中心
重庆市	2015 年 10 月	重庆市大数据交易平台

资料来源：国家工业信息安全发展研究中心整理。

二、存在的问题

近年来，我国大数据在政策、应用、产业集聚、技术创新等各方面取得了积极进展。但是仍然存在一些问题，主要体现在：一是大数据基础设施建设尚不完备，存在部分盲目建设的情况和同质竞争等。二是数据开放共享进展较慢，仍然存在数据质量不高、流通不畅、数据规范和标准不统一等问题，亟待形成高效有序的数据治理体系。三是大数据核心技术创新不足，关键基础共性技术研发能力亟待加强。四是我国大数据与实体经济深度融合程度不高，工业数字化基础不牢，工业大数据开发利用不足，行业领域发展不平衡，工业数据安全风险加大。

三、推动大数据产业发展的措施建议

（一）完善大数据基础设施建设

进一步统筹推进基础设施建设。一是实施"宽带中国"重大工程，加快构建满足数据应用需求的网络基础设施。完善新一代高速光纤网络和先进泛在的无线宽带网，部署通信骨干网络，推进光纤宽带和移动宽带网络演进升级，推进 4G 网络深度覆盖，加快 5G 技术研发。二是加强云计算中心、数据信息资源平台、物联网基础设施的建设和应用，推动跨行业数据资源高效采集、集成共用。三是持续推进宽带网络提速降费，深入推进"三网融合"，推进电信普遍服务，促进市场竞争，提升电信服务性价比和用户体验。

（二）深化大数据和实体经济融合

充分发挥大数据驱动创新发展的潜能，推进大数据和实体经济深度融合发展。一是不断加强利用大数据改造提升传统产业，统筹推进工业互联网、工业大数据、工业云协同发展，推动制造业数字化、网络化、智能化转型。二是充分发挥大数据在经济社会发展中的基础性、战略性、先导性作用，以国家战略、人民需要、市场需求为牵引，促进大数据在农业、能源、交通、医疗等领域融合发展，促进跨行业、跨领域大数据应用，加速产业数字化转型，形成供需对接、良性互动的产业发展格局。

（三）加强大数据技术创新能力

推进核心技术攻关。一是以推动关键技术产品研发为重点，围绕大数据全生命周期各阶段需求，支持数据采集、清洗、分析、交易、安全防护等共性关键技术研究。二是在软硬件方面，积极鼓励国内骨干软硬件企业建立完善的大数据工具型、平台型和系统型产品体系。三是积极利用开源模式和开放社区资源，加强大数据共享基础技术研发。四是支持国内创新型企业，开发专业化的数据处理分析技术和工具，提供特色化的数据服务。五是支持人工智能技术创新，提升数据分析处理能力、知识发现能力和辅助决策能力。

（四）建立高效有序数据治理体系

进一步提升数据治理能力。一是建立数据资产管理制度，形成重点数据资产收集、存储、发布、共享、处置全过程管理体系。二是明确数据资产权益归属，制定

数据资源确权、开放、流通、交易相关制度，完善数据产权保护制度。三是从法规政策、技术标准、能力建设等方面全方位建立健全大数据安全保障体系，提升数据安全保障能力。明确各行业领域主管部门的大数据安全监管职责，加强重要敏感数据安全管控，尤其对工业数据、个人隐私信息等重要敏感数据进行识别定义和分级管控。四是建立大数据安全评估机制，构建分层级安全防御体系，确保安全技术措施与大数据平台同步规划、同步建设、同步使用。

（五）优化大数据产业发展环境

健全大数据产业支撑体系。一是完善大数据法律法规体系。进一步完善《网络安全法》配套措施，加强对个人信息、重要业务数据的安全保护力度，推动大数据领域法治进程。二是推进大数据标准体系建设。结合大数据产业发展需求，根据大数据与各行业融合发展的新情况和新趋势，推进关键领域急需标准的研制工作、加强大数据标准的宣传贯彻与落地应用、积极参与大数据国际标准化活动。三是打造大数据人才队伍。进一步加强专业人才培养，多渠道引进大数据人才，创新构筑灵活的人才机制，激发人的创新潜能和活力。

第二章　2017 大数据案例征集总体情况

为贯彻国家大数据战略，落实《国务院关于印发促进大数据发展行动纲要的通知》（国发〔2015〕50 号）和《大数据产业发展规划（2016—2020 年）》（工信部规〔2016〕412 号），全面掌握我国大数据产业发展和应用情况，指导和帮助地方、企业和用户加强交流学习、提高认识、开阔思路，科学务实推进大数据产业融合创新发展，工业和信息化部办公厅于 2017 年 10 月向地方工业和信息化主管部门、央企集团及有关单位印发了《工业和信息化部办公厅关于组织开展 2017 大数据优秀产品和应用解决方案征集活动的通知》（工信厅信软函〔2017〕568 号），在 2016 年全国大数据案例征集工作的基础上继续在全国范围内开展大数据优秀产品和应用解决方案征集活动。国家工业信息安全发展研究中心（以下简称"国家工信安全中心"）作为本次征集活动的支撑单位，开展相关工作。

一、案例征集情况

（一）申报案例情况

截至 2017 年 11 月 30 日，共收集到来自 30 个省、自治区、直辖市（香港、澳门、台湾、西藏未申报）地方主管部门推荐案例 603 个，5 个计划单列市推荐案例 77 个，32 家中央单位和企业推荐案例 72 个，各省、自治区、直辖市企业自主申报 305 个，共计申报 1057 个有效案例（见图 2-1）。

按照申报主体所在地，对 1057 个案例进行统计分析，各省份案例分布情况见图 2-2。从案例的地域分布来看，案例申报主要集中在长三角、珠三角和京津冀等区域以及贵州、云南、重庆、河南等中西部地区。

1057 个申报案例中，大数据产品 476 个，占比为 45%；大数据应用解决方案 581 个，占比为 55%，见图 2-3。

大数据产品案例主要涉及数据综合类、数据管理、数据分析、数据采集、数据安全、数据可视化、数据存储、数据清洗和数据交易等，各类别数量分布见图 2-4。

大数据应用解决方案案例主要涉及工业领域、政务服务、交通运输、医疗健

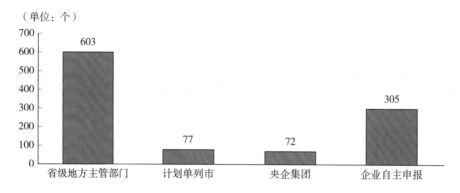

图 2-1　各主体推荐案例数量

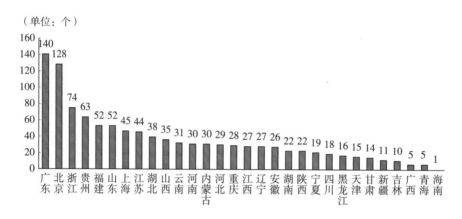

图 2-2　大数据案例各省份分布情况

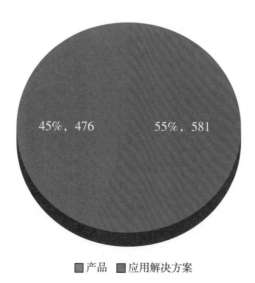

图 2-3　大数据产品和应用解决方案占比

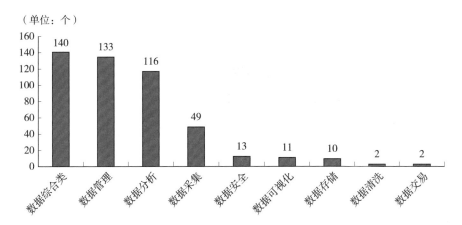

图 2-4 大数据产品案例各类别数量

康、农林畜牧、金融财税、能源电力、商贸服务、科教文体、资源环保、旅游服务及其他类别领域。其中，申报数量排名前三位的领域为工业领域、政务服务、交通运输，数量分别为 120 个、112 个、49 个，各类别领域应用解决方案数量见图 2-5。

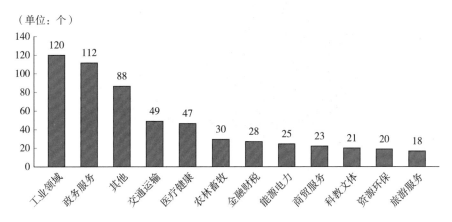

图 2-5 大数据应用解决方案案例各类别数量

（二）申报企业情况

1057 个申报案例共涉及企业／单位数量 843 家。从企业性质来看，民营企业 579 家、国有企业 127 家、国有控股企业 48 家、国有参股企业 20 家、事业单位 19 家，各类别企业性质占比见图 2-6。

从企业规模来看，申报单位总人数在 100 人以下的企业占比为 48%，单位总人数在 100—300 人之间的企业占比为 24%（见图 2-7），主营业务收入在 1000 万元

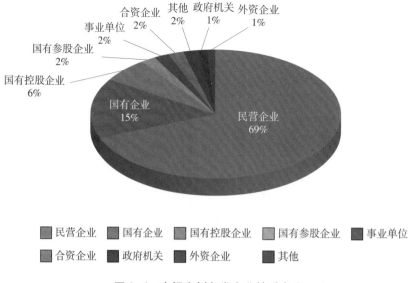

图 2-6　申报案例各类企业性质占比

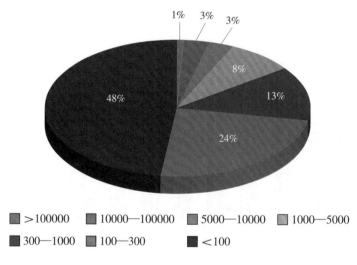

图 2-7　申报企业单位总人数占比情况（单位：%）

以下的企业占比为 35%，收入在 1000 万—1 亿元的企业占比为 32%（见图 2-8）。

从企业上市情况来看，843 家企业中，上市企业数量 141 家，占比为 17%，如图 2-9 所示，上市时间主要集中在 2014 年之后。

从企业赢利能力来看，在赢利企业当中，收入利润率为 45% 的企业占比为 2.63%，收入利润率为 20% 的企业占比为 21.93%，申报赢利企业收入利润率分布情况如图 2-10 所示，近 80% 的企业收入利润率低于 20%。

从研发人员数量来看，有一半以上申报企业的研发人员不足 50 人，研发人员

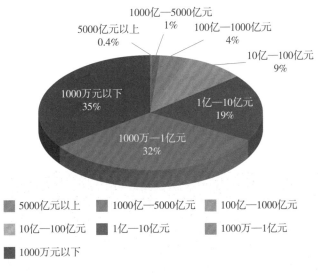

图 2-8　申报企业主营业务收入情况

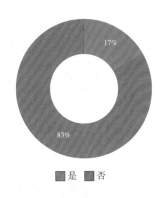

图 2-9　申报企业上市情况

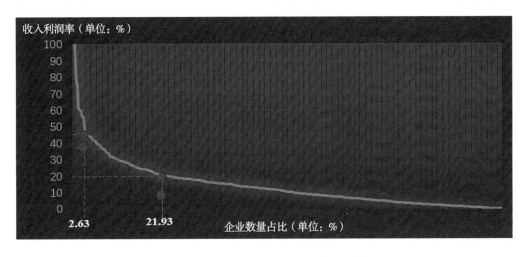

图 2-10　申报赢利企业收入利润率分布情况

占比为 20% 的申报企业占总申报企业数量的 85.11%，申报企业研发人员占比分布情况见图 2-11。从研发资金投入力度来看，申报企业的研发资金投入有近 50% 主要介于 100 万—1000 万元之间。

从申报企业的大数据业务情况来看，以大数据为 100% 主营业务收入的企业占总申报企业数量的 20.58%，以大数据为 50% 主营业务收入的企业占总申报企业数量的 42.86%，申报企业大数据主营业务收入占比分布情况见图 2-12。

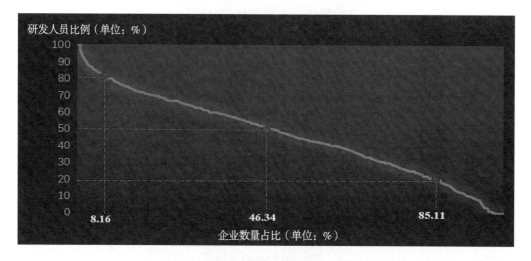

图 2-11　申报企业研发人员占比分布情况

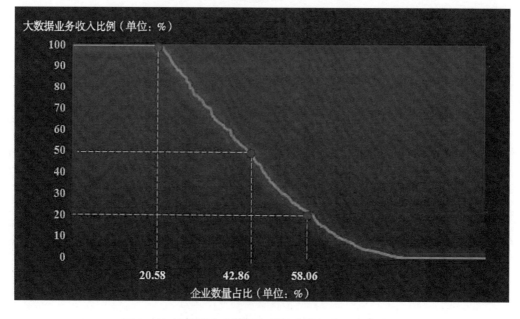

图 2-12　申报企业大数据主营业务收入占比分布情况

二、案例入围情况

本着"公平公正、竞争择优、技术先进、示范导向"的原则，国家工信安全中心对申报案例进行了汇总、整理和资质审查，并组织行业内有关专家进行了初期、中期、终期三轮评审，遴选出 100 个优秀案例，最终的入围名单详见附录。

100 个最终入围的大数据优秀产品和应用解决方案中，大数据产品 30 个，主要涉及数据综合类、数据分析挖掘类、数据管理类及安全类等 4 类（见图 2-13）；大数据应用解决方案 70 个，主要包括工业领域、交通物流、政务服务、医疗健康、金融财税、能源电力、商贸服务、资源环保、科教文体、农林畜牧、旅游服务等 11 个领域（图 2-14）。

从入围案例的省份分布来看，入围此次终期评审的案例排名前五名的省份依次为：北京、广东、浙江、山东、上海（见图 2-15）。

为进一步宣传推广此次案例征集的优秀成果，特将入围的 100 个大数据优秀案

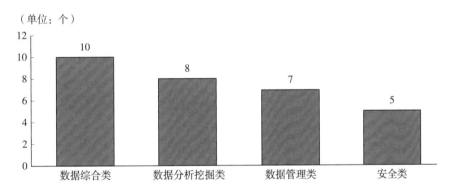

图 2-13　大数据产品各类别案例数量

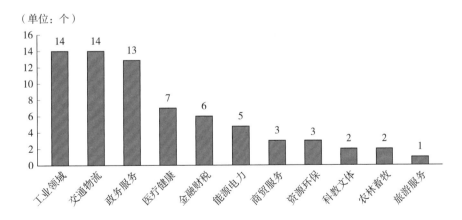

图 2-14　大数据应用解决方案各类别案例数量

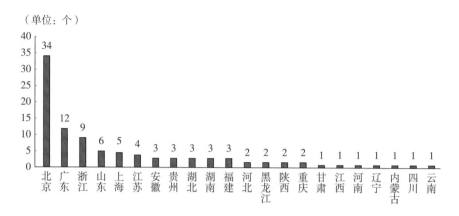

（单位：个）

图 2-15　各省份入围案例数量分布情况

例内容汇编成册，出版《大数据优秀产品和应用解决方案案例系列丛书（2017—2018 年）》。丛书共分为《大数据优秀产品案例》《大数据优秀应用解决方案案例工业、能源、交通卷》《大数据优秀应用解决方案案例政务民生卷》三册，较为全面地展示了我国大数据领域的最新成果和最佳实践，为相关地区、行业、企业发展和应用大数据提供了有益的借鉴和思考，切实推动了大数据与实体经济深度融合，促进"政、产、学、研、用"深度合作。

第二部分
大数据应用解决方案篇
——工业、能源、交通

第三章 工业领域

大数据
01
联想工业大数据解决方案
——联想（北京）有限公司

联想工业大数据解决方案通过对生产设备实时分析、多源异构管理系统整合、可信数据安全、领域知识场景化、自动流程管理等方面的自主技术创新，构建了覆盖全球的大规模工业大数据实时分析集群，支撑了联想面向全球业务的产品和供应链优化，实现了全球数千万产品的个性化柔性生产，并促进了供应链效率的大幅提升，每年为公司节约数亿美元的成本。同时，联想工业大数据解决方案还帮助宝钢、中联重科、海马、康德乐等数十个骨干企业在供应链协同、产线改造、产品持续优化等方面取得突破，在电子信息、汽车、钢铁、石化、电力、机械等行业进行了广泛实践，为使用的企业创造了巨大的社会效益和经济效益。

一、应用需求

制造业是国民经济的基础和支撑，新一代信息技术与制造业的深度融合，正在推动影响深远的产业变革。大数据、人工智能、物联网、云计算技术的快速发展，加速推进产业数字化和智能化转型，为身处变革中的制造企业带来了新的机遇和挑战。

为了实现制造业转型升级，制造企业需要推动自身业务系统和流程的全面升级，在这个过程中需要面临几个方面的挑战：企业内多个异构系统间的数据无法有效整合，直接导致企业采购、生产、物流、销售等环节割裂，致使效率降低；企业无法对生产设备进行实时数据采集和统一灵活控制，导致企业难以实现生产工艺流程的最优化，以达成大规模个性化定制；随着海量新旧数据的不断积累沉淀，企业需要可靠的低成本方案提高数据存储和计算能力，实现对海量数据的高效管理；企业智能化分析门槛高，难以整合分散在业务中的碎片化领域知识，实现跨业务和跨领域的业务流程再造；在实现数据价值变现的同时，企业也必须构建基于硬件的大数据安全防护体系，保障数据资产和核心工业流程的安全。

只有通过构建企业级工业大数据平台，构建产业生态，实现多个工业软件的云化协同，才能为网络众包、协同设计、大规模个性化定制、精准供应链管理、全生命周期管理、电子商务等新模式下的企业生产经营带来价值链体系重塑。

二、平台架构

（一）联想 LEAP 工业大数据解决方案功能架构

联想 LEAP 工业大数据解决方案包括三个功能的层次：其一，LEAP 平台提供不同技术手段保证了企业内外部数据的高效联通，其完善的数据集成工具支持对多源异构数据的高效集成与处理，工业物联网采集及边缘计算能力能够实时采集企业设备数据及生产数据；其二，基于 LEAP 产品家族，联想构建了企业统一数据湖方案，可以帮助制造企业高效融合操作技术（OT）、信息技术（IT）以及数据技术（DT）数据，打通制造企业内部的关键设备与工业系统中的数据孤岛，以私有云、公有云或混合云的方式实现企业内部的数据互通和与外部关联企业间的知识共享；其三，根据不同制造业细分领域客户的应用需求，LEAP 提供了丰富的、可集成的行业应用集合，通过 LEAP 产品家族的行业算法库快速构建分析模型，提供制造流程中关键场景业务优化能力。联想 LEAP 工业大数据解决方案功能架构见图 3-1。

图 3-1　联想 LEAP 工业大数据解决方案功能架构

（二）联想 LEAP 工业大数据解决方案技术架构

从技术组成来看，联想工业大数据解决方案包含了算法和模型库平台 LEAP AI、大数据计算平台 LEAP HD、物联网采集与边缘计算 LEAP Edge Server、IT 系统数据整合平台 LEAP DataHub、数据治理平台 LEAP DataGov 和全链路安全引擎 LEAP Trusted 等产品线，包含了数据整合、计算引擎、数据分析算法和模型、数据治理、数据安全保护及行业解决方案等各个层次的服务。其技术架构见图 3-2。

图 3-2　联想 LEAP 工业大数据解决方案技术架构

三、关键技术

（一）灵活的工业流程设计器

通过工业流程设计器可视化，开发复杂的数据接入、清洗、智能应用，实现万条企业业务流程的图形化重构。

（二）高度可扩展的协议适配

帮助客户快速构建开放、弹性、智能物联网（Internet of Things，IoT）解决方案，实现所有工业主流系统和协议的适配。

（三）强大的实时流分析引擎

支持秒级处理物联网海量实时数据的工业级需求，比开源方案性能提升 10 倍以上，可靠性提升 20% 以上。

（四）先进的工业智能算法库

支持50多种分布式统计算法和机器学习算法，性能比开源算法库提速3—10倍。

（五）丰富的、可集成的行业应用集合

包括设备健康管理、故障预测诊断、运营效能管理和维护决策优化等关键业务应用，支持50种以上行业分析场景。

（六）端到端安全可信

通过安全芯片，构建硬件级数据安全，实现对数据整个生命周期的安全管理，构建软硬全体系监控。

四、应用效果

（一）应用案例一：某钢铁制造企业产品智能检测与排产预测平台

某钢铁制造企业生产的不锈钢产品是钢铁产品中的精加工品，对不锈钢品控要求严格。由于生产工艺复杂，加工工序多，缺陷因素复杂，同时检测时间短，难以快速识别和定位，对钢材表面缺陷的人工抽检和目检成为生产瓶颈，并最终导致出厂良品率无法实现有效控制，回收成本压力大。

联想结合该企业生产线连续生产的特点、钢材表面缺陷特征类型以及实时性要求，基于联想工业大数据平台能力，构建了基于机器视觉技术的智能钢材表面检测方案。通过生产线实时检测图像数据和生产线生产数据的自动化集成，采用机器学习分析技术，实现生产线钢材质量的实时在线检测与分析，全程检测时间小于15分钟，相比传统人工抽检转变为全量自动检测，检测覆盖率达到98%以上，实现生产线钢材全量检测，提高出厂良品率，产品表面质量检测流程见图3-3。

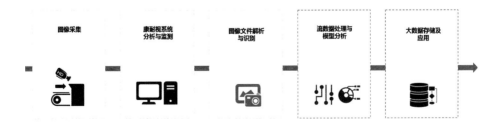

图3-3　产品表面质量检测流程

同时，由于某些特种钢产能持续过剩，而下游市场需求波动剧烈，对企业排产生产造成极大压力，导致不合理的库存和较大的经济损失。联想通过大数据算法构建需求预测模型，借助机器学习和知识图谱，精准钢材需求预测和下游厂商精准画像见图3-4，相对于以前的专家预估方法，联想销量预测模型大幅提升了预测准确率，准确率达到92.2%以上，有效降低库存成本数千万元，对应产品库存周期周转时间降低20%。通过客户分析聚焦关键客户，实现生产优化排产，智能需求预测助力供应链效率提升，实现了智能化的全球供应链。

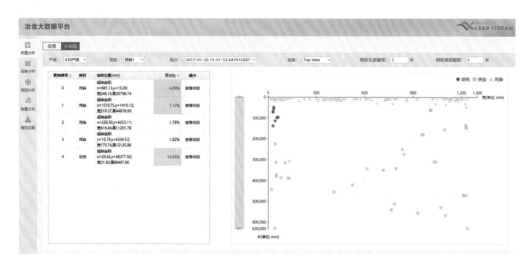

图 3-4　精准钢材需求预测和下游厂商精准画像

(二) 应用案例二：某重型机械制造企业智能客户管理平台

某重型机械制造企业主要从事工程机械、农业机械等高新技术装备的研发制造，作为重型机械制造企业，拥有国内高新技术装备的研发制造技术，通过高端技术创新体系不断攻克工程机械行业世界性科研难题，是行业的领航者。

面对市场竞争的压力，该企业积极寻求市场运营模式的优化。目前企业业务系统缺少全面、统一的客户信息管理和评估体系，市场、风控和营销部门开展工作更多需要依赖线下直接客户拜访，客户管理周期长、效率不高。该企业迫切需要全面了解客户信息及设备运行情况，并进行统一分析，根据市场需求开展相应市场拓展、客户服务、风险管控等业务。

为满足该企业需求，基于联想工业大数据解决方案构建了智能企业客户管理平台。该平台实现了多业务系统、设备实时数据、互联网数据、车联网数据等异构数据接入融合，构建了统一客户视图和设备视图，为各类应用场景提供完整、全面、全生命周期的客户信息支持和设备信息档案。在此基础上，方案结合各部门对客户特征的识别、分析需求，基于对全量客户信息的分析，构建标签体系，实现了企业客户立体画像。基于此标签体系，市场部门、服务部门和风控部门可以根据业务需求细分目标客户，发现价值客户、洞察客户定制化需求、评级风险用户等关键业务见图 3-5。

图 3-5　企业客户立体画像示例

通过智能客户管理平台，该企业改变原有纯粹依赖人工市场运营分析、效率低、覆盖率低的运营方式，帮助企业快速识别价值客户、发现潜在商机、评估营销风险，效率提升 60% 以上，增加销售线索 20% 以上，风险成本下降 10% 以上。

（三）应用案例三：某汽车企业大数据分析平台

当前，新兴技术与传统工业的不断融合正在引发汽车产业的全面重构，汽车的产品形态、制造体系、创新模式与产业生态都发生了很大改变。作为本土汽车企业的代表，某汽车企业坚持以"创新发展"为经营理念，走科技兴企之路，希望借助工业智能实现跨越式的快速发展。面对汽车市场的激烈竞争，企业意识到依赖于销售、维修数据与传统市场调研方法进行产品分析和产品质量改进，周期过长，无法常态监控市场变化，不能满足产品快速改进的敏捷经营需求。此外，随着车联网的部署和普及，该企业希望通过快速汇聚车联网、互联网的运营数据，提高产品设计和性能优化水平。

针对该企业面临的挑战和业务需求，联想为该企业构建了基于"车联网＋互联网"的大数据分析平台，实现了产品持续追溯，为该企业从产品需求敏捷规划和产品质量持续改进两个维度实现产品优化能力提升（见图3-6）。一方面，基于平台自然语言理解技术＋流处理能力，联想通过车辆产品舆情画像实现汽车产品需求敏捷规划，帮助企业实现产品设计周期快速优化，关键产品需求探索时间降低30%。另一方面，平台通过车联网实现活跃车辆全周期运行状态追溯，实现产品持续优化。联想基于流数据处理技术，实现了车联网数据实时采集，从采集到处理时长降至分钟级。基于实时采集车联网数据，企业能够构建全生命周期车辆数字画像，实现车辆运营指标趋势分析，为车辆设计优化提供指导。

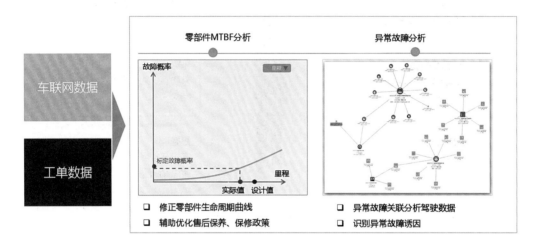

图3-6　车联网数据应用示例

（四）应用案例四：某医药企业智能数据管理平台

某医药企业是全球前三的医药健康公司，世界500强企业之一。其业务覆盖医药制造、医药流通等各个环节，同时也为供应链上下游企业提供渠道数据管理服务。

随着供应链协作的深入，该企业原有数据管理系统面临业务快速扩展带来的巨大压力，数据质量检查自动化程度低，关键环节数据清洗量大，数据处理效率已成为业务扩展的关键瓶颈。现有的业务系统架构已经近十年，无法适应新时期下的数据增长。

针对该企业面临的挑战，联想为其搭建了智能数据管理平台（见图3-7），实现了海量数据的高效管理，通过人工智能匹配算法，实现关键数据清洗环节自动化、智能化，处理效率提高2—4倍，数据质量提升5%，增强了业务系统的稳定性和可扩展性，提供了业务全周期的监督与管控，同时降低人力成本60%，使企业实现降本增效，为企业带来巨大的经济价值。

图 3-7 智能数据管理平台

◾ 企业简介

联想是个人电脑生产厂商，国家高新技术企业，营业额超 430 亿美元，拥有近 7 万名员工，业务遍及 160 多个国家，2017 年《财富》世界 500 强企业中排名第 226 名。联想大数据在国内设有三个研发中心，拥有 300 多名大数据平台开发与运维人员、50 多名数据科学家、30 多名行业专家，在大数据、人工智能和云计算领域有着丰富的研究和工程经验，为联想和行业客户提供专业化服务。

◾ 专家点评

联想工业大数据解决方案是联想（北京）有限公司针对制造业全生命周期，即采购、设计、生产、物流、销售、服务等各环节多源异构数据打造的大规模工业大数据实时分析集群。该解决方案面向工业互联网场景，采用端到端大型基础云化架构，利用先进的工业智能算法，实现数据实时采集与分析，有效打破生产各环节信息孤岛，从而实现企业业务流程再造。

该应用解决方案目前已在联想集团内部推广使用，通过工业大数据平台搭建，实现对联想每天新增 30TB 数据量的处理与分析，实现了联想全流程的产品优化和全球供应链再造，大大降低了库存和产品维修成本。该解决方案同步在钢铁制造、汽车生产、医药制造和流通领域进行推广应用，整体来说，该解决方案的创新性、技术、性能均达到了国内领先水平。

黄河燕（北京理工大学计算机学院院长）

大数据

02 区域级工业云创新服务平台应用集成解决方案

——贵州航天云网科技有限公司

区域级工业云创新服务平台应用集成解决方案依托航天科工集团及贵州省丰富的产业及技术资源，通过提供丰富的数据基础设施，运用云计算、工业物联网、大数据分析、区块链、人工智能、RFID 技术和先进制造等新一代信息技术手段，为企业提供设计、生产、销售、检验检测、供应物流、售后等全流程的数字化、智能化改造服务，通过搭建大数据分析平台，为企业提供最低成本信息化管理工具，促进企业提质增效、转型升级。

一、应用需求

（一）应用的经济社会背景

随着工业化与信息化的深度融合，数字化、网络化、智能化制造模式的发展，信息化对企业能力的提升效应日渐显著，广大工业企业，尤其是中小企业，对服务于设计、生产、试验、售后和管理等全生命周期业务的信息化软硬件资源，如高性能计算／存储、工业软件、企业管理系统乃至工业设备等企业信息化资源服务需求日益迫切。

（二）产品解决的行业痛点

在汽车主机配套行业，帮助企业改造提升，跟上产业发展步伐，解决企业生产效率不高、生产能力不足的痛点；在电子行业，解决产品柔性化生产、质量提升困难和仓储物流复杂等制约行业进步的瓶颈的痛点；在化工行业，依托大数据技术在质量监控、质量管理、质量问题分析和质量趋势预测方面的分析模型和具体应用，解决工业企业普遍存在的信息化程度低、大数据缝隙及利用手段不够，增加企业获利和持续经营的能力成为迫切需求的痛点。

（三）市场应用前景

针对智能制造业的管理难点和需求，为企业提供设计、生产、销售、检验检测、供应物流、售后等全流程数字化解决方案，普遍解决制造业产品质量管控、库房管理、生产周期控制、生产效率等管理需求，市场大且稳定，经济效益、利润空间巨大。

二、平台架构

平台构建了安全、稳定、知识共享及高度适应且可扩展的云端资源能力集，服务于我国工业从制造大国到制造强国的转型升级，服务于国家"互联网＋制造"战略的推进，服务于《中国制造2025》的落实。

基于云计算、工业物联网、大数据分析、区块链、VR、AR、人工智能和先进制造等新一代信息技术和工业技术，按照工业产业创新转型、升级发展的实际需求，以合理的调度机制，为产业供给池化的资源、能力，并将其封装为云存储服务、云应用服务、云管理服务、云研发设计服务、云生产制造服务等典型应用服务，实现了地方工业云快速、便捷、低门槛应用模式，平台服务体系见图3-8。

平台面向工业产品研发设计、生产、销售以及订单化生产的全生命周期所需的资源和能力实施、整合与池化，为工业企业方便、快捷地提供各种制造服务，以实现资源的共享与能力的协同。一方面，服务提供角色向平台池中贡献资源、能力；另一方面，服务客户角色可以在平台上获取所需的资源、能力，开展活动。针对工业用户的需求，平台能快速汇集多种类型的资源与能力，并合理调度用户所需的服务，推动用户从以订单和产品为中心的传统制造模式向以需求为中心的制造模式转变，实现新一代工业转型升级。平台的系统架构分为应用层、平台层、接入层、资源层四个层级，具体系统架构图见图3-9。

三、关键技术

（一）云制造

CMSS是工业领域的云制造产品系列，作为云制造的核心产品系列，运用了基于边缘计算的云制造平台技术，云制造标准体系，基于区块链的CMSS技术，云端制造服务与协同环境技术动态对接，为支持面向生产现场的智能化改造应用提供基础支撑。

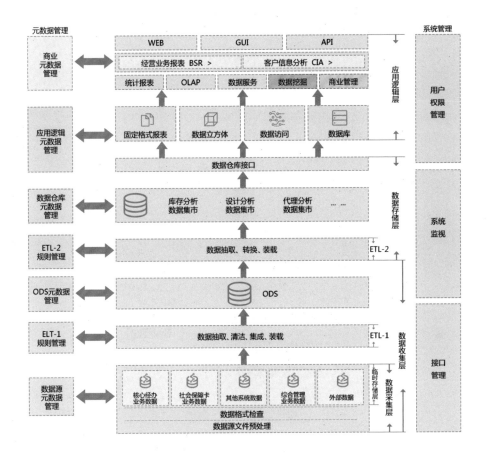

图 3-8 平台服务体系

图 3-9 系统架构图

（二）基于大数据智能技术与态势感知技术的工业大数据分析

平台采用大数据分析平台架构搭建，采用一系列大数据分析的先进技术框架，如 Hive、Spark、Flume、HDFS、kafka 等。平台数据处理的一般流程为数据抽取、数据清洗存储、数据分析、数据应用四个阶段。平台以这四个阶段的技术为核心，辅以必要的辅助系统，如调度系统和运维管理系统。大数据分析主要面向主题分析应用平台和领导驾驶舱可视化平台，提供数据量大、计算耗时高、算法复杂统计分析的离线计算和实时计算能力，工业大数据分析平台架构见图 3-10。

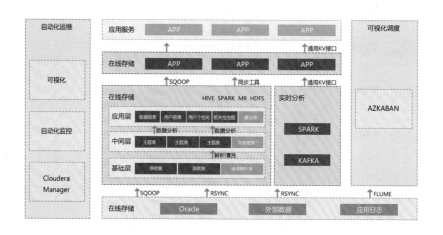

图 3-10　工业大数据分析平台架构

平台的分析融合了最新的大数据态势感知技术，形成了工业领域的大数据态势感知技术运用。工业大数据态势感知，是指在大规模工业网络环境中对能够引起工业网络态势发生变化的安全要素进行获取、理解、显示以及最近发展趋势的顺延性预测，最终目的是要进行决策与行动。从企业体系内部建立态势感知，应用于内部系统的安全运营，发现重要威胁，解决问题，使安全能力落地；从日常安全工作角度出发，对内部有价值的核心资产、业务系统安全状态进行感知，发现各类威胁与内部异常违规，保证业务系统能够比较平稳、顺畅地运行（见图 3-11）。

（三）基于工业物联网的工业云检测

工业云检测是以云计算为基础，服务于工业领域的检测方式，平台采用了先进的物联网技术、RFID 技术和云计算技术，将检测业务、检测仪器、检测实验室、检测标准、检测客户、检测专家等检测资源进行海量整合，从而解决各检测

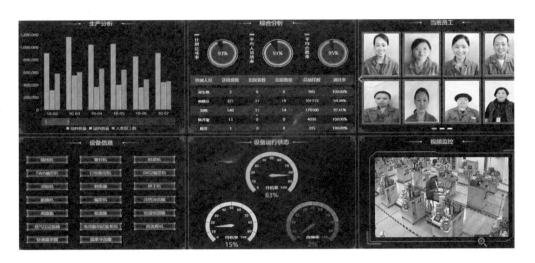

图 3-11　工厂生产管理态势感知案例图

资源存在孤岛、不对称问题，云检测平台的核心目的是能够围绕客户，通过云平台、呼叫中心和检测跟踪服务，为客户提供实时的服务，为客户提供最好的用户体验，工业云检测服务体系架构见图 3-12。

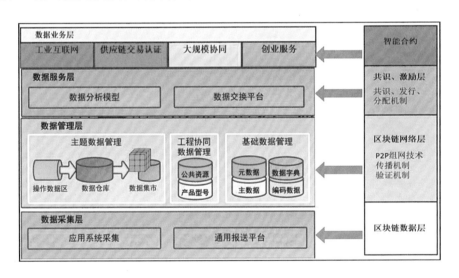

图 3-12　工业云检测服务体系架构

传统的工业检测仅仅只是送样检测后给客户提供一个检测报告，而工业云检测不同。首先，检测平台为客户提供单独的管理门户，客户只需要一个二维码或条形码即可，便可以随时随地通过固定或移动信息设备登录自己的实验室管理门户，查看到试样的最新状态和实时的检测信息，为客户提供最好的用户体验。其次，检测平台始终以客户为中心，利用云检测平台提供的云计算中心进行高速数据处理分析功能，最大限度地规避了传统检测的繁琐步骤。再次，云检测平台通过检测环节无人工识别干预，保证了检测结果的公正性。最后，云检测平台把传统的单个报告输送变成了无数个报告管理，并延伸到成因分析，提供解决方案，使客户真正达到提升产品品质和竞争力的目的。

（四）贵州特色的黔云通服务，面向构件搭积木式与多租户租赁技术

贵州省大批企业面临市场竞争激烈、生产效率低下、成本居高不下、信息化程度低等多种问题，企业智能转型升级势在必行。黔云通针对贵州企业现状，运用云架构设计，为企业构建一站式信息化解决服务利用技术，打破原有软件基于代码层开发的固有模式，使之完全可以构筑在"构件组装"的模式之上，达到快速响应解决中小企业微办公、财务、采购、销售、库存、生产、人力资源、物流、物料身份码、数据采集、生产制造管理、产品全生命周期管理、工业大数据分析、商务智能、移动多端协同等一系列问题，实现不同租户间应用程序环境的隔离以及数据的隔离，以维持不同租户间应用程序不会相互干扰，黔云通服务体系架构见图3-13。

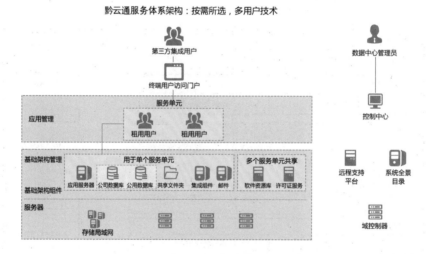

图3-13　黔云通服务体系架构

（五）区块链技术

工业互联网平台引入区块链技术，进一步推动高效、安全、稳定、低使用成本的工业互联网平台建设，为制造企业使用云服务提供有力保障；同时，基于区块链统一数字身份认证、共识机制、智能合约技术，将企业上云补贴通过虚拟币补贴给云产品和服务提供商，解决传统补贴过程中虚假套现、审批流程长、高风险等问

题，推动企业登云补贴政策的数字化执行和监管，实现数据流通、溯源、确权及交易，为工业企业提供安全保障。在智能改造过程中，基于工业物联网平台，将区块链技术的分布式储存、智能合约、加密算法、共识机制等技术应用到企业传感器、控制系统、通信网络、ERP 系统等系统网络中，解决信息系统记账单一、数据孤岛、高风险隐患等问题。

四、应用效果

贵州航天云网科技有限公司通过综合运用大数据技术与工具，依托航天云网平台资源，为多个不同行业／产业的客户提供大数据一体化解决方案，在充分满足客户需求的同时，也在产业和行业内形成一批试点示范项目，形成产品质量控制与提升的相关大数据应用，可以在整个行业内进行广泛推广，让传统的化工企业搭上大数据的快车，实现跨越式发展。

（一）应用案例一：中航工业永红散热器公司工业大数据生产调度指挥平台项目案例

中航工业永红散热器公司（以下简称"永红公司"）是国内最早的汽车发动机散热器制造商，是上海大众和一汽大众的重点供应商。2016 年在上海大众安排的对供应商走访调研过程中，永红公司因为产品质量不可追溯和查询、库房管理混乱易出错、交货期易波动不稳定而被上海大众勒令整改，否则取消其供应商资格，损失 60% 的年销售额订单。面对永红公司遇到的难题，贵州航天云网科技有限公司为永红公司打造了工业大数据生产调度指挥系统。对永红公司的生产过程管控、产品质量追溯、仓储物流管理等业务流程进行梳理和再造，系统上线后生产综合效率提升了 10%，库房管理准确率提升 90% 以上，产品质量水平提升 30%。同时，永红公司积极利用贵州工业云公共服务平台释放企业采购需求和推广产品，以吸引更多优质的供应商和客户，并通过对工厂采集数据的挖掘、分析和应用，助推企业转型，提升服务水平和业务水平。

（二）应用案例二：贵州轮胎厂轮胎大数据分析及决策支持平台项目案例

贵州轮胎厂是全球十大、年产值近 60 亿元轮胎生产企业，在中国建军 90 周年阅兵式上所看到的所有装备轮胎绝大部分均来自贵州轮胎厂。2017 年，贵州轮胎厂曾因不能按汽车整装厂家要求提供产品生产过程质量数据而错失了 600 万元的订单。为避免类似情况再次发生，跟上整个产业链发展的步伐，贵州轮胎厂希望通过大数据的方式实现企业的转型升级。基于此,贵州航天云网科技有限公司为贵州轮胎厂搭建了轮胎大数据分析及决策支持平台,平台建设完成后所有的生产经营数据都能通过平台获取,决策者只需通过手机等移动终端就能随时提取相关信息,让以前要 10 余人花 5 天才能获取的数据 1 分钟便轻松获得,突破公司发展瓶颈,提升产品质量水平,助力企业快速发展。

■ 企业简介

贵州航天云网科技有限公司主营业务包括:贵州工业云平台建设(工信部制造业与互联网融合试点示范项目和制造业"双创"区域合作平台)、企业数字化智能化改造、云制造软件开发、区块链研究与应用、工业大数据分析及应用、制造业"双创"。贵州工业云企业用户近 9 万户,接入设备近 2000 台,累计成交金额 19.02 亿元,依托平台,为装备、电子等行业近百家企业提供数字化、智能化方案,已成为贵州制造业与互联网融合、促进两化融合发展的主平台、主抓手。

■ 专家点评

区域级工业云创新服务平台应用集成解决方案综合运用大数据、云计算、工业物联网、区块链等新一代信息技术手段,针对制造业管理难点和需求,为工业企业全生命周期业务提供数字化、智能化改造服务,有效降低了库存成本,大大提高了企业产品质量、生产效率和企业服务水平。

该应用解决方案可提供基于大数据的云制造、态势感知、工业云检测、多用户租赁、区块链等多种技术服务,解决工业企业普遍存在信息化程度低、大数据利用手段不足的行业痛点,助力企业实现数字化、网络化、智能化,该应用解决方案技术先进,具有较强的可复制性和推广性,是"中国制造 2025"的有效实践。

黄河燕(北京理工大学计算机学院院长)

大数据

03 工程机械行业智能装备、智能服务及智能管理一体化解决方案
——中联重科股份有限公司

工程机械行业智能装备、智能服务及智能管理一体化解决方案打造了贯通企业内外部数据的统一工业大数据平台和一系列智能化装备（包含：智能设备、智能网关、智能总线多路阀、智能化液压油缸等），为客户提供从通用设备管理到深度营运支撑的全方位端到端智能化服务解决方案；针对企业内部，通过对信息的持续整合、多维分析和深度挖掘，不断提升企业精细化管理水平和运营效率，显著提高了企业的全球竞争力，为装备制造行业整体转型升级提供了具备较高可借鉴性和可复制性的宝贵经验。

一、应用需求

工程机械市场进入转型期以来，行业面临如下问题和机遇。

（一）新机需求疲弱与巨大的服务后市场潜力

国内经济增速下滑，投资放缓及房地产市场疲弱，导致工程机械行业设备供过于求，新机需求放缓。而与此对应的是潜力巨大的服务后市场，按全国工程机械保有量 700 万台，维保费用 2 万元／台／年估算，市场规模近 1500 亿元／年。通过工业大数据技术，对设备、客户等数据进行深度挖掘，实现上下游信息充分共享和深度融合，降低成本的同时形成良性服务生态圈，进一步拓展行业的赢利空间。

（二）施工行业向规模化、集约化、专业化方向发展，对施工安全、效率、成本管控的重视程度不断提高

行业的调整将一批实力较差的"散客"淘汰出市场，市场集中度不断提高，专业化大客户成比例增加。下游客户对施工安全、效率及成本管控的重视，要求设备

厂商持续提升设备质量的同时，进一步强化设备智能化水平和数据分析处理能力，将服务从"被动服务"向"主动服务"升级，降低施工风险，提升无故障工作时间，实现"降本增效"。

（三）严峻的工程机械市场环境要求企业进一步精细化管理、高效科学决策，加速从传统生产制造型向高端服务型的转型升级

近年来工程机械市场需求持续下滑，以靠主机销售收入支撑发展的我国工程机械行业面临着严峻的生存考验。与此同时，我国工程机械行业客户也面临着工程项目减少、设备开工率与设备运行效率双低、运营管理成本及维修保养成本双高等困难局面，不利于行业客户的生存和发展。严峻的工程机械市场环境对企业经营管理及决策提出了更高要求，如何通过大数据分析使企业更加贴近市场、更加理解客户，提升企业运营管理和决策效率，快速从传统生产制造型向高端智能服务型的转型升级是行业内每个企业面临的重大问题和挑战。

二、平台架构

中联重科工业大数据平台融合了物联网平台、业务系统、应用系统及第三方数据，分析角度涉及产品、经营、客户、宏观行业等方面，服务涵盖轻量级通用应用（中联 e 管家）和重量级专业领域应用（智慧商砼、建筑起重机全生命周期管理平台），并通过移动端 APP、PC 端、大屏幕等多种方式提供高效增值服务。

中联重科工业大数据平台整体采用成熟的 Hadoop 分布式架构进行搭建。通过流式处理架构，满足高时效性的数据分析需求；通过分布式运算架构，满足对海量数据的离线深度挖掘。前端通过统一接口层以多种通用格式对外提供数据分析服务。

考虑到工业大数据平台汇集了企业内外部多方敏感数据，为保证数据安全，平台引入了企业级数据治理组件，实现统一的元数据管理、数据质量控制、数据溯源、数据操作权限管控、数据脱敏及数据审计功能，并贯穿到数据存储和应用的全过程，中联重科工业大数据平台架构图见图 3-14。

三、关键技术

中联重科作为工程机械行业领军企业，相关项目内容多为业内首创，关键产品均为自主研制；在项目合作伙伴选择及技术选型方面，多与相关领域顶级厂商合作，整体项目成果代表业内最高水平。

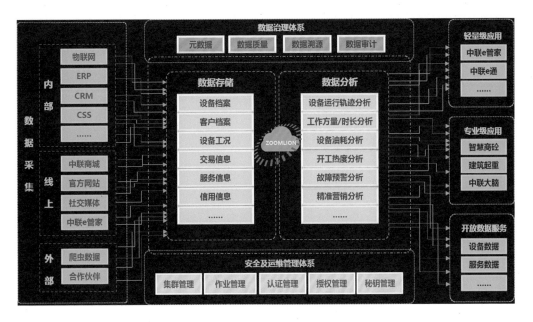

图 3-14 中联重科工业大数据平台架构图

智能化液压油缸采用轻质高强度复合材料、光纤传感通信及先进结构健康监测技术，是业内首创的一款安全可靠新型油缸；智能网关——"中联盒子"，应用边缘计算和窄带物联网（Narrow Band Internet of Things，NB-IoT）技术，是目前国内工程机械行业技术水平最高、自主创新最强、功能最全面的首创性智能网关；"中联 e 管家"为工程机械行业首个面向客户的设备管理 APP；工业大数据分析平台采用主流 Hadoop 分布式架构搭建，日数据增量约 1TB，具备实时、大规模离线数据处理能力，为业内首家完全打通业务系统、物联网数据，并实现对外统一信息服务、对内全环节运营分析的智能分析平台。

四、应用效果

中联重科工业大数据应用从"硬、软"两方面同时着手："硬"的方面，通过研发新一代"产品 4.0"、智能化关键零部件（智能网关、总线多路阀、智能化液压油缸），进一步提升设备的智能化水平，丰富设备数据采集维度，提升设备数据采集和预处理能力；"软"的方面，基于大数据分析挖掘技术，形成多层次智能化应用体系，为企业、上下游产业链、宏观层面提供高附加值服务。

随着探索的不断深入及项目成果的不断落地，中联重科工业大数据应用也得到了社会各界的广泛认可，工业互联网产业联盟将中联重科工业大数据应用作为典型案例编入《工业大数据技术与应用白皮书》并授牌；全球大数据平台领先厂商 Cloudera 将中联重科大数据应用作为工业制造领域典型案例进行宣传；主流媒体也多次报道中联重科大数据发展情况，起到了良好的示范带头作用。

（一）应用案例一："产品 4.0"——让新一代智能设备有"大脑"，会"思考"，实现产品的自诊断、自调整、自适应

中联重科股份有限公司于 2014 年启动了"产品 4.0"专项工程，通过深度融合传感、互联等现代技术，研发整体性能卓越、作业安全可靠、使用绿色环保、管控智能高效的智能化产品，进而实现"产品在网上、数据在云上、市场在掌上"的目标。截至目前，在工程机械领域，公司推出了包括混凝土机械、工程起重机、建筑起重机、基础施工机械等 8 大系列 20 多款"产品 4.0"。

智能化产品大大提高了施工作业的安全与效率，例如，混凝土泵车基于支腿压力等 13 个传感器自动计算重心，控制器根据安全系数，分级主动调整执行机构，防止车辆倾翻。通过 4 个压力传感器自动感知臂架振动状态，由控制器计算振动幅值，驱动臂架油缸，臂架振幅降低 70%；3200 吨核电吊装用履带式起重机，具备 116 个嵌入式传感器，基于其感知的信息，产品自动调整作业参数、自动适应作业工况，在"华龙一号"福建福清核电站、江苏连云港田湾核电站等重大核电穹顶吊装中顺利施工，用智能化技术实现了吊装的"稳"和"准"（见图 3-15）。

（二）应用案例二："中联 e 管家"——工程机械行业通用性智能服务 APP 应用

"中联 e 管家"定位于面向行业和客户的轻量级智能应用，从设备监控、安全效率、运营管理、厂商服务四方面入手，为客户提供设备实时监控、故障保养提醒、服务过程跟踪、工程项目管理、运营分析、知识库、服务直通车等功能（见图 3-16）。作为工程机械行业首个面向客户的设备管理平台，当前已有 1900 余用户在线使用，管理设备超过 3500 台。

（三）应用案例三："智慧商砼"——混凝土行业专业级管理应用

"智慧商砼"是聚焦于商品混凝土企业"车泵站一体化"的专业级应用，以设备生命周期管理、企业资源计划管理、车辆智能调度为核心功能，覆盖设备采购、运营、维保等关键环节，打通企业研、产、供、销业务流程，依托车联网，实现运输车辆和泵送车辆的智能调度。目前，该应用已实现 PC 端、移动端全覆盖（见图 3-17、图 3-18）。

该产品自 2015 年推广至今，已发展搅拌站核心客户 200 余家，为公司直接创

图 3-15 中联重科 3200 吨核电吊装用履带式起重机江苏连云港田湾核电站吊装现场

图 3-16 中联重科"中联 e 管家"APP 部分功能界面

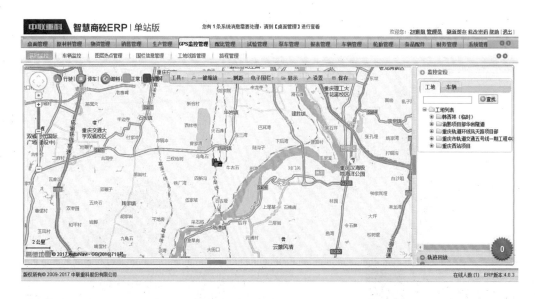

图 3-17　中联重科"智慧商砼"PC 端功能界面

图 3-18　中联重科"智慧商砼"移动端部分功能界面

收 1200 余万元。据测算，在无需改变设备数量的基础上，使用"智慧商砼"平均每条生产线每小时产量可提高 10—20 立方混凝土，新增利润 1.6 亿元／年（按提高 2 万立方／站／年，利润 40 元／立方，200 家搅拌站测算）。

（四）应用案例四："建筑起重机全生命周期管理平台"——建筑起重行业专业级管理应用

建筑起重机全生命周期管理平台的定位是涵盖建筑施工机械设备从获取到运用、运营、维护维修各环节的全生命周期智能管理平台。实现业务一体化运营管理，建立精细化管理模式，实时、有效、准确地掌握设备资产的运营状况，变单一的人为控制为信息系统自动化、智能化控制，同时提升施工安全、效率，降低成本，提升在行业中的竞争力。

该平台将施工项目过程中各种离散的资源数据进行有机整合、实时监控和分析，最终让设备生产厂商、设备租赁商、设备使用者共同引入该体系，形成建筑起重机行业的规范化、智能化管理生态圈。目前，该应用已实现 PC 端、移动端全覆盖（见图 3-19、图 3-20）。

塔式起重机全生命周期管理平台目前已在某大型施工企业使用，据测算：该平台为其降低安全事故率 20%，提升设备有效工作时长 20%，节约人力、维修成本 30%。

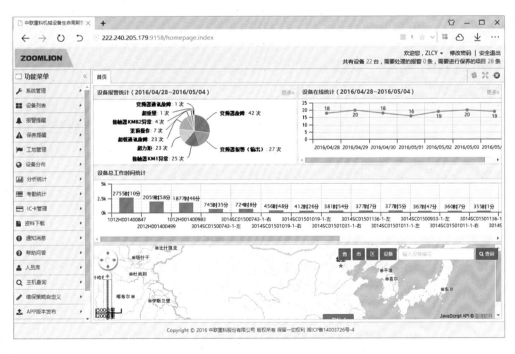

图 3-19　中联重科"建筑起重机全生命周期管理平台"PC 端功能界面

图 3-20　中联重科"建筑起重机全生命周期管理平台"移动端功能界面

（五）应用案例五："中联大脑"——智能服务、企业精细化运营、科学决策分析支撑平台

当前，大数据平台已完成公司内部系统数据贯通，并通过外部公开数据源的持续接入对内部数据进行丰富和补充。通过基于分析主题的数据仓库搭建，对数据进行重新整理，为公司提供全面、一致的高质量分析数据源。

目前，基于工业大数据分析平台，"中联大脑"已实现了一系列主题分明，覆盖客户、企业内部不同需求场景的多层次应用。重点应用方向有，针对"设备"，实现了基于设备回传工况数据的实时流式分析，可实时查看区域开工热度、某类／某台设备工作状态、设备故障报警统计及信息实时推送；针对"远程运维服务"，对设备从质量（如：首次故障时间）、技术（如：泵送效率）、服务（如：服务及时性）、成本（如：设备油耗）四方面实现体系化分析，辅助服务向"主动、预测性服务"转型；针对企业运营关键环节（如：营销、发货、风控、服务）、关键指标进行分析、预警，实时监控企业运行状态；针对"客户"，基于企业内外部"全量数据"形成了基于客户特征标签的"客户画像"产品（见图 3-21），全面支持企业客户精细化管理需求；针对工程机械"信用销售占比大，应收账款数额高"的特

图 3-21　中联重科"客户画像"功能界面

征，大数据平台实现了客户回款实时分析和异常提醒，提升了客户回款透明度和执行效率，降低了企业坏账风险 (见图 3-22)。

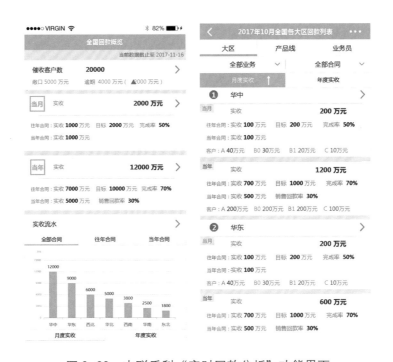

图 3-22　中联重科"实时回款分析"功能界面

"中联大脑"建立后，整体分析效率显著提升。以设备开工热度分析为例，原需一周时间进行的数据整理、计算，现可在分钟级别出具相应报表，数据可细化至地级市，为市场状态实时分析和快速决策提供支撑。

■ 企业简介

中联重科股份有限公司创立于 1992 年，是一家集工程机械、农业机械、金融服务多位一体的高端装备制造企业，主导产品覆盖 9 大类别、49 个产品系列、800 多个品种。其中工程机械位居国内第一，农业机械位居国内前三。公司是 A+H 股上市企业，注册资本 76.64 亿元。中联重科成立 20 多年来，先后并购了意大利 CIFA、德国 M-TEC、荷兰 Raxtar、意大利 Ladurner 以及浦沅集团、新黄工、奇瑞重工等一大批知名企业，布局全球市场。当前公司正积极推进"制造业 + 互联网"转型，立足实现公司"产品在网上、数据在云上、市场在掌上"的战略目标。

■ 专家点评

中联重科股份有限公司利用工业大数据技术将企业智能设备、智能网关、智能总线多路阀等系列智能化装备及企业内外部数据进行汇聚，建立工业大数据平台，实现产业链上下游信息的充分共享和融合，通过对产品、经营、客户等信息的深度分析与挖掘，实现"降本增效"。该运营模式成功开拓了工程机械行业服务市场，有助于良性服务生态圈的建立。

黄河燕（北京理工大学计算机学院院长）

基于大数据技术的高速动车组健康诊断及专家支持系统

——中车青岛四方机车车辆股份有限公司

基于大数据技术的高速动车组健康诊断及专家支持系统（简称 PHM）是动车组运营保障的发展方向和有效手段，PHM 实现了动车组车地无线装置 DRWTD 实时数据接收、处理和呈现展示，通过大数据挖掘建模实现部分关键故障的预测和报警，助力动车组运维模式从故障维修、计划维修向预测性维修转变，降低维修成本，减少维修时间，提升列车运营的效率和安全保障能力，为用户提供更高品质的服务。目前，PHM 系统已在中车青岛四方机车车辆股份有限公司内部全面推广使用且反馈效果良好，已具备对外全面推广的能力。

一、应用需求

近年来，我国高速铁路得到了飞速发展，高速动车组的运用为高铁建设奠定了良好的基础。截至 2016 年年底，中国高速铁路里程超过 2.2 万公里，"四纵四横"高铁主骨架基本建成。"十三五"计划中我国高速铁路仍将保持快速发展，高铁覆盖面积从"四纵四横"进一步扩展至"八纵八横"，高速铁路运营里程达到 3.8 万公里。同时，全球范畴内，各发达国家和地区已进入轨道交通复兴之路，我国的动车组装备密切关注和跟踪"一带一路"周边国家和地区互联互通以及动车组"走出去"等战略规划的落地，加大"联合出海"力度。动车组呈现的数量多、分布地域广、运量大、服役环境复杂等运营特性日益凸显。

现有运维服务模式，受距离、时间限制，已经很难适应动车组的快速发展，从人力、物力、质量、效率等方面对动车组现有运维模式提出一系列新的挑战。需要构建基于大数据技术的高速动车组健康诊断及专家支持系统，将大数据、互联网、人工智能等新技术与动车组运维服务相融合，充分挖掘动车组全生命周期数据所蕴含的价值，实现突破距离、时间、设备限制的互联网化、数据化、可视化、主动化的动车运维服务新模式。可以降低维修成本，减少维修时间，提升列车运营的效率，同时，避免重大恶性事故发生，是现行维修服务体系的创新。

基于大数据技术的高速动车组健康诊断及专家支持系统对动车组运营参数、故障数据、维修数据整合关联，对动车组关键部件故障进行运行监控、故障诊断和预测及其变化趋势跟踪分析，并对动车组健康状态进行评估，通过综合诊断和预测推理，得到更加可靠的系统运营状态，并报告给相关的人员以进行预测性的维修活动或决策，提供动车健康管理与专家支持服务，帮助服务人员快速及时获取运维知识。PHM 系统可以降低动车组故障率、提高运维人员的生产效率、降低企业运维成本、提升企业快速响应能力，最终助力动车组运维模式从故障维修、计划维修向预测性维修转变。

二、平台架构

（一）总体架构

PHM 系统采用大数据、物联网和挖掘技术，实时采集动车组运行状况的数据、产品全生命周期数据、环境数据，集中存储于大数据集群平台，通过数据分析和数据挖掘，实现列车运行监控、故障诊断和故障预测，并建立挖掘模型库和检修案例库，为用户提供故障预判、预警、报警信息提示和推送功能，提升车辆健康管理能力和故障预测能力，减少非计划故障停车，提升动车组使用效率和客户服务能力，PHM 系统总体架构见图 3-23。

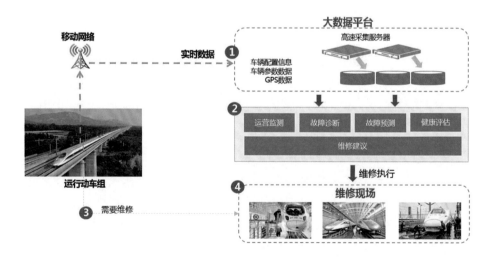

图 3-23 PHM 系统总体架构

（二）功能架构

PHM 系统分为五大功能模块，主要包括：数据接入、运行监控、事件中心、健康管理和资源支撑等功能（见图 3-24）。PHM 系统提供三种展示方式：PC 版本、移动版本（iPad 版和手机版）、大屏版本，其中，PC 版本提供全部功能的后台数据采集处理与前台展示功能；大屏展示提供全景监控中心、事件监控中心、资源监控中心三大前端功能的展示；移动版本（iPad 版和手机版）提供面向 iPad 和 Android 手机的前端业务展示功能。

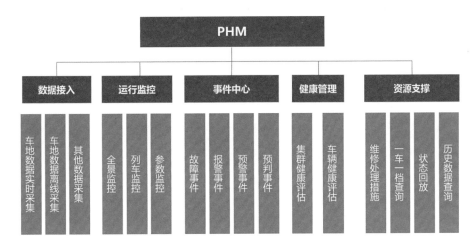

图 3-24　PHM 功能架构

（三）技术架构

PHM 系统需要数据实时性处理和数据离线分析，采用在线处理和离线处理相结合的技术架构（见图 3-25）采用分层设计理念，具体的技术架构如下：

数据实时采集后，将数据消息流传输到开源流处理平台 Kafka，Kafka 进行消息流序列化后，将实时消息流传输到 Spark-streaming 进行数据实时计算处理，Spark-streaming 处理结果按实时展现和持久存储两部分进行分发。Spark-streaming 实时展现数据配合 Redis 及应用程序，实时呈现列车健康状况信息；持久存储将处理结果写入 Hadoop 集群 HDFS 中，为后续批量查询、分析挖掘提供数据基础。

持久化存储在 Hadoop 分布式文件系统（HDFS）中的数据，通过 Hive 进行批量数据统计操作，统计结果存储在关系型数据库中，支撑应用页面展现；通过 Hbase 进行大批量历史数据查询操作；结合 Mahout / Spark-MLLib 分析挖掘算法库中部分算法，进行数据分析挖掘。

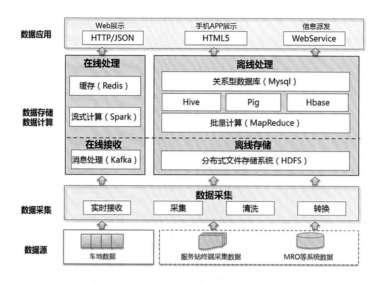

图 3-25　PHM 系统技术架构图

集群总体上通过 YARN（Hadoop 2.0 中的资源管理系统）进行资源管理协调；通过 Zookeeper（开放源码的分布式应用程序协调服务）进行集群内部通信协调管理。通过 WEB 展示、手机 APP 展示、信息派发、ESB 接口等不同的应用形式，为用户提供数据查询交换通道。

三、关键技术

（一）实时数据采集

实时数据采集主要是采集车载数据，车载数据由车载设备通过 GPRS 将数据发送给地面接收服务器，从地面接收服务器以 Socket 协议采集数据发送给 Kafka，Kafka 将数据流整理为数据流序列，并有序地提供给后端实时数据解析功能，进行数据解析。

（二）实时数据处理

数据实时流处理采用消息处理机制，数据采集后，生成消息，进行消息的分发和接收，加载到 Spark 平台，进行数据流计算、数据流整合、数据流推送，把数据流推送到前端后，进行数据的实时展现。根据 Spark 的优势对动车组 WTD 监控管理装置现车数据实时解析进行深入研究。将 Spark 实时流程序与 DRWTD 车地通信协议充分融合，创新研究并设计基于一车一协议可配置化的 Spark 实时流数据解析方案，并在故障预测和健康管理系统中应用，以保证新车型的快速拓展和老车型协议变更的快速响应。

（三）复杂事件处理技术

CEP 即 Complex Event Process，中文意思就是"复杂事件处理"。基于事件流进行数据处理，把要分析的数据抽象成事件，然后将数据发送到 CEP 引擎，引擎就会根据事件的输入和最初注册的处理模型，得到事件处理结果。针对各种车辆协议采用复杂事件处理规则解析语法实现数据解析。事件处理核心采用分布式集群方式提高处理性能及可线性扩展能力。具备复杂事件处理能力，支持条件过滤、聚合、计算、分组、时间窗口、模式匹配、上下文关联、多事件源关联等流处理功能。

（四）数据挖掘技术

数据挖掘是从大量的、不完全的、有噪声的、模糊的、随机的数据中，提取隐含在其中的、人们事先不知道的但有潜在的有用信息和知识的过程。数据挖掘是分析量化事物的关键特征，并根据关键特征建立合理的数据模型，对数据进行归类，适用的场景主要是在并不清楚数据有哪些具体特征的前提下，挖掘发现并使用数据的具体特征。例如：转向架的温度数据挖掘、蓄电池性能告警数据挖掘、空调故障数据挖掘等。

（五）解决方案达到的性能指标

1. 支持 1000 个注册用户，同时并发 200 个用户

2. 数据实时采集、传输、处理时间低于 10 秒

3. 分析和查询类应用反应时间应于 60 秒内

4. 系统某个用户界面程序异常停止后，不影响服务器端和其他用户界面的正常运行

5. 当系统网络资源或者被管对象系统主机资源紧张时，支持动态停止或恢复某些监控对象的数据处理功能，无需重启系统的整个应用程序

6. 具备完善的日志记录功能，对系统操作能记录相应的时间、操作人和操作的内容

7. 系统具备横向可扩展能力，当系统处理压力过高时，能通过增加硬件、应用服务器的方式，实现系统的分压处理能力

四、应用效果

（一）应用案例一：实现 PHM 系统运行监控和事件中心

PHM 系统大屏版，供公司总部应急指挥中心技术人员全面监控并分析四方股份出厂的所有安装 WTD 设备的运营动车组，通过列车状态监控和事件中心可以有效地提升四方股份对在线运行车辆的状态监控和故障预测，对分析运营车辆故障产生原因及降低维修维护成本提供支撑。

（二）应用案例二：实现主机厂和铁路服务部门之间数据共享，协同服务

PHM 系统的车辆运行状态数据、故障预测数据及时和铁路服务部门进行数据共享，信息推送，铁路服务部门实时了解车辆运行状态、故障情况以及故障维修的步骤，实现了主机厂和铁路服务部门之间的信息共享和服务联动，能够对动车组故障分析进行高效组织、快速决策，提高故障处置的效率，保障动车组稳定可靠地运行。

■ 企业简介

中车青岛四方机车车辆股份有限公司（以下简称"中车四方股份公司"）是中国中车股份有限公司的核心企业，中国高速列车产业化基地，铁路高档客车的主导设计制造企业，国内地铁、轻轨车辆定点生产厂家和国家轨道交通装备产品重要出口基地。中车四方股份公司具有轨道交通装备自主开发、规模制造、优质服务的完整体系。中车四方股份公司在高速动车组、城际及市域动车组的研发制造上处于行业内的领先地位。中国首列时速 200 公里高速动车组、首列时速 300 公里高速动车组、首列时速 380 公里高速动车组、首列"复兴号"中国标准动车组和首列城际动车组均诞生于此。目前，公司已形成了不同速度等级、不同编组形式的高速动车组和城际动车组系列化产品。公司自主研制的 CRH380A 型高速动车组担当京沪、京广等高速铁路的运营主力，并创造了 486.1 公里／小时世界铁路运营试验最高速。研制的"复兴号"中国标准动车组（CR400AF）实现时速 350 公里运营，使我国成为世界上高铁商业运营速度最高的国家。

■■专家点评

　　基于大数据技术的高速动车组健康诊断及专家支持（PHM）系统，在现有维修服务管理基础上，通过大数据技术提供设备的健康状态评估、故障预测与辅助决策，是高铁维修运营服务管理模式的有效创新，也是工业大数据的核心应用场景。该解决方案进一步增强了动车组运维过程的数字化、网络化、智能化，有效提高了企业服务型收益占比和列车的安全运营保障能力，该解决方案已在中车内部进行全面推广使用，具备较强的技术优势和经济社会效应，是践行《中国制造2025》规划的一项有益实践。

黄河燕（北京理工大学计算机学院院长）

大数据

05 基于大规模个性化定制的轮胎全生命周期大数据应用方案

——双星集团有限责任公司

基于大规模个性化定制的轮胎全生命周期大数据应用方案以"大数据平台"为中心，从轮胎大规模个性化定制系统、全流程智能制造工厂、远程运维服务体系等方面开展大数据应用，满足市场对产品和服务的个性化需求。本方案是双星推动互联网、大数据、人工智能和轮胎制造的深度融合，全流程实现轮胎智能定制、智能排产、智能送料、智能检测、智能仓储和智能评测。产品研发周期缩短70%，订单交货期缩短30%，产品不良品率降低80%，劳动生产率提高200%。

一、应用需求

国家《软件和信息技术服务业发展规划（2016—2020年）》中提出：软件和信息技术服务业步入加速创新、快速迭代、群体突破的爆发期，加快向网络化、平台化、服务化、智能化、生态化演进。云计算、大数据、移动互联网、物联网等快速发展和融合创新，先进计算、高端存储、人工智能、虚拟现实、神经科学等新技术加速突破和应用，进一步重塑软件的技术架构、计算模式、开发模式、产品形态和商业模式，新技术、新产品、新模式、新业态日益成熟，加速步入质变期。

双星是目前全球为数不多的拥有轮胎及轮胎制造装备技术和制造经验的厂家。因此，如何用智能制造手段冲破低端发展桎梏、构建新能力新优势，提升中国轮胎制造业的国际竞争力，用智能服务来完善汽车后市场的布局，应当成为中国轮胎行业重点解决的问题。中国轮胎行业已到了"行业转型拐点"，少数有较高知名度的品牌企业将有重整和洗牌的机会。近几年来，双星认真贯彻新旧动能转换的战略部署和新发展理念，抓住全球第四次工业革命的机会，建立基于大规模个性化定制的轮胎全生命周期大数据应用方案，致力于打造面向客户多样化和动态变化的定制需求，搭建覆盖用户需求、产品设计、研发、智能制造、供应链、汽车后市场智能服务和物联网金融等关键环节的平台，并在轮胎制造行业及汽车后市场服务行业应用，实现基于大规模个性化定制的轮胎全生命周期大数据应用。

二、方案架构

（一）方案顶层设计

双星正在全速推进大规模个性化定制的轮胎全生命周期大数据应用模式——"三化管理模式"。"三化管理模式"是"需求细分化、组织平台化、内部市场化"，是智能服务和智能制造的基础和保障。"智能服务"（即远程运维服务）是以大数据应用为基础，通过智能服务思维建立开放的汽车后市场服务体系；"智能制造"（即全流程智能制造）是在大数据的基础上通过双星轮胎建立轮胎及轮胎智能制造装备、方案和标准的制造工厂。智能服务和智能制造融合形成产业大规模个性化定制。

双星利用自有的轮胎制造和智能装备制造的优势，整合全球顶尖的"工业4.0"专家和伙伴资源，集成全球先进的信息通信技术、数字控制技术和智能装备技术，建立了轮胎行业全流程"工业4.0"智能化工厂，搭建了一个由"用户指挥、数据驱动、软件运行"的生态系统，其中80%的装备和机器人是双星自主研发和制造的。人工效率提高近三倍，产品不良率降低了80%以上。不仅实现产品的高端、高差异化、高附加值，环保、能效达到世界先进水平，而且创造出可以复制的轮胎智能制造方案，为社会提供"工业4.0"智能装备、整体方案和技术。

（二）大规模个性化定制大数据应用流程

应用大数据技术，建立实施产品生命周期管理（PLM）平台，实现原材料、产品设计、产品制造、产品销售、产品质量、服务质量的全流程、全方位数据收集、统计、分析大数据检测库，以支持个性化定制的需求。在客户／用户提出定制化需求后，通过全方位的产品企划，将需求转化为对应产品性能，对照产品检测库及市场信息库，选定轮胎结构、配方、花纹、模具，将结构、配方分解到原材料、半成品、施工参数，并进行产品仿真分析验证，最后由ERP系统发出机台生产计划，由MES系统控制生产，并实现网上查阅订单实现进程，实现客户／用户的定制化产品的交付（见图3-26）。

互联网时代，用户对轮胎的要求除耐磨、安全、静音等，更多关注的是个性化需求。双星的"创客网"（见图3-27），可以搭建一个和全球用户交互的平台，全世界专家都可以参与交互、设计，并对方案进行评估。用户认可设计方案后，利用

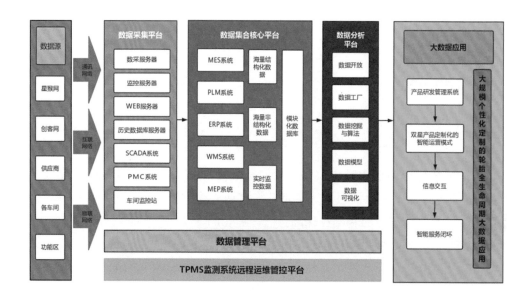

图 3-26　大数据应用平台架构图

图 3-27　创客网

PLM 系统，对每个设计方案整合全球的专家进行开发，并利用 3D 打印和虚拟仿真技术（VR）对方案进行设计仿真和工艺仿真。开发过程中不断通过全球领先的实验室和试车场进行检测，产品上市前，轮胎的各种模块化数据包括工艺数据全部进入数据库，建立模块化的数据库。

之后，用户可以利用星猴网（见图 3-28）或经双星许可的第三方网站进行模块化选择，自主选择轮胎的规模、花纹和颜色，定制自己喜欢的轮胎并下达订单。用户可以通过线上星猴网体验；也可以查看门面店地图，选择星猴快服体验店到店体验；还可以在众多第三方网站选购双星轮胎。用户利用订单系统下达的订单同步到达轮胎智能生产工厂，通过中央控制系统的 APS 高级排产计划对用户订单进行智能排产。

图 3-28　星猴网

三、关键技术

（一）流程型智能制造大数据采集、存储、分析及应用

建立先进的智能服务数字区，完善的智能信息化制造，形成完整的数据管理中心，构建协同的数字业务管理应用，最终实现自动化和信息化、管理和信息化的高度融合。通过以信息化实现业务的左右协同、管理上下贯通、信息互联互通和资源高度共享，将董家口绿色轮胎示范基地打造成一个以数字化、集成化、协同化、网络化、虚拟化为依托的管理持续创新的先进轮胎制造工厂，支撑从公司到生产点层面的业务一体化运作，规范业务与管理，优化资源配置，最终打造成智能化、数字化工厂（见图 3-29）。

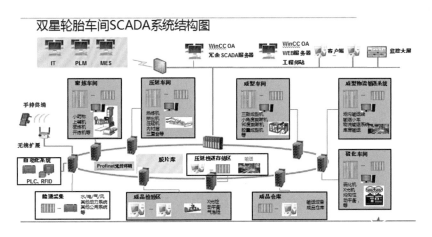

图 3-29　数据采集与监控系统架构图

（二）大数据远程运维服务平台

选定核心群体作为目标用户，通过整合社会资源，建立开放的大数据远程运维服务平台。路上通达全国，路下无处不在；线上线下相互融合，无缝对接；以订单信息流带动物流、资金流、服务流的运行，利用大数据分析，创造独特的"智能服务"生态圈，致力于打造汽车后市场第一服务品牌——星猴快服，实施远程监测运维服务——"云犬"TPMS监测系统。

1.与产品生命周期管理系统（PLM）的集成方案

双星智能制造工厂集成主要以产品生命周期管理系统（PLM）、企业资源计划系统（ERP）、制造企业生产过程执行系统（MES）、仓库管理系统（WMS）、族文件规划管理系统（MEP）为核心，实现各业务数据的相互传递，集中于上述五大系统之间的集成见图3-30。

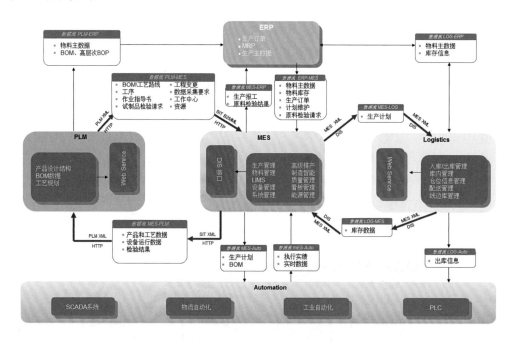

图3-30　五大系统集成方案图

从技术层面来解释，面向产品生命周期的大数据管理，主要是通过PDM软件在海量企业数据中为决策者和工程师挖掘知识信息，有效提高企业数据的再利用价值，实现制造型企业数据信息资产的增值。

2.与产品研发管理系统的集成方案

智能化研发统一管理体系，将整个研发流程从需求管理收集、竞品分析、配方管理、轮胎结构设计、施工设计、试做试验等各个阶段的业务纳入平台进行规范的管控。每一个环节都实现规范化的业务管理和执行，以及专家向导式的智能化产品设计，设计成果将改变以往手工作业的方式，以自动化、图形化的形式呈现。批量变更管理能力则使得所有相关数据能够快速地响应业务的变化。整个业务流程过程中，支持建立双星产品定制化的智能运营模式，支持和用户融合的信息交互。所有的研发数据通过在线设计，分类管理到 PLM 平台，进行统一管理，基于自动化、电子化流程，进行审批、冻结、发布和授权。发布的数据通过流程触发，实时传递到其他相关系统，各个系统互联互通。整个业务过程中，始终处于数字化项目计划、执行、反馈、监控、调整的在线项目闭环管理，同时支持资源、进度、交付质量、成本、绩效的在线监控协同。

四、应用效果

(一) 应用案例

1.轮胎大规模个性化定制

双星以"开发用户资源而不仅是开发产品"作为开发理念，在吸收国际原材料供应商及客户／用户参与设计，整合国内外技术资源的同时，大胆创新，颠覆行业—产品—模具—施工的传统设计，在行业内首创产品的模块化设计技术，该技术从轮廓、花纹、模具制作、配方、施工、硫化均采用模块化，形成了各种设计参数及施工参数的模块化数据库。将模块化设计技术与公司专利技术——彩色轮胎组合应用，在不增加模具、半成品、施工及资金占用的基础上实现了轮胎产品系列成十倍的增长，也满足了客户的特性化要求，在行业内首次实现了轮胎产品的定制化。图 3-31 为以结构、配方、花纹、胎侧为例对轮胎进行模块化设计的示意图。

2."云犬"TPMS 监测系统

双星的"云犬"TPMS 监测系统是典型的具备数据采集、数据存储、数据处理、分析应用、可视化展示等功能的大数据远程运维服务，由智能胎压胎温监测系统与轮胎监测救援系统组成，包括多个用于检测胎内压力及温度数据并发送数据的轮胎传感器组件，用于接收、处理信号数据并发送至显示终端的中控组件，用于接收距离中控组件较远的传感器组件所发送的数据，并对所述数据和信号进行增强纠错后再将所述数据和信号发送至所述中控组件的中继组件，接收中控组件所发送的数据的终端显示设备，还包括用于处理、存储、安排救援的后台服务器。

终端基于 Android 4.2+ 系统，具备北斗卫星导航功能，解决物联网定位追踪问

图 3-31　模块化设计组合产品示意图

题，实现对车辆位置信息的确认，确认车辆的行驶轨迹。智能胎压胎温监测系统能实时显示用户轮胎的胎温胎压数据，并在数据异常时报警提醒用户，保证行驶安全。

轮胎监测救援系统在后台服务器能实时监测用户数据的异常或用户端报警提醒主动发送请求救援信息后安排救援车辆前往救援，第一时间解决问题，更好地服务用户。

3. 线上创新创意设计——阻燃耐腐蚀专业消防轮胎

双星通过创客网及星猴网上用户的反馈创意，采纳行业专家以及消防人员的建议，根据消防车、危化品车等专业车辆需求，通过协效阻燃机理研究、环保微囊包覆阻燃复合材料制备技术、低温多段混炼工艺技术与专用装备、轮胎有限元模拟仿真技术等多项具有自主知识产权的创新性内容的开发，在行业内首家开发了专业阻燃防腐轮胎，通过了国家消防装备质量监督检验中心的检测，氧指数≥27%（常规轮胎氧指数≤19%），垂直燃烧达到 FV-0 级（难燃级别），电热丝灼烧 960℃（最高级），轮胎抗流淌火测试无明火、离火源自熄（见图 3-32）。经青岛科技局组织的评价：整体水平达到国际领先水平，获得 2016 年中国消防协会科学技术创新二等奖。

（二）应用效果

1. 大数据应用有利于品牌提升

因为创新和智慧转型，2016 年以来双星被国家工信部评为全国"工业品牌培

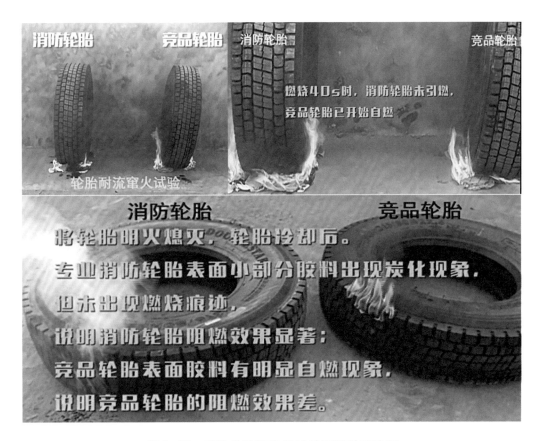

图 3-32　消防轮胎和竞品轮胎阻燃性对比图

育示范""技术创新示范""质量标杆""绿色轮胎智能制造试点示范企业""服务型制造示范项目"和"全国先进生产力典范企业",不仅是五年来中国所有企业中唯一一家全部获得六项国家级殊荣的企业,也是唯一一个从品牌、技术、质量、制造、服务全产业链试点示范的企业,并被称为"中国轮胎智能制造的引领者"。双星品牌连续三年荣获"亚洲品牌 500 强"中国轮胎第一名,成为全球轮胎发展最快和最好的品牌之一。

2.大数据应用绩效

(1)产品研制周期缩短约 70%

智能化研发统一管理体系,所有的研发数据通过在线设计,分类管理到 PLM 平台,进行统一管理,基于大数据流程进行审批、冻结、发布和授权。先进智能研发管理平台的实施不仅能提高业务操作的效率和规范性,建立起循环积累的企业知识体系,加速了项目执行的效率和产品研发的进程、产品制造和上市的进程,使产品研制周期缩短约 70%。

（2）产品订单交货期缩短 30% 以上

通过建立产品规模化大数据库，将模块化设计技术与公司专利技术——彩色轮胎组合应用，在不增加模具、半成品、施工及资金占用的基础上实现了轮胎产品系列成十倍的增长，用户定制订单到达"工业 4.0"工厂，通过中央控制系统的 APS 高级排产计划对用户订单进行智能排产、智能送料、智能检测、智能仓储，用户定制订单生产完成以后，经过智能分拣仓储，按照用户的服务要求按单配送。产品订单交货期缩短 30% 以上。

（3）生产不良率降低 80% 以上

打通从生产制造到工艺设计的质量反馈数据，真正实现面向制造的前轴工艺设计和面向车间的管理水平，提高产品的质量和效率，并使得产品的质量设计水平得以提高，促进质量管理体系的不断完善，生产不良率降低 80% 以上。

（4）劳动生产率提高 200% 以上

在产品生产过程中，实现全部设备（自动化设备）的数字派工，月计划履约率达到 99.5%，周计划履约率达到 98% 以上；提高设备利用率，并准确管理、分析设备故障，从而全面提升设备科学管理能力；通过设备信息数据采集及车间现场生产信息数据的反馈与利用，提高前轴车间管理透明度和执行效率。劳动生产效率提高 200% 以上。

■企业简介

青岛双星是一个具有 97 年历史的老国有橡胶企业，新一届中国橡胶工业协会轮胎分会理事长单位。2014 年，双星开启"二次创业、创双星世界名牌"新征程，确定了"第一、开放、创新"发展理念，借"互联网+""中国制造 2025"、国企改革等契机，加速新旧动能转换，率先建立了轮胎行业全流程"工业 4.0"智能化工厂，率先创立了开放的"服务 4.0"和"工业 4.0"生态系统。抢先从"汗水型"走向"智慧型"，逐步形成集轮胎、智能装备、智能物流（机器人、冷链物流等）、废旧橡胶绿色生态循环利用等产业于一体的国际化企业集团。

■专家点评

基于大规模个性化定制的轮胎全生命周期大数据应用解决方案充分利用双星集

团轮胎制造和智能装备制造的资源优势，以客户"订单为中心"，将企业发展重心定位于满足客户需求和打造有效供给上，全面打造"产品定制、智能制造、企业互联"于一体的轮胎行业全产业链的智能生态系统。

该应用解决方案基于双星集团行业资源积累，将轮胎生产全流程的技术、知识、经验进行系统化、显性化，通过大数据技术实现轮胎的智能定制、智能检测、智能仓储和智能测评，具有较大的市场推广价值，能进一步推动"中国制造 2025"的战略化进程。

黄河燕（北京理工大学计算机学院院长）

06 东方国信节能大数据平台

——北京东方国信科技股份有限公司

东方国信节能大数据平台是服务于工业，提供端到端大数据处理能力的大数据平台型产品，集数据采集、存储和处理、算法、能力和应用以及运维和运营管理等功能为一体，其核心功能突出协议广泛的数据采集、毫秒级处理速度的数据存储与运算、支持定制化数据展现、集成大量分析算法模块化可视化建模工具、业务应用深度定制开发研究、工业互联网分析开发等。东方国信节能大数据平台为企业提供易用的大数据解决方法工具，实现工业数据在平台的高度集成，将工业企业数据资产化，通过大数据技术进行行业对标及核心算法挖掘，为工业企业提供节能降耗解决手段，已被多行业广泛采用，服务于全球 35 个国家的 300 余家企业。

一、应用需求

2015 年 5 月，国务院正式印发《中国制造 2025》规划。规划中提出将重点推动信息化与工业深度融合，把智能制造作为"两化"深度融合的主攻方向，通过智能工厂的建设实现智能生产和智能制造，全面提升企业研发、生产、管理和服务的智能化水平。随着国家智能制造转型战略的相继实施，工业大数据将日益成为全球制造业挖掘价值、推动变革的重要手段。

回顾过去，信息科技（IT）与操作技术（OT）较少交集，形成众多的信息孤岛。随着"工业 4.0"和工业互联网的发展，企业迫切需要进行"两化"融合，透过大数据平台与物联网，最终实现信息技术（Information Technology，IT）、操作技术（Operation Technology，OT）、通信技术（Communication Technology，CT）"三 T"融合贯通，从而带动服务与数据创新。

随着新环保法的颁布，相关配套政策陆续出台，未来我国将进一步加大对环境污染的治理力度，并逐步完善和规范节能减排行业的发展，未来我国节能减排行业发展潜力依然较大。

随着生产技术和设备先进性的提高，能源使用效率也达到了一定的高度。通过常规的技术改造已经没有节能潜力可挖，时有头痛医头、脚痛医脚的情况发生。企业降低生产成本，进一步节能减排变得越来越困难。

为了实现节能目标，东方国信采用能源管理大数据分析系统，以客观数据为依据，以能量平衡为基础，从系统角度对海量数据进行分析、比对，发现潜在的节能机会。将机会的风险和收益作为一个整体进行评估，并制定实施计划。

二、平台架构

东方国信节能大数据平台共分为数据源、数据采集层、数据存储层、应用层四个层级，具体平台架构见图 3-33。

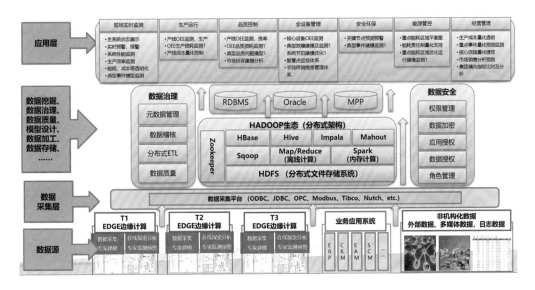

图 3-33　东方国信节能大数据平台架构图

(一) 数据采集层

数据采集层负责分别从 SCADA、MES、PDM、GIS 等各业务应用系统及一些外部数据源中获取数据。

(二) 数据存储层

数据存储层是大数据平台建设的核心，其根本目的是有效管理企业业务范围内的全量数据，达到统一存储、分布式部署、集中分析、高效访问、统一决策的目的。

（三）数据分析层

在数据分析层面，利用 Hadoop 生态系统的组件完成不同类型的分析处理，综合使用这些技术可以在充分满足现有数据需求的基础上，扩展大数据应用场景。分析需要平台提供强大的数据挖掘功能，数据挖掘是大数据平台的核心业务功能之一，针对这种功能需求，平台提供了大量的算法集成。

（四）数据展现层

前端展示平台采用 BS 架构，由一整套组件或服务构成，并通过功能强大、基于 WEB 的通信框架相连接，满足用户的不同应用需求。这些组件既可以独立存在，也可以相互转化和调用，并且均可在一个界面里实现。为报表查询和分析、绩效指标分析呈现以及数据集成提供了最完善、最可靠的平台。

三、关键技术

（一）分布式文件存储系统——HDFS

HDFS（Hadoop Distributed File System），是一个分布式文件存储系统。它具有高容错性的特点，可以被广泛地部署于廉价的 PC 之上。它以流式访问模式访问应用程序的数据，大大提高了整个系统的数据吞吐量，能够满足多来源、多类型、海量的数据存储要求，因而非常适用于日志详单类非结构化数据的存储，实现了带硬件加速的数据透明压缩及解压缩。

（二）分布式数据库——HBase

HBase 是一个高可靠、高性能、面向列、可伸缩的分布式存储系统。它利用 HDFS 作为其文件存储系统，利用 MapReduce 来处理 HBase 中的海量数据，利用 Zookeeper 作为协同服务。HBase 设计之初就是为 Terabyte（TB）到 Petabyte（PB）级别的海量数据存储和高速读写而设计，这些数据要求能够被分布在数千台普通服务器上，并且能够被大量用户同时高速访问。东方国信在此基础上增强了访问控制与权限管理、服务器端聚合运算、高速并行数据导入、专用图形化管控界面。

（三）集群协调服务 Zookeeper

Zookeeper 是一个为分布式应用提供一致性服务的软件，提供的功能包括：配置维护、名字服务、分布式同步、组服务等。东方国信节能大数据平台开发了一套权限控制系统，通过权限控制系统再访问 Zookeeper。

（四）数据采集

实现了与 DCS 服务器的对接，支持 OPC 协议的数据格式传输；采用了分布式数据采集，支持数据采集终端数据传输；实现了 JDBC 接口协议的数据采集，支持从关系型数据库采集结构化数据；支持实时传感器数据传输，采用分布式消息队列对数据进行缓存，实现了分布式的流式计算技术对数据进行实时监控分析。

（五）数据分析

支持多种工业数据分析手段，可以根据实际需求选择合适的分析手段，发现和解决工业企业的各种问题。主要包括：历史数据分析、数据拟合、主导因素分析等。

（六）数据挖掘

支持常用的监督学习和无监督学习算法，封装了支持向量机（SVM）、神经网络、决策树、随机森林、聚类算法、异常检测算法等工具箱为用户提供机器学习算法支撑。提供基于 WEB 的图形化数学公式编辑功能，支持用户方便快捷地定义丰富的算法模型。提供 API 作为开放接口，支持用户可编程的自定义算法实现。支持对历史数据和实时数据进行数学建模和挖掘、分析，提供数据回放、监控、报警等功能。

（七）数据仿真

仿真在产品设计和开发中的应用，使公司能够在设计周期初期识别问题，并有助于以更低的成本推动创新。将仿真数据与物理设备数据相结合可以为企业提供更有效的分析和诊断方法。将自主研发或对行业专业仿真系统进行集成，支持对数据的仿真和处理功能，为改进企业的生产效率、缩短设计周期提供帮助。

（八）可视化建模

基于大数据技术的 MATLAB 类似的软件，是一个开放的数学模型平台，可以集成第三方的算法和数据模型。在该平台中，无需大量编写程序，而只需要通过简单直观的鼠标操作，就可构造出复杂的系统，具有适应面广、结构和流程清晰、效率高、灵活等优点。平台将传统复杂的建模过程变为可视化拖拉拽的方式，使得业务专家可以在不了解IT技术的情况下建立复杂的模型公式，帮助最终用户查看并理解数据。将用户从复杂的编程中脱离出来，专注于企业的业务逻辑。

四、应用效果

（一）应用案例一：联合利华全球能源管理平台

1.功能简介

（1）综合能耗分析与预测预警

平台可使用各种分析模型，识别工艺积极或者非积极生产状态，找到与能耗变化高度相关的关键参数，比如产量、度日数等并建立合理的能效绩效目标来监控能源消费，同时可计算单位产品能耗，根据产品设置回归分析的目标值，设置警报，对比能源消耗和产量发现节能机会，同时可以实现聚类、分类、关联、例外、时间序列、空间解析等丰富的分析模型。在联合利华某洗发液工厂，通过产量和电耗的回归分析，预测基础负荷，设定理想电耗曲线，使该厂合理安排每天的生产负荷，仅此一项就节电15%（见图3-34）。

（2）机会识别、量化与节能量监测

对各类生产设备进行实时能耗监控。并根据总体消耗及分类消耗能源数据对

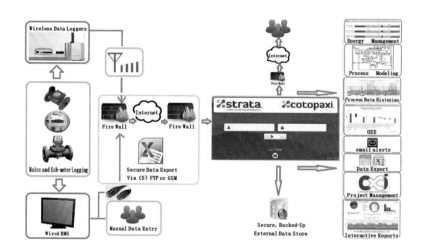

图3-34 联合利华全球能源管理平台工作原理图

比、识别能效改进方法，并对此作出量化。同时利用累计和图分析技术监测累计偏差，用以分析积极或者消极的能耗趋势，量化分析和监测节能量及浪费情况。在某食品厂识别出 18 个节能机会，通过调整生产运行方式以及技术改造，全年节约能源开支 50 万欧元。

（3）故障预测和设备整体效率分析

通过夹点、资产可用性、瀑布模型、计划与非计划停机深度分析报告打破原有的管理方法，使设备管理的各个环节得到系统性提升，为企业节约大量的维修和停产费用。

（4）能源专家系统

基于大数据分析，通过不同类别能源数据计算，形成了 2000 多个方案的知识库。在此基础上具备了锅炉专家系统、电机专家系统、蒸汽专家系统、制冷专家系统和压缩空气专家系统。

2.应用效果

截至目前，已经完成了全球 300 多家工厂的能效数据接入和分析，已接入的碳排放数据占实施工厂全部排放的 50%；已接入的能耗数据占全部能源消耗的 54%；已接入的水耗数据占全部水耗的 64%，大大提高了企业的能源管理效率和效果。平均为每个工厂实现能源节约 5%—15%、节水 5%—30%、原材料减少 1%—3%、包装节约 5%，取得了巨大的经济效益和社会效益。

（二）应用案例二：高效粉煤锅炉综合智能服务管理平台

高效粉煤锅炉综合智能服务管理平台，从现场人员管理、锅炉设备及状态监测、高效煤粉物流管理、商务智能与决策分析四个方面，建立新型锅炉集中运营、集中监管信息化平台（见图 3-35、图 3-36）。该平台从基于云服务的设备层、数据层和应用层入手，通过对锅炉全生命周期及运行状态监测管理模块、对锅炉备品备件的集中管控模块、对煤粉物流及储备情况的全面管控模块、对现场人员的管理模块，以及支持领导和各级管理人员科学决策的商业智能模块，实现以客户需求为导向的新型"智慧煤粉及备品备件供应链"和"高效煤粉锅炉运营服务体系"，最终形成以效益为中心、每台锅炉以安全生产和成本控制为中心的两化深度融合管理体系，推动高效煤粉锅炉更新换代进程，实现生产的安全、绿色、高效。

高效粉煤锅炉综合智能服务管理平台的核心包括三个方面：一是对企业以高效煤粉锅炉运营为核心的业务一体化信息化平台，包括锅炉设备全生命周期管理、锅炉备品备件管理，以及煤粉物流、现场作业人员管理等各个业务环节的信息化；二是对锅炉生产运行状态的实时监控，包括对锅炉运行效率和效能的监控，以及对

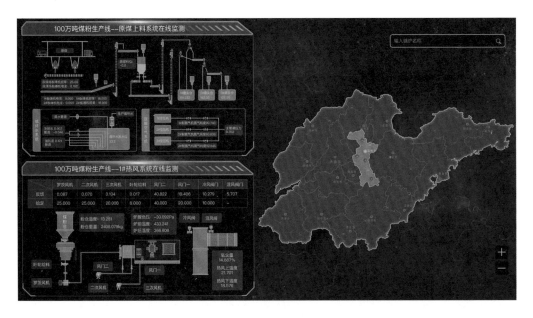

图 3-35　高效粉煤锅炉综合智能服务管理平台煤粉生产线可视化展示界面

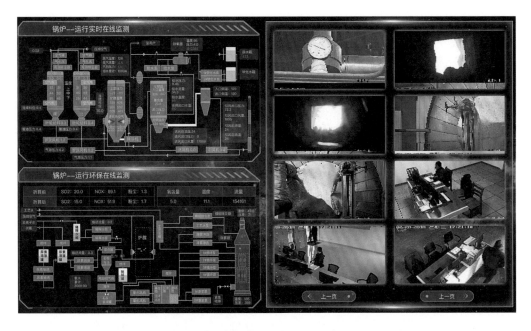

图 3-36　高效粉煤锅炉综合智能服务管理平台锅炉运行监测可视化展示界面

锅炉安全运行、煤粉仓安全仓储的监控；三是对上述业务综合数据的整合和分析利用，其中对煤粉供应链业务数据和锅炉实时状态数据的全面采集和整合是关键。

对整合数据的分析利用，首先，要满足对高效煤粉锅炉运营状况的全面了解和掌控的需要；其次，要利用"商业智能"分析技术，深入分析各个环节的业务开展情况，利用信息化手段发现问题、分析问题，并为解决问题提供数据支撑，支持各层面的科学决策，向"智慧能源""互联网＋能源"发展。

企业简介

北京东方国信科技股份有限公司（以下简称"东方国信"）拥有员工 7000 多人，95% 以上为本科学历，其中：硕士 15.8%、博士 4.3%。东方国信 20 年专注于大数据领域，目前已形成日处理数据 3 万亿条，日查询数据 70 万亿条，日入库数据量 300+TB 的大数据处理能力。通过自主研发，打造了面向大数据采集、汇聚、处理、存储、分析、挖掘、应用、管控等全流程一体化的大数据核心能力。在能源电力、矿山、钢铁、电子制造、轨道交通和石油化工等领域得到市场广泛认可。

专家点评

东方国信节能大数据平台是东方国信科技股份有限公司开发的集数据采集、存储、分析、可视化展示于一体的服务于工业节能减排的综合性大数据平台型产品。

该平台通过分布式文件系统以流式进行数据访问，利用 MapReduce 来处理 HBase 中的海量数据，将工业企业数据资产化，实现用户数据的高速访问，通过大数据对标及分析挖掘，为工业企业节能降耗、减排提供有效解决方案。该平台已经在全球 1200 多家能源企业、国内 60% 的钢铁企业进行推广，工厂能源、原材料及包装等环节节约效果显著，实现钢铁高炉安全监测的有效预警，具有较好的市场推广价值和前景，是践行《中国制造 2025》规划的一项有益实践。

黄河燕（北京理工大学计算机学院院长）

07 大数据 数据驱动的服装大规模个性化定制系统解决方案

——青岛酷特智能股份有限公司

数据驱动的服装大规模个性化定制系统解决方案，涉及商业模式、生产模式和组织模式等范畴，其核心是 C2M 定制模式（Customer-to-Manufactory），以定制订单为信息流，以射频芯片为载体，从"需求数据采集、智能研发设计、智能排产、智能排版"到"数据驱动的价值链协同、生产体系、质保体系、物流体系、客服体系"等产品实现过程信息化和工业化深度融合的体系，可帮助企业做工厂整体规划设计、软件定制、系统集成、生产流程再造，实现柔性制造、个性化定制新模式，有效解决库存问题、设计问题、营销问题、成本问题、竞争力不足等诸多问题。

一、应用需求

个性化、多样化的需求正逐步成为服装行业消费的一种趋势，传统行业同质化、标准化产品的供给方式无法有效满足这种需求，造成现有产能过剩和有效供给不足共存的困境。服装消费者对着装的要求越来越高，购物观念也在不断地更新，特别是随着互联网技术的快速发展，对传统的服装制造业冲击也越来越大。从现有路径来看，服装行业推进智能制造，势必将从产品设计智能化、关键工序智能化、供应链优化管控等方面，重点推进智能制造单元、智能生产线和智能工厂建设。这一切的基础必然是服装产品在其整个生命周期的大数据，包括消费者的身体数据、版型、工艺材料、款式规格等等。目前，较大型的服装企业自身拥有大量的数据，但是并未对数据很好地加以利用，因此迫切需要大数据企业根据需求进行产品和服务的设计，以更加贴合企业的实际需求。

当前，大规模个性化定制的大数据尚处于起步阶段。C 端（Customer 消费者端）没有好的途径和载体能使消费者方便快捷地在线定制，也没有对定制数据进行处理的能力；M 端（Manufactory 制造端），大部分的工厂仍是先产后销模式，并没有充分具备大规模满足消费者个性化定制需求的能力。"手机商务"的快速发展颠覆了消费者的传统服装消费习惯，逐渐弥补了网上购买服装面临的无法试穿、无触摸质感等缺点，使消费者真正做到足不出户即可选购全国各地的商品。但这种模式还是停留在同质化产品的大批量生产，而不是个性化产品的大规模定制，不是经济发展的未来方向，也就谈不上对定制数据的收集、分析和应用。

信息孤岛、数据烟囱的问题普遍存在。很多企业已经应用较多的信息化系统，但相当一部分的企业信息化系统之间没有很好地连接，数据不能在系统之间自由流转，导致系统之间的孤立，发挥不了数据的作用。通过物联网等技术优势发挥，使之能够将线上、线下连接互通，实现信息流、数据流、资金流、物流等一条龙服务体系。

酷特解决方案，形成海量的版型数据库、款式数据库、原材料数据库、工艺数据库，从"业务驱动"变为"数据驱动、需求驱动"。通过对大数据的分析可以使企业实时掌握市场动态迅速作出应对；可以为制定更加精准有效的定制营销策略提供决策支持；可以帮助企业为消费者提供更加及时和个性化的服务，实现生产过程完全数据化、智能化，彻底实现并满足消费者个性化需求，完成行业模式的真正跨越提升，有利于推进我国服装产业工业化与信息化融合步伐，符合国家服装行业的相关发展规划。

二、平台架构

（一）C2M 平台总体架构

消费者直接面对制造商的个性化定制平台"C2M 平台"，消费者在线提交订单，直接下订单给工厂，工厂通过信息化和工业化深入融合的手段进行大规模个性化定制产品的制造和交付（见图 3-37）。

（二）以消费者需求为中心的 C 端平台

酷特 C2M 平台，顾客对个性化定制产品的需求，直接通过下单系统提交，制造工厂接收订单，直接开展定制产品的生产，减少中间环节，降低费用，节省成本。在这个模式下，制造企业通过互联网成为直接响应消费者定制需求的主体，区别于传统的 C2C、B2B、B2C 等以中间商为主体的电子商务模式。

C 端是产品呈现面，将企业的优势通过各种营销手段和形式展示给用户并吸引到平台上，是客户个性化需求定制的入口。通过信息系统使顾客参与定制产品实现的全过程，在过程中享受到个性化的服务。C2M 平台对消费者的订单信息、尺寸

图 3-37　C2M 大数据平台总体架构逻辑

信息，下单系统自动储存、永久保存，形成庞大的客户数据库系统，并分析、筛选、评估客户需求，进行终生服务营销。线下体验店为客户提供现场着装顾问、下单结算及售后服务等。

（三）大规模定制化的 2 端大数据设计模型

2 端是大数据中心，是数据驱动、数据挖掘分析的指挥中心，支撑 C2M、B2M、M2M、C2C 多品类多品种的线上交互交易，为所有交易提供服务支撑，形成数据沉淀，为整个价值链输出数据支持。从业务层面讲，是承接 C 端客户的交互与交易，将交易成果输出给 M 端满足需求，给客户提供售后服务支撑，深度挖掘客户的需求（见图 3-38）。

（四）大数据驱动的 M 端柔性工厂解决方案

M 端大数据从 2 端大数据获取数据，通过 M 工厂端的制造企业生产过程执行系统 MES、仓库管理系统 WMS、进阶生产计划及排程系统 APS 等系统信息的读取与交互，与自动化设备相结合，通过智能分拣配对系统、智能吊挂系统、智能分拣送料系统的导入，解决整个制造流程的智能循环，通过智能传输系统、智能识别系统、智能取料系统、智能裁剪系统等，实现整个制造过程的大数据驱动智能化生产，确保了来自全球订单的数据准确传递，用互联网技术实现客户个性化需求与规模化生产制造的无缝对接（见图 3-39）。

智慧工厂核心技术能力的构建是在标准化、模块化、自动化的基础上进行的，

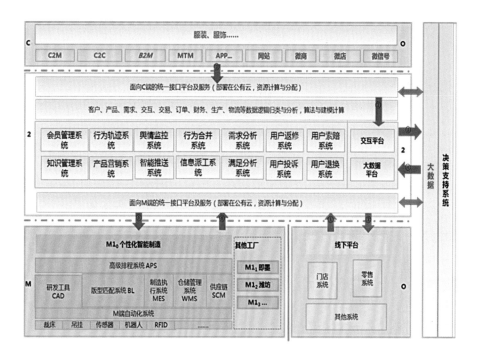

图 3-38 2 端数据中心系统架构

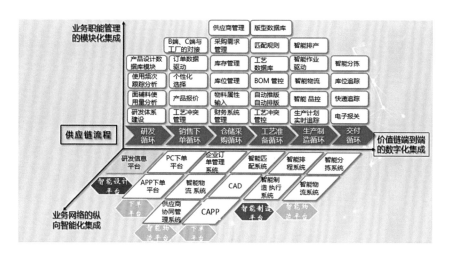

图 3-39 M 端制造供应链系统架构

实现了工厂的互联互通。运用物联网技术，实现生产与管理集成，网络设计、下单，定制数据传输的数字化。每一件定制产品都有其专属芯片，该芯片伴随产品生产的全流程。通过专用终端设备下载和读取芯片上的订单信息，快速、准确传递个性化定制工艺，确保定制产品高质高效制作完成。该方案纵向集成打通了企业内部信息孤岛，有效实现各环节数据流连接。通过横向集成，使企业之间通过价值链以及信息网络实现资源整合，实现价值链各企业间的协作。

三、关键技术

（一）模块化设计模型

根据积累的顾客个性化定制数据，包括版型、款式、工艺和设计数据，形成独特的数学模型和工艺档案。实施工业化和信息化融合的创新点使信息技术和网络技术融入到公司的大批量生产制造过程之中，将可重新编程、可重新组合、可连续更改的服装生产系统结合成为一个新的、信息密集的制造系统，实现同一产品的不同型号款式的不同转换甚至不同产品之间的转换，只要在计算机里改变不同程序，就可实现流水线上的不同数据、规格、元素的灵活搭配、组合，从而制造出灵活多变的、适合客户个性化需求的产品。

（二）C2M 平台技术

C2M 平台总体划分为：C 端平台、2 端平台、M 端平台（见图 3-40）。

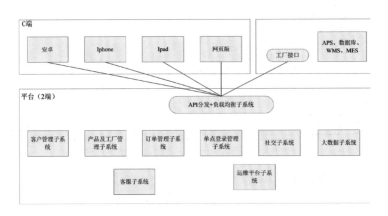

图 3-40　C2M 平台技术构成图

1.C 端提供用户体验

分为手机版（安卓，iOS）、平板（主要是 iOS）、WEB 版，提供原生 MacOS 版本。C 端与后台的通信通过 Restful API 进行，例如提取客户信息、提取订单信息、提交订单等等。

2.2 端是数据中心

主要功能分为：API 分发 + 负载均衡子系统、客户管理子系统、产品及工厂管理子系统、订单管理子系统、单点登录管理子系统、社交子系统、大数据子系统、客服子系统、运维平台子系统等。

3.M 端为大数据驱动的工厂系统

这一端与工厂自身特点密切相关。服装行业将自身海量的版型、技术工艺的标准化、生产过程的流程化、RFID 信息技术等数据进行了深度分析挖掘应用，确保了生产过程的智能化、柔性化，保证了制造过程的高质、高效地生产。将信息化融入工业流水线，实现产品的订单管理、工艺管理、生产过程管理，最终实现个性化定制产品工业化生产。

四、应用效果

酷特 C2M 平台是数据驱动的大规模个性化定制解决方案的载体，首先在酷特 3 家直属工厂和 5 家协同工厂得到成功应用，形成了服装定制协同制造供应链。实现了 100% 的个性化定制订单，一人一版、一件一流、一件一款。交货周期从传统的 15 个工作日以上缩短到 7 个工作日内，实现了定制需求驱动的零库存模式。C2M 模式下，取消了中间商的加价，企业的利润空间远高于 OEM、ODM 等代加工低利润模式。企业可以让利给消费者，定制产品的价格比传统模式的成衣价格还要低，让高大上的奢侈定制变为更多人可以享受的最优性价比的定制。

酷特解决方案适应了我国劳动力密集等基本国情，一批中小企业使用该平台进行 3 个月及以上不等时间的升级改造，可实现"零库存、高利润、低成本、高周转"的运营能力。目前已经输出到十余家服装企业。改造后同改造前传统模式对比，运营成本降低 30% 以上，产品研制周期缩短 70% 以上，在制品不良品率降低 30% 以上。2015 年年底酷特工厂开放参观学习，来自中国、美国、欧盟等国内外企业、院校、科研机构、政府等各界单位多次到访学习，至今到酷特学习培训的有 7 万余人次，促进了全国范围内乃至国外的企业向大规模个性化定制转型实践。

（一）应用案例一：恒尼智造（青岛）科技有限公司 C2M 个性化定制系统解决方案

恒尼智造（青岛）科技有限公司，专业内衣行业自主品牌运营 20 年，产品种类包括：内衣、家居、T 恤等三十余个系列上百个品种，畅销全国 30 个省、自治区、直辖市。与酷特成为服装智能制造战略合作伙伴，应用酷特 C2M 个性化定制系统解决方案，开发 C2M 智能下单系统、智能研发系统、智能制造执行系统、智能仓储系统等平台系统，打通企业现有流程，集成信息化体系，实现了从传统的大规模批量制造向 C2M 大规模个性化定制转型（见图 3-41、图 3-42）。同时，通过净化工程施工、集尘装置加装、关键设备的使用以及与各系统的实时数据传动，打造了"数据驱动无菌化内衣个性定制模式"，开创了内衣行业私人定制服务先河，效率提高 2.1 倍、产能提高 75%、原料库存率降低 75%、利润同比提升 30% 以上，2017年成为全国新旧动能转化创新型试点企业。

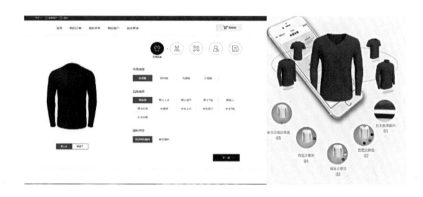

图 3-41　C2M 智能下单系统输出

透明工厂可视化系统　　全球定制用户一卡驱动　　激光立体剪裁精准零误差　　无菌包装 开袋即穿

图 3-42　数据库、智能研发系统、智能制造执行系统输出

（二）应用案例二：天津长城服装集团有限公司 C2M 个性化建制系统解决方案

天津长城服装集团有限公司成立 34 年，从一二百人的小型加工厂发展成为跨国、跨行业的大型国际集团公司，在中国、越南、埃及拥有服装生产工厂，在美国、中国香港等国家和地区设有独资、合资公司及办事机构。与酷特成为服装智能制造战略合作伙伴，应用酷特 C2M 个性化定制系统解决方案进行工厂的智能化升级（见图 3-43）。

应用酷特解决方案的还有商务男装、旗袍等服装企业（见图 3-44、图 3-45），包括工厂智能化规划、流水线设计、管理流程再造、人员培训，开发数据库、ERP系统、智能下单系统、智能研发系统、智能制造执行系统、智能仓储系统等，建成了服装大规模个性化定制智能工厂，实现了从研发设计、物料管理、裁剪缝制、整

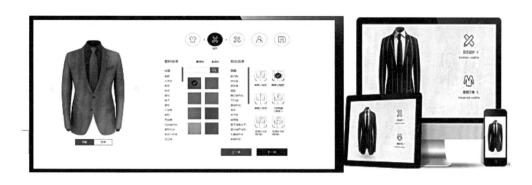

图 3-43　C2M 智能下单系统输出到男装企业

图 3-44　智能制造执行系统软件和流水线硬件输出到男装企业

图 3-45　长城服装裁剪车间改造前（左图）和改造后（右图）对比

烫质检等全程数据驱动定制生产，转型为小批量、多品种、单件流、柔性化。平均交货期由原来的 20 天以上缩短为 7 天，加工费提高 50％以上，定制成品零库存，原料库存率降低 50％以上。

■ 企业简介

青岛酷特智能股份有限公司主营计算机软硬件研发及销售、互联网和移动网络信息服务、服装定制。专业服装定制十多年，成功实践了基于互联网的服装大规模个性化定制模式，并率先形成解决方案进行推广应用，已经为三十多个行业（服装纺织、鞋帽箱包、家具建材、机械电子等）七十多家试点企业提供大规模个性化定制解决方案。

■ 专家点评

青岛酷特智能股份有限公司自主研发的数据驱动服装大规模个性化定制系统解决方案，通过顾客直接面对制造商的 C2M 定制平台，打造集产品设计优化、关键工序优化、供应链优化等于一体的价值链协同全数字化运营体系，有效避免企业在服装定制过程中的产能过剩，实现消费者个性化、多样化定制需求。

目前，此平台已在旗下 3 家直属工厂和 5 家协同工厂以及 10 余家服装企业进行了推广应用，实现企业"零库存、高利润、低成本、高周转"运营，运营成本降低 30% 以上，产品研制周期缩短 70%。此应用解决方案可帮助行业企业进行规划设计、软件定制、系统集成、生产流程再造，因此除了服装行业，还可在其他相关制造业行业进行转化应用，具有较高的应用价值和较好的市场推广前景。

黄河燕（北京理工大学计算机学院院长）

Xrea 工业互联网大数据平台

大数据

08

——江苏徐工信息技术股份有限公司

徐工信息通过整合自身在工业信息化进程中的经验，结合新一代信息技术打造了 Xrea 工业互联网平台。用户可以在 Xrea 平台上创建创新性的工业 APP，将实时数据转化为可付诸实践的分析见解。Xrea 平台可为企业提供其用于迅速地建立、安全地部署和有效地运用工业应用程序所需的全部条件。

一、应用需求

（一）产品解决的行业痛点

当前，工业数据正以指数级的速度迅速增长，但这些数据并没有被有效标识和使用；企业内部的数据处于分散、孤立状态，无法应用于经营活动的其他方面；运营技术（OT）系统与信息技术（IT）系统通常单独运行，不能很好地结合；企业内部许多有价值的经验、技术、方法、模型等最佳实践仅应用于企业的某些部门，无法实现模型化、数字化、软件化，导致无法复制及推广使用。

（二）产业化前景

Xrea 工业互联网平台，支持全球物联网智能设备的信息泛接入，打造可容纳千万级传感器、终端的物联网大数据 PaaS 云平台；对不同类型设备、终端所采集、上传的数据进行分析、处理，在保证数据传输安全高效的前提下，为客户物联网 PaaS 云服务、开放数据接口服务，提供物联制造技术行业化解决方案；支持第三方数据接入、第三方定制化应用、数据分析、大数据挖掘等一站式应用解决方案。

二、平台架构

Xrea 工业互联网平台通过采集产品、制造加工设备、信息系统的海量数据，利用云计算、大数据、人工智能等技术构建云端数据处理平台，云端平台将数据转化为有价值的信息，帮助企业实现全价值链的能力提升（见图 3-46）。

Xrea 工业互联网平台是基于分布式的高性能、高可用、易扩展、易开发、易管理的一体化物联网大数据产品，涵盖了物联网系统中的各个环节，包括数据接入、数据处理、数据存储、数据交换。

图 3-46　Xrea 工业互联网平台工作流程图

从架构上主要分为三大层：服务工具层、平台层和基础设施层。服务工具层通过查询接口获取到平台层中已经处理过的数据进行展示，提供物联网云平台服务；平台层作为数据核心，主要提供数据的接入、数据的存储、数据的计算（包含实时计算和批量计算）、数据的交换和监控管理等服务；基础设施层全部采用 X86 通用服务器或者一体化设备，不需要 IBM 小型机等昂贵的计算设备，也不需要 EMC 等高端的存储设备，从整体上大幅降低建设成本（见图 3-47）。

三、关键技术

（一）产品核心技术

1. 设备接入与边缘计算技术

利用 NB-IOT、5G 等新一代通信技术实现工业现场设备互联的广域覆盖、低耗采集与高速传输，研发协议适配器广泛支持 Modbus、CAN、OPC-UA、Profibus 等

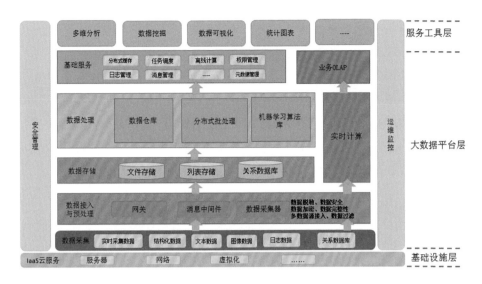

图 3-47　Xrea 工业互联网平台架构图

工业通信协议的自动解析与数据转换。基于高性能芯片与嵌入式操作系统，研发专用物联网终端硬件，进行设备近场的数据预处理、智能分析与模型预测，解决工业现场高实时性与计算复杂的难题。

2. 工业大数据管理与分析技术

利用 Hadoop／Spark／Storm 等分布式计算技术，解决海量数据的批处理与流处理需求。基于分布式文件系统、NoSQL 数据库、关系数据库、时序数据库、实时数据库等不同数据库引擎，实现海量工业数据的存储、管理新模式，研发工业领域专用的数据预处理、异常检测、特征工程等数据分析技术。

3. 工业人工智能技术

工业大数据的智能分析：针对工程机械、重型装备、离散制造等领域大数据的类型和特征，研究工业大数据的特征提取、分析与数据建模，并进一步研发各种分类、聚类、回归等机器学习算法，以应用于各类分析、诊断、预测、指导决策等具体场景；工业知识图谱，研究工业领域的知识体系，设计和构建基于语义技术的工业知识图谱，并服务于智能问答、智能检测、智能诊断、智能预测等应用场景；基于深度学习、语音识别、图像识别、自然语言处理等人工智能技术，进行智能感知、识别与决策执行的智能化产品研发，包括无人驾驶、智能装备、智能工业机器人等具体应用，并接入到工业互联网平台。

4. 区块链技术

引入区块链技术，利用其去中心化、交易透明化、信息健壮性与私密性的特点，与 Xrea 工业互联网平台进行应用与结合，对设备互联、数据存储管理进行技术革新，解决设备工控安全、平台数据安全、工业大数据存储与挖掘、供应链全流程实时追溯、物联网金融等领域技术难题。

5. 工业互联网安全技术

不断完善工业互联网安全架构体系，在设备层、控制层、网络层、数据层和应用层，基于分层隔离、边界防护的思路，利用防火墙、虚拟专用网、访问控制、信息加密等技术，使平台具备高度的保密性、完整性和可靠性，为 Xrea 工业互联网平台的建设实施提供安全保障。

（二）核心功能

Xrea 工业互联网平台的核心功能包括：连接服务 XreaService、计算服务 Xrea-Computering、工具服务 XreaTool、数据服务 XreaData，其中连接服务实现各类设备快速接入与数据采集；计算服务实现数据的存储管理与应用的部署运行；工具服务提供多种数据分析处理工具，并能够利用 UI 设计工具与移动应用工具进行数据的展现与交互；数据服务可以提供平台的开放数据内容与接口，开发者帮助接入平台的企业进行数据分析与应用开发。

（三）主要性能指标

1. 支持千万级设备接入，具备高扩展性，可根据业务扩张需要进行系统扩容
2. 实时处理百万级吞吐量达到秒级，网络延迟达到毫秒级
3. 对 TB 级数据进行分布式处理响应时间达到分钟级
4. 对千亿级数据查询响应时间达到秒级
5. 每台设备平均每天上传 10 小时数据，消息上报间隔为 1 分钟
6. 关注设备消息上报时间间隔达到 20 秒
7. 秒级故障修复时间，具备极高的稳定性
8. 平台对应数据中心达到 7×24 小时 99.99% 高可用标准

四、应用效果

基于 Xrea 的工业互联网解决方案，可以为用户提供市场分析、大项目机会发现、指标分析、统计等服务，辅助决策支持，便于客户对产品的市场与服务实行整体管理、宏观把控等。Xrea 工业互联网平台帮助企业实现全经营过程的数据可视化，提升企业决策层的洞察力和业务的灵活性；为企业开展服务型制造、产业链金融、制造能力共享等创新商业模式提供了可能；帮助用户打造更高的执行效率、更准确

的决策判断力、更优质的产品和服务，以此来帮助用户构筑可持续的竞争优势；为企业开展服务型制造、预测性维护、个性化定制服务等创新服务模式提供了可能。

（1）设备维护

Xrea 工业互联网平台结合设备历史数据与实时运行数据，及时监控设备运行状态，并实现设备预测性维护（见图 3-48）。

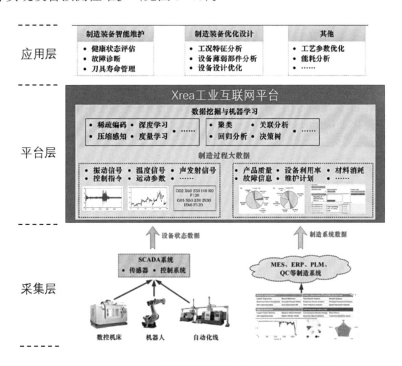

图 3-48　Xrea 工业互联网平台设备维护工作原理

2017 年 6 月，徐工信息与苏州某国际著名手机金属壳体加工企业进行合作。手机金属壳体加工精度要求极高，一个壳体需要多台数控机床进行加工处理，加工过程对刀具消耗较大。传统模式下无法预测刀具磨损程度，在刀具发生磨损时将造成零部件加工精度急剧降低，良品率大幅下降。

为解决这一问题，徐工信息通过采集加工过程中数控设备、刀具、桌面等部位的震动、噪声、电流信号，对采集的大量数据进行归类分析，结合人工智能算法对加工系统进行实时监测和健康状态的管理，实现了对刀具的智能诊断与寿命预测。将用户的良品率从 83% 提升至 98%，减少了废品成本与刀具消耗成本。

（2）能耗管理

工业互联网平台基于现场能耗数据的采集与分析，对设备、产线、场景能效使用进行合理规划，提高能源使用效率，实现节能减排（见图 3-49）。

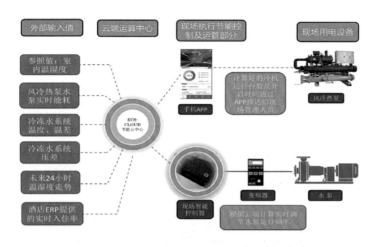

图 3-49　Xrea 工业互联网平台能耗管理运作流程

2017 年 5 月开始，徐工信息与徐州某酒店集团进行合作，为其旗下各酒店的中央空调实施基于工业互联网的可视化节能解决方案。该解决方案基于 LoRa 的采集终端采集建筑中央空调系统中各风机、冷机、水泵的电流，关键点的温度，空调水的流量和压力。

基于 Xrea 工业互联网平台实现设备与数据的云端管理，通过行业专家知识和数据分析，自动确定空调使用的优化方案。利用平台指令下发服务，将优化方案下发至现场智能控制终端，实施优化方案。

项目实施完成后，通过与 2016 年同期对比，在平均温度高于 2016 年同期 3.17度的情况下，系统帮助用户同比节能 40300kWh，整体节能率高达 23%，获得非常可观的节能效益。

（3）企业决策管理

Xrea 工业互联网平台通过对企业内部数据的全面感知和综合分析，有效支撑企业智能决策。2012 年开始，徐工集团利用 Xrea 工业互联网平台对自身产品进行全生命周期管理，通过对产品的位置、日开工小时数等信息进行分析，了解工程机械的工作热点区域，辅助销售部门、售后部门针对重点区域制定销售计划和服务计划。

Xrea 工业互联网平台上部署的集团级工业 APP 为徐工集团职能部门用户提供市场分析、大项目机会发现、指标分析、统计等功能，辅助决策支持，便于徐工集团对产品的市场与服务实行整体管理、宏观把控。

事业部级工业 APP 为主机生产单位提供物联网注册、安装调试、库存和物流管理、售后服务、风险预警、远程控制、异常报警等功能，主机生产单位使用事业部管理平台进行设备入网、设备监控、设备数据采集与分析、市场分析与风险管控、售后服务管理、产品设计优化改进等工作（见图 3-50）。

图 3-50 事业部级工业 APP 可视化界面

客户级工业 APP——X-LINK 徐工在线为经销商、产品用户提供设备监控、维保管理、运营管理、机群管理等功能，可以帮助经销商更好地服务客户群体，快速精准地营销和提供售后服务，帮助各级客户更好地使用管理徐工设备，创造更多的价值（见图 3-51）。

图 3-51 客户级工业 APP 可视化界面

（4）产融结合

Xrea 工业互联网平台通过工业数据的汇聚分析，为金融行业提供评估支撑，为银行放贷、资产安全保障、企业保险等金融服务提供量化依据。

2012 年开始，徐工集团利用 Xrea 工业互联网平台开展工程机械融资租赁业务，目前在 Xrea 工业互联网平台管理着超过 2000 亿元的资产，融资租赁率超过 80%。

（5）产品设计反馈优化

工业互联网平台可以将产品运行和用户使用行为数据反馈到设计和制造阶段，从而改进设计方案，加速创新迭代。

针对徐工汽车重卡、矿车、新能源车辆等设备类型实现全部联网，覆盖其产品研发、生产制造、库存物流、市场营销、资产安全、风险预警、售后服务、客户现场等业务流程，并不断拓展商务增值，全面提升徐工汽车核心竞争力（见图 3-52）。

徐工汽车物联网管理平台

图 3-52 徐工汽车物联网管理平台

徐工汽车利用 Xrea 工业互联网平台对用户的驾驶行为进行分析，了解徐工汽车的使用区域、载重情况、驾驶习惯等用户需求，优化汽车设计方案，从而使产品的综合油耗降低 3%。

企业简介

江苏徐工信息技术股份有限公司是一家混合所有制的国家高新技术企业和"双软"企业，作为江苏省工业互联网领域的第一张名片，公司也是第一家新三板挂牌的工业互联网平台企业。公司秉持"为工业赋能，与伙伴共生"的企业使命，基于深厚的制造业背景，在工业互联网领域深耕力作，致力于"成为工业互联网技术和解决方案的引领者"。主要产品包括：Xrea 工业互联网平台、Xplore 硬件终端产品、云 Mes 产品、工业云平台、非标自动化解决方案、工业互联网领域联网解决方案等。

专家点评

Xrea 工业互联网大数据平台是江苏徐工信息技术股份有限公司自主研发的面向工程机械行业的整体解决方案。在技术创新方面，该平台开发了 SDM 软件定义相关模型，有效解决了设备接入协议差异化问题，实现百万级数据量秒级至毫秒级处理，具备故障修复的快速反应功能。该平台在推广应用方面具有较大优势，可实现各种设备类型的泛接入，通过大数据、云计算技术，形成工业互联网服务 PaaS 云平台，有效降低工业互联网大数据平台的实施推广成本，加快形成工业互联网生态圈，具有较好的示范效应。

黄河燕（北京理工大学计算机学院院长）

09 飞机快速响应客户服务平台
——金航数码科技有限责任公司

大数据

飞机快速响应客户服务平台依托工业软件体系和基础信息设施集成的优化能力，面向全球飞机运营需求，开发和实施的开放式、可信任的企业级大数据客户服务系统，为解决企业客户服务相关大数据问题提供了一站式的解决方案，有利于提高民机交付后的客户服务满意度，加快民机运行支持体系的全面构建，促进飞机产品的质量改进，扩大飞机销量。通过该平台，可以轻松完成异构数据、分散数据的整合，实现企业内部分散数据和外部数据的融合，进行供应链、客户运营、产品设计、质量控制等方面的优化。解决了民机市场营销与客户服务所关心的主要业务问题，包括：销售管理、合同管理、工程技术支援、航材备件管理、辅助教育培训、电子交互手册管理、技术状态管理、飞机交付、机队运营监控等。

一、应用需求

民用飞机客户服务具有"点多、面宽、事杂、周期长、投资大"的特点，涉及主制造商、供应商、运营商、民机客户、维护修理和大修（MRO）厂商以及适航局方等众多单位，不仅业务流程复杂，而且数据来源广泛，包括设计、制造、使用（含维修、服务和持续适航）直至报废的飞机全生命周期各类数据，数据量庞大、数据内部逻辑关系复杂。因此，在民用飞机客户服务领域，运用先进的信息技术手段整合相关单位的关联业务，形成民用飞机客户服务协同工作环境，提高运营商服务请求的快速响应与处理效率，帮助运营商实现安全、经济、高效的机队运营，已成为波音、空客等世界主要民机制造商的一致选择，也是国内主要民机制造商迫切需要解决的关键问题。

二、产品架构

（一）平台业务架构

飞机快速响应客户服务平台从业务处理结构上可以分为三层：客户信息采集层、服务信息收集识别层、后台业务处理层（见图5-53）。

在客户信息采集层主要是通过客户已有的系统进行数据标准对接形成数据采集接口，和服务信息收集识别层的快响业务系统进行对接；在客户没有系统的情况下，我们实现了按照民航标准以及国军标准形成了符合军民标准的机务维修系统提供给用户。

在服务信息收集识别层主要是由我们的快响平台实现，手段主要通过呼叫中心系统、视频会议系统、快响中心业务系统。呼叫中心系统在实现大容量的电话呼

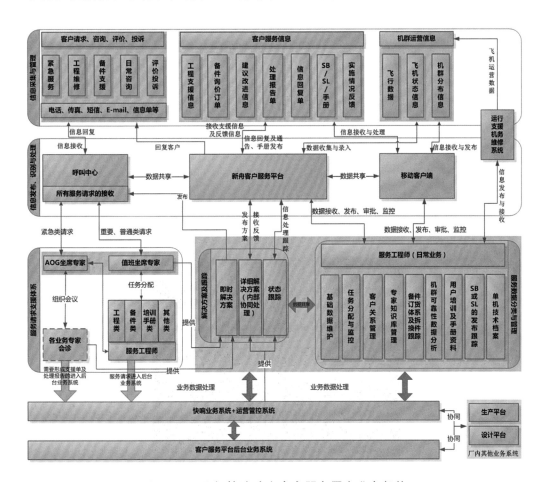

图 3-53 飞机快速响应客户服务平台业务架构

入／呼出处理、电话转接等传统电话功能的同时，整合了电话智能分配、快响业务管理、电话录音、电话会议、语音信箱、通话报表等应用系统功能，采用标准开放式的开发接口，实现与制造商设计、生产平台集成；视频会议系统支持用户单点、多点组织召开远程视频会议；快响中心业务系统是整体业务的驱动源头，通过快速响应软件系统规范快响中心工作流程实现客户服务部与其他部门的网络化、协同化管理，实现快速响应任务请求的接收、分配和答复，达到对客户支援请求的快速响应，提高飞机客户服务及运行支持的工作效率和质量。

在后台业务处理层主要是和厂内的质量系统、ERP 系统、MES 系统、PDM 系统、采购系统等将客户需要后台支撑处理的业务进行集成分发与状态监控和考核，真正实现设计、生产、服务一体化保障的模式。

(二) 平台技术架构

飞机快速响应客户服务平台技术架构由数据展现层、数据处理层、数据通信层、数据存储层和网络支撑层等五部分构成（见图 3-54）。数据展现层是将飞机健康趋势预测、客户需求倾向分析结果、可靠性分析结果、运营状态监控结果、资源调度分析结果等多项大数据分析结果向用户进行直观呈现；数据处理层通过调用数据模型和相应策略方法及遵循数据规范实现对各种支援请求数据的分发处理，并实现数据分析；数据通信层是实现各种类型数据的接收、初步过滤、存储以及建立与其他系统间的接口设计规范；数据存储层是实现对各种类型的结构化、半结构化和非结构化数据的存储，为数据分析提供数据支持服务；网络支撑层为平台的分布式部署提供运行环境支持，同时也可以通过移动 APP 完成对用户的信息推送，实现各种类型数据的实时获取。

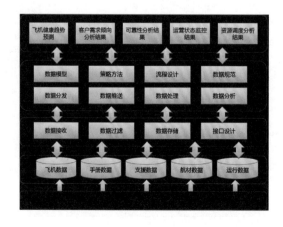

图 3-54　飞机快速响应客户服务平台技术架构

三、关键技术

(一)基于案例推理的服务请求快速处理技术

通过分析民机服务请求的相似性,提出并建立基于多智能体系统(Multi-Agent System,MAS)和基于案例动因的方法(Case Based Reasoning Methodology,CBRM)的智能群体决策支持系统的模型,利用专家任务分配的动态资源代理算法,以民机的服务请求任务的时间以及专家匹配度作为切入点,首次提出并建立基于模型的服务请求任务分配机制。为快速提供服务请求解决方案提供了一种方便快捷的方法。

(二)基于组件的开发技术

将工程技术支援、航材支持、辅助教育培训、服务请求与飞机日常运营监控集成起来。系统通过自主研发的基础业务平台,将全部客户应用通过组件化构建,在平台形成一体化的业务系统,实现了各业务功能间流程集成和数据集成,通过平台实现了与设计系统、生产系统的数据集成,也为后续飞机的设计、制造提供了外场数据支撑。

(三)应用主数据管理技术

通过应用主数据管理技术,建立了基于单架次飞机设计、制造及外场服务过程数据的唯一数据源,将维修、改装、技术资料、故障诊断、外场排故、培训及民航局监管要求的维修过程及履历数据统一共享。

(四)航空装备异构异网数据集成技术

由于体制问题,国内大多数民机制造商和供应商普遍存在内部业务工作网和互联网的物理隔离情况。物理隔离环境数据交换机制就是要在内外网隔离的前提下实现安全、动态、实时的数据交换。既要保持内外网数据的特有属性,又要保持内外网数据的一致,也要考虑数据覆盖的情况。同时,平台集成设计、制造、试验、运行、维护五个环节的数据,上述这些数据分散在不同的管理系统中,实现上述数据系统的横向跨数据管理系统的集成与相同数据管理系统不同阶段数据的集成,实现不同系统中多源异构数据的结构化、透明化,并对其进行统一管理和维护。

(五)航空装备大数据预处理和融合技术

由于航空装备涉及的从上游到下游的数据链较长,少部分数据缺失甚至错误不可避免，同时不同数据的采集频率、数据类型、数据格式、振动、温度、液压等时序状态数据长度并不统一，因此需要针对上述问题对航空装备全生命周期数据进行预处理，包括数据清洗与数据规整。此外，由于航空装备的海量数据特性，通过人工分析并不现实，针对航空装备大数据特点，建立相关的大数据算法模块，包括频谱分析、时频域分析等时序数据预处理，聚类分析与系统辨识方法，神经网络，多元统计回归等基本算法。综保数据中心是飞机服务的数据源和数据基础，统一管理和协调全国范围内设计、工艺、制造和维修的数据。一旦飞机交付使用，系统中对应的全部数据就要准备服务 30 年。因此，在这个虚拟数据中心中必须建立一个统一的产品全生命周期数据模型，以便管理来自各地的各类数据。

（六）航空装备故障数据挖掘技术

通过对航空装备历史故障数据的梳理，对故障数据进行初步的统计分析；通过历史故障数据训练集，建立航空装备故障数据挖掘数学模型，分析航空装备故障影响因素状态及各因素间关联关系，并计算影响因素状态概率分布及关联关系的条件概率分布；通过历史故障数据测试集，对航空装备故障数据挖掘数学模型的有效性进行验证，并与其他成熟数据挖掘模型结果进行对比分析。

四、应用效果

1. 客户需求和方案简介

西安飞机工业（集团）有限责任公司（简称"西飞公司"）是中国航空工业集团公司旗下唯一一家集民用飞机市场开发、设计制造和客户服务于一体的国有大型骨干企业。截至目前，西飞公司研制的"新舟"系列飞机（包括新舟 60 和新舟 600 型飞机）已拥有 32 家国内外客户，交付飞机共计 118 架，机队累计飞行小时和飞行循环双双超过 30 万；随着"新舟"系列飞机客户数量和机队规模的不断扩大，运营商希望西飞公司对其提出的客户服务请求能够作出快速响应，要求"新舟"飞机的运行支持能力与国际接轨。因此，通过应用先进的数字化和网络化技术构建"新舟"飞机快速响应客户服务平台刻不容缓，既可以有效缩短服务请求的等待时间，又可以提高服务请求的处理质量、降低服务成本，同时为国产民机产业的发展积累实践探索经验。

2. 具体解决方案介绍

"新舟"飞机快速响应客户服务平台内容包括：客户服务门户网站、客户机队管理、工程技术支援管理、航材备件管理、辅助教育培训管理、技术出版物管理、运营监控管理、飞机运营信息收集与外场服务移动 APP、单机履历管理和故障诊断管理十大业务系统，主数据管理及内外网数据交换两个工具和业务基础平台，覆盖"新舟"飞机客服业务全部范围。

基于民航局方运行支持体系要求和客户的特点，首次将局方、制造商、供应商、承修商与航空公司相关业务和流程集成于一个协同工作平台，完成运营信息与服务信息的交互，有效提升了服务能力；同时，基于多智能体系统、案例动因的智能群体决策支持等数据挖掘与分析算法，在需求模式响应及专家资源分配、故障诊断方面建立了基于模型的服务请求任务分配机制，为快速提供服务请求收集及处理提供了一种方便快捷的方法。

平台包含飞机的数据管理，保证了飞机全生命周期内构型信息的唯一性、准确性、有效性和可追溯性，具体数据内容包含：

（1）飞机数据以单架次飞机构型管理为核心：涉及设计数据管理、制造数据管理、客服数据管理、试飞数据管理、供应商数据管理、运营数据管理等。包括每架飞机的基本信息、客户信息、按照其有效性管理的维修性要求、飞机的使用操作规范及要求、型号飞机设计规范及适航要求、最低放行标准等。

（2）日常运营过程中飞机运行数据：维修计划、特殊或临时维修工作方案、客户化的维修方案、大修记录管理等。运行数据包括：试飞和疲劳试验、维修审查委员会报告、维修工程大纲、维修计划、GSE 数据、机场及设备计划、可靠性指标、签派 / 运营数据、维修间隔、停场时间等。

（3）日常运营过程的维修工程数据：技术类服务通告、服务信函、供应商服务通告、外场飞机疑难故障、频发故障、临时维修方案、超手册修理方案制定等工程支援类数据及运行监控数据，同时包含可靠性分析、实时监控、健康管理、机队构型管理等分析类数据。

3.方案实施价值

"新舟"飞机快速响应客户服务平台覆盖民机客户服务与运行支持业务。通过数据实时分析处理，实现对各类服务请求的分类处理、处理进度的跟踪和监管，应急支援异地服务请求，对飞机的状态和故障进行快速预判和警示，对已经出现的排故请求能迅速通过分析和相关算法进行故障定位，取得解决方案，并推送通过移动设备，帮助外场维修人员快速解决。支援能力显著提升，对 95% 以上业务以及应对突发、意外情况有良好的处理能力，快响首次准确答复率达到 90%。

■企业简介

金航数码科技有限责任公司成立于 2000 年。2014 年，中国航空工业集团公司（以下简称"航空工业"）依托金航数码成立航空工业信息技术中心，目前共有员工 1000 余人。作为航空工业信息化专业支撑团队，肩负着"推进产业信息化，实现信息产业化"的使命，致力于做信息化集大成者，成为行业系统级供应商。业务范围覆盖管理与 IT 咨询、综合管理、系统工程、生产制造、试飞管理、客户服务、IT 基础设施与信息安全七大领域，建立了结构完整的信息技术专业体系，形成了覆盖产品全生命周期、管理全业务流程、产业全价值链的"三全"服务能力平台。历经十余年的辛勤耕耘，金航数码在高端制造业领域快速拓展，品牌影响力日益扩大，在大数据、智能制造、云计算等方面积累了丰富的解决方案，客户遍及航空、航天、船舶、核工业、兵器、电子等军工行业，以及军队、政府、石油等相关行业。

■专家点评

金航数码科技有限责任公司自主研发的飞机快速响应客户服务平台由呼叫中心系统、视频会议系统、快响中心业务系统三部分构成，应用基于案例推理的服务请求快速处理技术、基于组件的开发技术、主数据管理技术等技术手段，将民用飞机设计、制造、使用、报废飞机全生命周期各类数据进行整合。已在西飞"新舟"系列飞机进行使用，有效缩短服务请求等待时间、提高请求处理质量、降低服务成本，使快响首次准确答复率达到 90%，为国产民机产业大数据发展积累了实践经验。综上，该服务平台的创新性、功能性、技术能力均达到国内领先水平。

黄河燕（北京理工大学计算机学院院长）

大数据

10

复杂装备智能运维解决方案
——北京工业大数据创新中心有限公司

复杂装备智能运维解决方案可全息展示设备全生命周期产生及关联的所有多源异构数据；基于大规模预测模型的机器学习技术，对设备健康问题进行智能感知、预警预测和根因分析；并根据安全准入级别，多渠道通知指定接收人。可实现设备非计划停机时间最小化，达成无人值班、少人值守的运营模式，提升工业企业智能化管理水平。同时，以设备后服务市场为出发点，该方案对高频故障的统计溯源，对设备性能有效性、使用率和生产力的追踪描述，结合行业经验的深度数据分析，将进一步推动创新设计、生产制造、设备运维到回收再制造全生命周期的提质增效。目前已应用于风电、动力透平、工程机械、石油石化等行业。

一、应用需求

复杂装备的全生命周期管理是"中国制造2025"中重要发展领域之一。在很多工业领域，高端精密仪器或大型复杂装备在投产之后经常陷入被动的事后维修状态，问题感知滞后，造成设备长期带病运行、非计划停机损失、二次灾害损失，甚至影响设备及人身安全。为避免上述损失，厂家及运营商需要人员驻守现场、巡检排查问题，这种问题发现成本高昂，在艰苦的工作环境中尤其显著。人为判断带来的问题误报率高，事后维修导致的派出成本及用户体验往往不成正比。虽然某些处于前沿的工业企业，已经通过远程实时监控，完成基于阈值的告警，但由于无法触及根因分析，不解决根本问题。

随着"服务型制造"的逐步落地，产品售后服务日渐成为设备制造商重要的业务过程和强大的利润源泉。当前，产品售后服务技术呈现以下趋势：（1）市场竞争的不断加剧要求不断提高售后服务质量；（2）经济全球化必然带来售后服务的全球化；（3）先进技术特别是信息技术的发展为售后服务提供了新的发展机遇。虽然国内外在售后服务信息化管理等方面开发了很多优秀的智能维护系统和售后服务信息管理系统，但基本上局限于企业的售后和维护部门范围内，缺乏从企业全局的角度、结合当前企业信息化的其他信息系统来综合考虑企业产品在售后服务阶段的信息管理、状态检测、故障分析、运行维护等方面，而且对于产品售后服务数据的分析和挖掘也不够深入。

事实上，当产品被交付给用户之后，在长期的使用和维护过程中会产生大量的相关数据。而产品运维数据挖掘就是通过对这些数据进行分析和处理，可以抽取出其中潜在的、不为人知的、有价值的信息、模式和趋势，并以易于理解的可视化形式表达出来。这些挖掘出来的知识可以反馈到产品全生命周期的各个环节，将对产品的质量改进和设计优化提供有效的支持。

从机器数据采集的特征和价值来说，复杂装备智能运维解决方案适合具有大量零部件的装备制造业，以及生产过程之间存在大量相互依赖关系的制造业。从高精设备制造延展开来，复杂装备智能运维解决方案对设备效率的提升和数据价值的捕捉，能为所有设备应用的行业带来深远的影响，包括且不限于工业、农业、交通、环保以及科学探索等领域，该方案应用的行业市场规模与价值巨大。

二、平台架构

复杂装备智能运维解决方案创造性地提出了"问题感知智能化、解决方案形成智能化、服务过程智能化、服务结果智能化"的"四个智能化"理念，形成以客户、设备问题为输入，远程形成解决方案与现场服务为过程，解决问题并形成结果知识反馈为输出的闭环智能化服务流程。

该方案以产品售后服务数据管理为核心，从支持产品全生命周期数据管理的角度，分为数据接入、设备全生命周期大数据湖、全息数据访问、全景问题感知、设备健康应用层五大功能（见图3-55）。

三、关键技术

（一）分布式工业数据实时接入与审计技术

该技术通过分布式队列软负载均衡方式，构建可横向扩展的数据接入集群，支持实时流数据和批量数据（含时间序列数据、结构化数据和非结构化数据）的快速接入，可无损采集每秒千次采样工业时序数据；内置实时数据高速缓存，数据接入

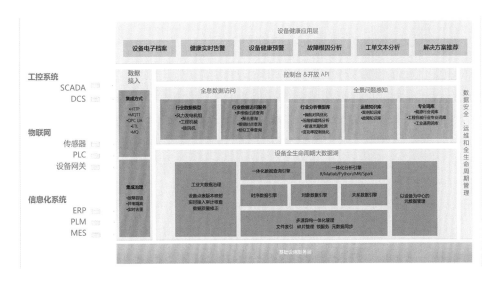

图 3-55　复杂装备智能运维解决方案架构图

同时即可查询和分析流式数据，延时低至毫秒级，有效支撑实时监控告警、实时预测等工业场景；内置专有实施错误审计技术，数据接入同时发现差错，并进行归档处理，高通量数据接入过程中的核查难题，保证数据质量。

（二）以设备为中心的元数据管理技术

设计了以设备为中心的工业数据通用元模型，实现了设备产生的及上下文关联的传感器数据、图像、文本、日志等时间序列数据和对象文件数据的结构化描述；针对大数据系统组件适配过程中的元数据管理不同步问题，提出自动应对设备型号和规模的变化，一处修改，处处一致生效，无停同步更新设备和传感器型号的变化；基于元模型，设计并实现了针对大规模工业设备数据的自动并行框架。提供标准化的服务接口，快速移植现有多种语言单机版程序的分析模型，方便传统工业用户开发实时和批量分析程序，实现现有分析技能向大数据技术的平稳过渡。

（三）工业设备全生命周期闭环反馈支持技术

围绕复杂装备全生命周期数据集成和闭环反馈的需求，基于设备中性 BOM 标准构建以设备为核心的，关联客户、设备安装、维修服务、备品备件等信息的全生命周期数据模型。支持海量、多源、异构、高通量设备数据的有机整合以及多维全景可视化。按照地域、组织域等维度全面展示设备健康分布；按照地域、组织域等维度展示统计性指标；并以资产设备为中心提供所有关联数据的分析性查询和统计性查询。

（四）全景问题感知的自学习工单理解技术

围绕复杂装备运维服务阶段大量自然语言工单数据，利用复杂装备设计研发阶段形成专业词库提取面向复杂装备具有工业语义的关键信息，并自动将这些关键语义进行关联形成具有专业特点的工业知识图谱。通过专有故障数据自学习的方式，自动化构建故障原因分类树，关联解决方案，并合并相似度高的解决方案。经过不断的迭代，实现最优化的故障原因分类树及解决方案模板。

（五）面向复杂装备健康应用的系列分析模型

基于全息数据查询与全景问题感知能力支撑，结合并行分析框架，研发了系列标准化内置诊断模型，支持的典型模型包括：电子档案多维数据聚合、设备健康指数计算与实时告警、设备关键部件的异常预警、基于因为服务数据的故障根因分析、工单文本分析、解决方案推荐等应用。

四、应用效果

（一）应用案例一：金风风力发电机组智能运维解决方案

1. 项目背景

新疆金风科技股份有限公司（以下简称"金风科技"）成立于 1998 年，是中国最早从事风电机组研发和制造的企业之一，已发展成为国内第一、国际市场排名第一的风电机组制造商及风电整体解决方案供应商，产品服务于全球六大洲、17 个国家，占全中国出口海外风电机组容量的 50% 以上。

2. 业务痛点

新能源产业发展虽前景广阔，但在去补贴化、竞价入网的大趋势下，风电面临着存量风场的弃风限电、新增市场的开发风险控制、行业竞争面临来自国际市场与国内传统能源的腹背夹击等挑战，借助大数据、云计算等手段降低建设及运维成本、提高风力发电机组发电量和质量、降低度电成本、增强风电市场竞争力和占比已经成为风力发电企业的共识。

3. 技术架构与功能

风机智能运维解决方案将风机的设计／仿真数据、运维档案、风机状态监测数据、测风塔观测数据、气象数据、地理信息等风电数据资源池统一整合到风电大数据湖，在其上构建风力发电机组电子档案、综合健康评估模型和分析工作流，并以此为基础特别定制开发了金风风力发电机组健康管理系统。

　　系统从风力发电设备的运行状态出发，充分归纳并利用大量现场经验，深入分析并挖掘基于机理的机组失效模式，掌握故障的演化过程与性能退化趋势，进而形成具备故障诊断、故障预测、健康管理和寿命预估为一体的综合健康管理平台。为改善机组设计、提高机组可靠性、降低机组的运行风险、延长机组使用寿命提供平台支持。实现状态数据的自动获取、健康水平的智能感知、最优解决方案的高效推送，最终实现机组全生命周期的成本改善机制（见图 3-56）。

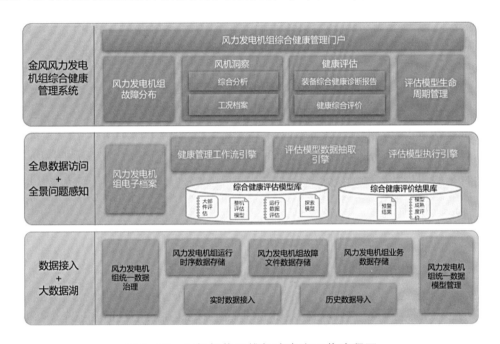

图 3-56　风机智能运维解决方案工作流程图

4.实施效益

　　首先，实现了发电效率的提升。通过数据分析优化现有风机运行状态，提升风力发电机组运行效率。以对风偏航角的优化为例，对偏航角优化算法并行化处理后，由于对风准确性提升和偏航响应时间的缩短，一台风机一年能多产出 1 万元电量，按市场保有量 2 万台风机换算，一年能提升 2 亿元能效产值。

　　其次，更好地控制了运维成本。通过对全球风电场的实时监控，建立故障预警模型近百项，为"无人值守"的模式奠定基础。在风力发电设备智能运维解决方案的支持下，某关键零部件故障预警可以提前 72 小时，通过主动性维修，可以降低 90%因该部件故障而产生的次生事故，每年减少因此导致的风场直接和间接损失可达千万元。

（二）应用案例二：陕鼓动力装备智能运维解决方案

1.项目背景

西安陕鼓动力股份有限公司属于陕西鼓风机（集团）有限公司的控股公司，公司成立于1999年，2010年挂牌上市，属于国内透平行业领军企业。高端动力装备是石油、化工、冶金、空分、电力、城建、环保、制药和国防等国民经济支柱产业的生产引擎，定期维护频率过高造成不必要的浪费，事后维护更将影响整个工厂的生产进度，造成巨大的经济损失。陕鼓是服务型制造的转型企业代表，正积极尝试借助大数据手段提升预防性维护的精准度和实时性。

2.业务痛点

（1）服务智能化程度低：以系统辅助专家发现诊断问题为主，缺乏根据数据自动学习的功能，以及从数据到知识的转化和留存。服务可扩展性依赖人力，服务质量依赖专家水平。

（2）服务未闭环，客户体验有待提高：测控分离，服务本身没有形成闭环，客户与设备的信息难以追溯，缺少对维修结果的管理与知识的沉淀；缺乏服务到研发设计环节反馈，产品全生命周期开环。

（3）生态链掌控力低：客户数据把控能力低，客户黏性有限，缺乏对第三方服务与配件商的掌控。

3.技术架构与功能

动力装备智能运维解决方案为陕鼓动力实时接入千万数据点，每秒高达8千赫兹频率的海量数据，并保障数据质量，可供数据分析实时调取，提供产品的全生命周期管理支持；智能化故障远程运维平台，利用统计学和机器学习算法自动识别故障，并及时进行预警；面向透平设备的健康评估模型，内置为高速旋转设备定制的专业振动频谱，为客户提供全面的设备健康状况诊断服务（见图3-57）。

4.实施效益

通过设备健康运维服务，一套用户机组维护成本从89万元降低到45万元，降低约50%；通过缩短非计划停机时间和正常检修工期，一套机组每年产生的业务收益增长约300万元；通过预知性维修、远程专家支持，使维护和服务团队人员减少约50%，效益提升约40%。

（三）应用案例三：中石油压缩机控制优化解决方案

1.项目背景

中国石油天然气股份有限公司规划总院（以下简称"规划总院"）成立于1978

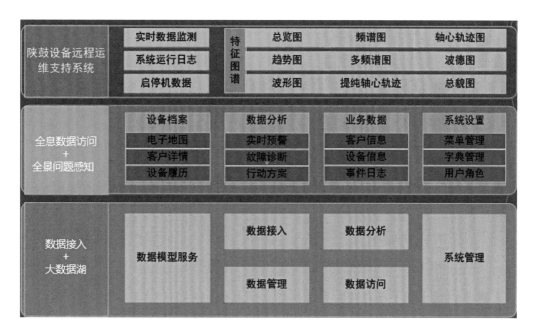

图 3-57　动力装备智能运维解决方案工作流程图

年，是中国石油天然气股份有限公司分公司，是全国唯一一家能开展油气开发、油气储运、炼油化工、销售等业务以及信息化整体优化的研究单位。中石油集团天然气管网遍布 32 个省、自治区、直辖市，总长度近 5 万公里，站场总数 530 个。针对天然气管网生产运营而搭建的工业大数据分析平台及复杂装备智能运维解决方案，整合了来自自控系统、信息系统、仿真软件等各方面的数据，并进行充分挖掘。

2. 业务痛点

能耗占油气管输成本的 30%，而压缩机能耗是管道输送成本的一个重要组成部分。然而管道地域分布广、动态性强、差异性大，管道的能耗分析非常困难。根据气质、工况和压缩机健康状态，个性化的开机方案是压缩机节能的主要途径，压缩机能耗曲线估算是该工作的基础。

3. 技术架构与功能

中石油压缩机控制优化解决方案通过时序特征库、演化特征学习等特征工程技术，自动构建原始指标时序特征、指标间的组合等衍生特征，基于非侵入式的大数据并行化分析引擎，实现分析模型在全量数据中实时验证；同时基于不同压缩机的能耗模型，结合管道水力学仿真模型，优化不同站点压缩机的工作参数，实现整体能耗的系统优化。基于能耗预测分析的个性化开机方案，不仅减少相关业务员的查找工作量，而且智能化推荐更是一种全局查询，推荐的运行方案更优（见图 3-58）。

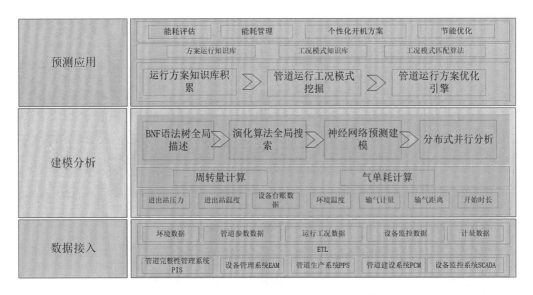

图 3-58　中石油压缩机控制优化解决方案工作流程图

4.实施效益

通过能耗分析，及时发现异常点，通过设备的及时性维修和压缩机工作点优化，通过系统优化，燃气压缩机能耗预测精度为 93%，电力压缩机能耗预测精度为 89%，将能耗降低 2%，可带来数亿元的能耗节省。

■ 企业简介

北京工业大数据创新中心（Innovation Center For Industrial Big Data，IIBD）在工信部和北京市经信委指导下，由清华大学、昆仑数据牵头，集合北京工业领域与大数据领域"产、学、研、用"19 家企业、科研院所及高校优势资源联合组建，于 2016 年 7 月正式成立。致力于中国自主研发工业大数据平台的核心技术突破、应用推广、标准制定、产业孵化、人才培养和国际合作，立足北京，面向全国，利用北京的科技与人才优势为制造业聚集地区产业发展服务。

■ 专家点评

复杂装备智能运维解决方案是北京工业大数据创新中心有限公司基于对复杂装

备的全生命生产周期产生和关联的多源异构数据的分析挖掘，进行设备的信息管理、状态检测、故障分析、运行维护的大数据应用解决方案。

　　该解决方案可适用于大量零部件的装备制造业以及生产过程之间存在大量相互依赖关系的制造业中，已在风电、工程机械、石油石化等行业进行应用，可实现设备健康诊断并预防性维护，有效减少企业能耗、降低生产成本，为产品质量改进和优化设计提供有效支持，该应用解决方案有较好的市场推广前景。

黄河燕（北京理工大学计算机学院院长）

11 基于大数据技术的燃气轮机远程诊断及专家支持系统

——中国船舶重工集团公司第七○三研究所

燃气轮机远程诊断及专家支持系统利用标准工业接口及互联网通信技术，将分布于全国各地（包括海上油气生产平台）的机组运行数据汇总至中心实时数据库，实现了海量机组运行数据的跨地域实时传输与存储。该系统是一套集远程运行监测、智能分析、故障诊断及专家支持等功能于一体的燃气轮机健康管理体系，是基于机组全部运行数据并结合大数据技术开发的燃气轮机远程故障诊断及支持系统。

一、应用需求

随着燃气轮机技术的发展，其复杂程度和信息化水平不断提高，依靠传统的维修理念、模式和手段难以快速地预测、定位并修复故障，维修效率和效益也无法得到保障。燃气轮机状态监测与健康管理具体是指利用燃气轮机综合状态检测技术、典型故障诊断技术、健康状态预测技术、在线气路典型故障监测技术、气路诊断技术等技术方法与手段，并结合现代计算机技术、人工智能技术、大数据技术等用于提高燃气轮机可靠性及寿命的综合技术手段。

目前，燃气轮机健康管理技术正在受到大数据的深刻影响。燃气轮机机群的运行产生了极大量的数据，并且很多属于连续型的流式数据。这些数据总量庞大、结构复杂、格式丰富，价值密度低但价值总量大，通过应用大数据技术可以从中将内涵的价值外显化，以辅助进行机组的健康管理工作。从看似静态的海量数据中，收集并分析提取出动态多样的规律性的有价值信息，是大数据技术在燃气轮机健康管理领域的主要应用方向。

作为当今远程监测和故障诊断领域的新方向，基于大数据的燃气轮机健康管理系统在结合传统的生产现场监视与诊断优点的同时，充分利用计算机网络技术的发展，将孤立的监视诊断系统有机地组合在一起，构成远程在线专家网络系统，可以实现状态监测和诊断资源的共享，克服地域、时间的限制，能解决信息的"孤岛"效应，方便利用专家的经验与知识为复杂故障问题提供健康管理服务，提高机组健康管理的专业化水平以及应急水平，保证相关设备或系统的正常高效运行，从而避免疲于奔命的"救火队"式的工作方式。

构建燃气轮机机群的健康管理平台，提前对整个机群网络系统中的每一个事故作出早期的预警、制定相应的预案，建立适当的应急管理机制，在事故处于萌芽状态就将其消除或者事故发生时就将故障影响范围和损失减到最小，对燃气轮机机组的健康管理来说意义非常重大。

本系统是针对燃气轮机的故障预测与健康管理问题提出的解决方案，缩短了我国燃气轮机远程监测与诊断技术与国外燃气轮机厂商的技术差距，打破了国外燃气轮机厂商在该领域的技术及市场垄断。本解决方案不仅可以应用在电力系统和海上石油平台的燃气轮机发电机组上，还可推广应用到管道天然气增压泵站原动机以及航空发动机和舰船发动机的多参数状态监测、故障预警、故障诊断以及应急管理等方面。因此，本方案无论在满足我国军工动力机群设备和民用动力机群设备市场的迫切需求，还是在提高我国综合国力和军事实力方面都具有重要的社会意义。

二、产品架构

项目组在充分完成了国内外现场与远程故障诊断系统相关技术、产品等相关研究成果的分析整理工作的基础上，结合自身特点，利用现有条件，研究提出了燃气轮机远程故障诊断及支持系统框架（见图 3-59）。

该数据传输框架的主要流程是：

1.在现场设立振动诊断单元及数据采集通信服务器，先由振动诊断单元将数据量较大振动频谱进行分析并转化为振动状态信息数据，输入至现场的数据采集与通信服务器。

2.现场数据采集与通信服务器通过数据通信协议，从现场 DCS 中取得机组测控系统数据，与振动信息数据一同进行上传。

3.根据机组分布情况及网络链路情况，通过微波、卫星或海底光缆的方式将数据传输到近岸地面数据中心。

4.各近岸地面数据中心将数据通过专用 IP、端口及协议将数据传输至哈尔滨中船重工集团公司第七〇三研究所透平发电机组远程诊断及专家支持中心。

上述流程组成的系统按照物理结构划分，整个系统可分为若干现场数据采集管理服务端和远程监测与故障诊断中心两大部分。

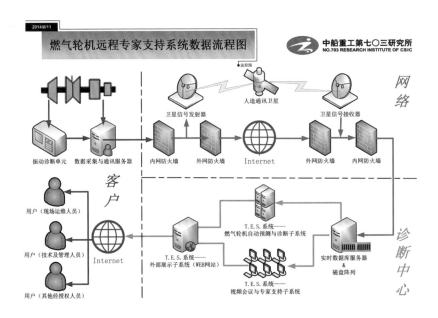

图 3-59 燃气轮机远程故障诊断及支持系统框架

（一）现场数据采集管理服务端

远程技术支持中心需要采集并传递的数据类型是多种多样的，每种数据在采集和获取时都具有各自的数据格式。远程中心在发出传输请求前要定义所需数据的内容、格式，客户端按照要求将所需数据进行获取、集成和标准化，然后再对数据进行压缩处理，减小网络数据传输量，保证大量数据网络传输的高效性和快速性。

现场数据采集管理服务端的主要功能在于与燃机机组的数据采集系统（SCADA）、各站各机组的站控系统（SCS）以及机组的振动保护系统进行通信，采集机组的运行数据，包括振动数据、PLC 数据等，对数据进行标准化及压缩处理，然后通过局域网（LAN）传输到客户的数据服务器中，最后通过互联网（WAN）传输到远程诊断中心数据库中，进行有效的存储、管理和分析，并进行数据分析和显示，为机组的远程分析和诊断打下基础（见图 3-60）。

（二）远程监测与故障诊断中心

远程监测与故障诊断中心的任务在于与现场数据采集管理服务端进行通信，收集各平台机组的运行数据，存储到中心的实时／历史信息数据库存储，并调用各专业诊断模块对采集到的运行数据进行分析，以便于燃气轮机领域的专家快速地了解机组的故障状态，辅助专家快速决策。数据中心包括数据库服务器、应用服务器、

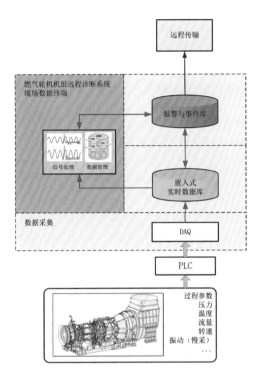

图 3-60 现场数据采集网络架构图

网络管理服务器、网络数据备份、存储磁盘阵列子系统和网络防火墙等。系统的网络拓扑结构图见图 3-61。

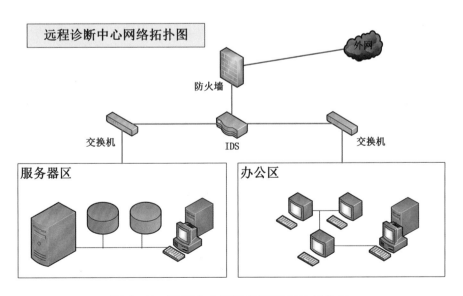

图 3-61 远程中心系统的网络拓扑结构图

三、关键技术

（一）基于大数据的燃气轮机实时异常检测技术

众所周知，无论任何方法的异常检测，其实质是定义机组的正常状态并实时监测机组状态的偏差。传统的机组正常状态的定义方法是建立机组及各部件的数学模型，通过相同边界条件的模型输出结果与实际结果进行偏差比较，进而实现状态评估及异常检测。

项目组首先基于机组历史数据，通过"黑箱模型"的方式，建立了多个高度逼真的燃气轮机部件动态仿真模型。该模型类似于指定机组的数字双胞胎，应用实际输入参数与机组边界条件相同，通过对比输出参数与实际机组输出参数之间的差异及趋势进行机组性能评估，进而进行性能分析和诊断。

在实际的故障诊断中，偏差情况变化很复杂，不可能与某一判断完全吻合。基于这一考虑，系统采用 BP 神经网络模型和 RVM 模型方法开发燃气轮机运行数据在线实时异常检测功能。

（二）远程支持系统流程架构设计

远程支持系统的主要功能在于为用户提供进行数据监视分析的操作界面，将采集到的机组的运行数据和故障诊断的结果按照需要展示给相关领域的专家，供专家进行深入的研究和分析，将诊断结果转换为给运行人员提供适当的操作建议。燃气

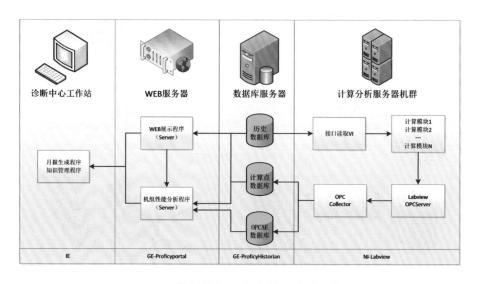

图 3-62　燃气轮机远程支持系统流程架构

轮机远程支持系统流程架构见图 3-62。

远程支持系统的设计工作的主要难点在于结构化数据与非结构化数据的混合管理、实时数据与历史数据的混合管理以及案例生成、传递及知识归集的流程化。项目组采用实时数据库与关系型数据库结合的方式实现了不同数据类别的存储与应用，同时开发了专用的知识管理系统用于案例生成、信息传递及知识管理，实现了全事件流程化、自动化记录。

四、应用效果

（一）应用案例一：中海油关键设备（透平发电机）远程诊断与专家支持平台

基于本方案开发完成了"燃气轮机远程故障诊断与专家支持平台演示系统"，于 2013 年年末上线并应用于"中海油关键设备（透平发电机）远程诊断与专家支持平台"中。系统通过远程监测、自动评估机组健康状态及专家支持等功能为中海油海上油气生产平台提供远程服务（见图 3-63）。本系统的应用，成功地降低了机组故障率，增强了机组疑难故障的解决能力，同时提升了中海油的燃气轮机设备管理水平。

目前该系统已有六十余台机组上线运行，是目前国内唯一真正意义上的燃气轮

图 3-63　中海油关键设备（透平发电机）远程诊断与专家支持中心

机远程运行分析、故障诊断与专家支持系统，处于国内领先地位。

（二）应用案例二：燃气轮机机组现场机械故障诊断及分析系统

燃气轮机机组现场机械故障诊断及分析系统于2013年11月完成系统设计，2015年9月6—12日，完成现场安装和调试，2015年年底在中石油烟墩压缩机站国产燃驱压缩机组上投入运行。系统在机组调试中成功检测到了机组振动异常，为现场工程师调试机组提供了有价值的参考曲线和数据，为缩短机组调试和投运提供了有力支持（见图3-64）。

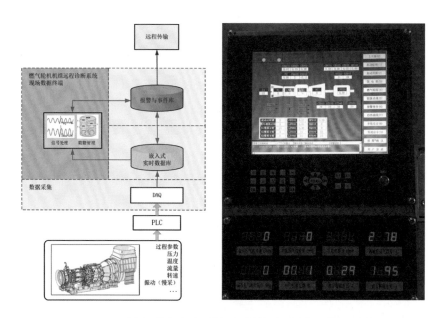

图3-64　燃气轮机机组现场机械故障诊断及分析系统

同时，燃气轮机机组现场机械故障诊断及分析系统也是我国首套国产燃气轮机发电机组的机载监测与故障诊断设备，该设备通过机组历史大数据建立的机组运行模型，实时检测机组运行数据与模型计算值之间的差异，实现了燃气轮机发电机组整机性能监测及性能预估，以及机组主要辅助系统状态监测与故障诊断等综合功能。

燃气轮机发电机组的机载监测与故障诊断设备于2016年4月通过第三方软件评估，满足了参加国产燃气轮机发电机组联合试验的条件，并于2016年9—10月参加了国产燃气轮机发电机组的可靠性试验，系统运行稳定，工作正常。

■企业简介

七〇三所是中国船舶重工集团公司所属的大型舰船动力研究所，主要承担舰船燃气动力、蒸汽动力、核动力二回路、后传动装置以及各型动力装置检测控制系统的预先研究、型号研制和舰船主动力技术支持保障等科研、生产供货任务。建所以来，成功研制多型舰船用锅炉、蒸汽轮机、燃汽轮机动力装置、齿轮传动装置及配套自动控制系统设备。我国海军大型舰艇的动力装置均由七〇三所研制，获得各种科技进步奖励 300 余项，其中国家级奖 24 项。

■专家点评

燃气轮机远程诊断及专家支持系统，基于燃气机轮设计、制造、安装、运行与维护产生的多源异构数据，通过跨地域实时传输与存储，克服信息"孤岛"效应，经过智能分析工具的算法计算，进行机组状态的故障预警、预测性维护和运行优化等方面的健康管理。该解决方案的提出大大缩小了我国燃气轮机厂商在远程监测与诊断技术方面与国外的差距，可在电力系统、海上石油的燃气轮机发电机组以及管道天然气增压泵原动力、船舶发动机等设备上进行状态监测和故障诊断，对贯彻落实"中国制造 2025"与促进"两化"融合起到了良好的示范带动作用。

黄河燕（北京理工大学计算机学院院长）

12 酒钢集团信息系统监管与经营分析大数据应用解决方案

大数据

——酒泉钢铁(集团)有限责任公司

通过大数据分析平台建设,实现了数据采集、存储、清洗、建模和高级别数据分析功能,形成了较为完整的、符合大数据分析需求的酒钢集团大数据分析应用平台。利用大数据分析,实现了对酒钢集团购销情况的多维度分析和展示,便于管理人员及时了解市场变化,掌握购销节奏,同时为公司管理层提供决策支持;通过对采购、销售、库存、财务等关键业务进行监管,发现异常信息,揭示并跟踪处理系统操作及管理问题。数据监管、业务监管、流程监管全面提升了企业的业务运行管理水平、优化了业务流程、促进了企业运行质量的不断改进。

一、应用需求

习近平总书记在 2017 年党的十九大报告中指出要实施国家大数据战略,加快建设数字中国,并在第二次中央政治局集体学习时强调要深入了解大数据发展现状和趋势,要善于获取数据、分析数据、运用数据,要懂得大数据,用好大数据,增强利用数据推进各项工作的本领,不断提高对大数据发展规律的把握能力,使大数据在各项工作中发挥更大作用。推进供给侧结构性改革,是当前我国经济工作的主线,新时代新形势下以发展大数据为重要手段,充分挖掘和利用海量数据资源中蕴含的巨大价值,加快大数据成果转化和应用,改善供给结构、提升供给质量。酒钢集团适时进行大数据分析平台建设和探索大数据分析应用,是响应国家大数据战略,落实国务院《关于促进大数据发展行动纲要》的具体措施,是酒钢集团推进供给侧结构性改革的重要抓手,也是更好落实深化制造业与互联网融合发展的需要。

近些年,酒钢集团投入了大量的人力、物力、财力,先后实施了 ERP、MES 及众多周边支持系统,加强了对生产经营过程的管理和控制,取得了较好的管理效益。但随着系统的运行,数据质量每况愈下,用户操作出现不规范,流程效率下降，流程改进、优化停滞，不能与时俱进。另一方面，随着系统的运行，系统中积累了大量的数据，但由于大数据应用水平不高，导致数据沉睡，没有挖掘其中的价值，没有进行数据资产价值的再创造，无法为管理决策提供支持，无法通过大数据分析帮助企业找到新的利润增长点。

通过本应用方案，建设了酒钢集团大数据分析平台，实现了系统监管和经营分析大数据应用，是酒钢集团在大数据应用方面的探索。未来，通过大数据应用，不仅能够对原材料采购、产品销售、生产工艺、设备状态、能源消耗等数据进行采集分析，还能实现市场精准营销、生产精准调度、设备预测性维护等。在大数据推动下，加快传统产业数字化、智能化进程，为企业数字化转型发展提供新的动力。

二、平台架构

酒钢集团大数据分析平台由数据整合层、数据存储层、数据分析层和数据展现层四层架构组成。其中，数据整合层包含 SLT（实时数据抽取）、DS（数据服务）、Hadoop 爬虫工具等数据采集工具；数据存储层包含 HDFS 和 HBase、SAP HANA 实时数据库；数据分析层包含 SAP HANA 模型搭建、PA（预测分析）及关联分析等多种预制分析模型；数据展现层包含 Design Studio 和 SAP Lumira 等设计和展现工具。酒钢集团大数据分析平台系统架构见图 3-65。

为了更好地在集团公司内共享和使用大数据分析应用的成果，酒钢集团协同办

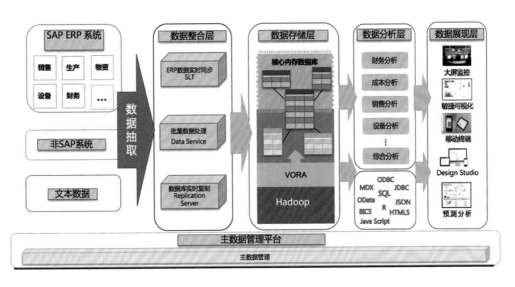

图 3-65　酒钢集团大数据分析平台系统架构

公平台专门开辟了大数据展板栏目，对本方案应用成果进行了集中发布和推广应用，见图 3-66。

图 3-66　酒钢集团协同办公平台大数据展板

三、关键技术

本应用方案采用了大数据平台数据采集、数据存储、数据分析、数据展现等核心技术。数据采集层通过实时数据同步工具（SAP SL）实时采集 ERP 系统数据，通过数据服务（DS）定时采集炉料仓储系统等非 ERP 系统数据，采用 Hadoop 爬虫技术进行互联网价格数据的自动采集；数据存储层采用数据仓库系统 SAP BW ON HANA 和内存计算数据库 SAP HANA 相结合，保证了企业级数据存储、数据及时加载和信息快速分析处理；数据分析层利用 SAP PA 预测分析工具，通过预测模型进行了未来购销价格的预测分析；数据展现层采用 SAP Design Studio 和 SAP Lumira 工具，实现了分析结果图表的快速设计和展现。

通过信息系统监管与经营分析大数据应用，实现了信息系统中问题数据、问题业务、问题流程的及时发现和实时展现；实现了对异常数据、异常业务、异常流程的跟踪处理；实现了市场数据与企业运营数据的对比管理；实现了对未来购销价格数据的预测分析。

在酒钢集团大数据平台建设及应用过程中，数据仓库数据压缩达 10 倍以上，数据加速达1000倍以上，设计开发问题数据、问题业务、问题流程监控大屏30个，设计KPI分析指标200多个。

四、应用效果

信息系统监管大数据应用方案中的信息系统监控主要包含业务流程执行效率监控、业务异常监控、业务运行状态监控及用户行为监控四大类，共30个监控屏幕，重点说明如下。

（一）业务流程执行效率监控

1. 销售发货30天未开票监控

指监控系统中发货后未及时开票和确认收入的异常情况。根据业务规则，及时捕捉产品发货后超过30天未开票的销售订单，提醒相关责任单位及业务人员及时跟踪处理，加快资金回收速度，见图3-67。

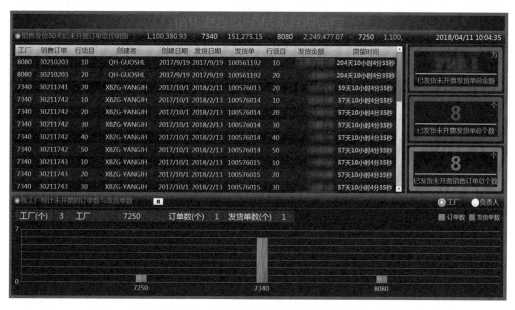

图3-67　销售发货30天未开票监控

2. 长库龄（超过3个月）物料库存监控

指监控库存周转效率。筛选出库龄时间过长的物料批次，督促相关单位及责任人及时处理，减少长期积压的库存，降低因为物料长期存放带来的物资毁损风险，降低存货资金占用，见图3-68。

3. 采购订单超 10 天未审批监控

指监控从创建日期起超过 10 天未审批的采购订单，提示审批超期天数，提醒相关责任人进行订单审批或撤销。通过此指标监控促进采购部门提高采购订单的审批效率，见图 3-69。

图 3-68　长库龄（超过 3 个月）物料库存监控

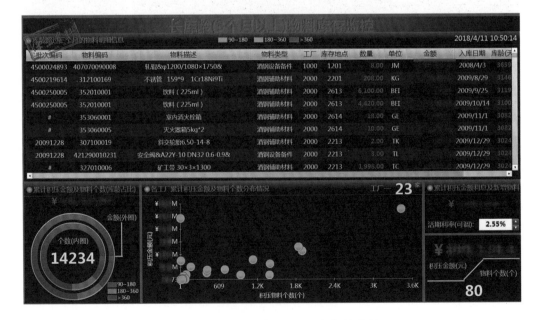

图 3-69　采购订单超 10 天未审批监控

（二）业务异常监控流程监控

1.物料移动平均价异常监控

指捕捉物料移动平均价的异常波动，进而追溯造成异常波动的具体原因，如采购合同价格错误、发票校验错误等，见图3-70。

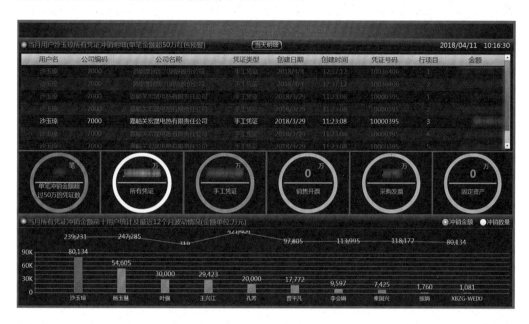

图3-70　物料移动平均价异常监控

2.凭证冲销金额、数量监控

指主要监控系统中对采购发票、销售发票、固定资产业务和财务凭证的冲销。统计和分析用户冲销行为，跟踪导致冲销的业务原因，规范用户的日常业务操作，见图3-71。

3.未关闭检验批监控

指检验批不及时决策或关闭，意味着质检业务流程未执行完成，质检结果没得到最终确认，会直接影响物料移动业务操作，如入库、转储、销售出库等，同时未关闭的检验批，存在被人为修改的风险。通过此监控，监控企业检验流程是否正常，降低质检数据被人为更改的风险。

4.采购流程异常监控

指监控无采购申请的采购订单。采购订单必须从采购需求开始，通过采购申请转换为采购订单，不能手工创建，以此规范采购计划管理，见图3-72。

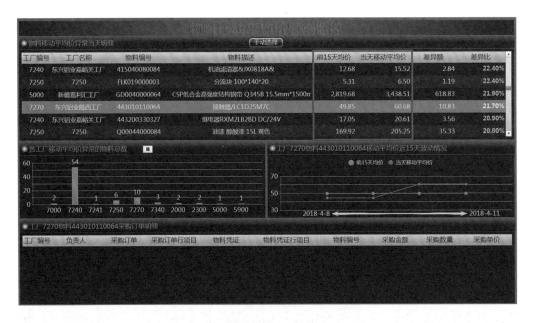

图 3-71　凭证冲销金额、数量监控

图 3-72　采购流程异常监控

（三）业务运行状态监控

1.采购订单质量监控

指监控采购订单质量，及时发现并督促业务人员修正采购订单有效期、收货容差、收货无限制等方面的错误或异常，以免影响后续操作，见图3-73。

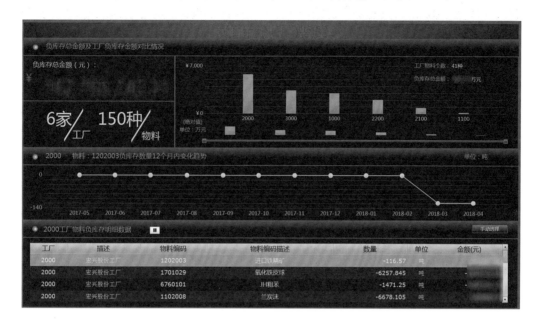

图3-73　采购订单质量监控

2.物料负库存（工厂）监控

指酒钢集团的生产业务中，对能源介质及部分材料，只有在月末才有准确的计量结算数据，为保证日常消耗，实时归集产品成本，对这些物料启用了负库存功能。通过本指标，监控在期末时间点上，各个已启用负库存功能的物料在当期是否进出平衡，督促生产人员及时修正错误，见图3-74。

3.供应商主数据监控

指监控新建或变更供应商时，供应商主数据关键信息（如统驭科目）中的异常，以免引起后续财务记账错误，见图3-75。

4.生产订单收货量与确认量差异

指监控系统中生产订单收货数量与确认数量不一致的情况，提醒相关责任人及时分析差异原因，更正错误，保证制造费用正确分配到各个产品，保证产品成本的准确性。

5.零价值物料投料／入库／出库

指监控零价值物料（标准价格未维护）的出库入库情况，统计当天及30天累积零价值物料的出入库数量。跟踪零价值物料的出入库凭证，及早发现并采取财务相应措施，减少因此产生的损失，见图3-76。

图 3-74　物料负库存（工厂）监控

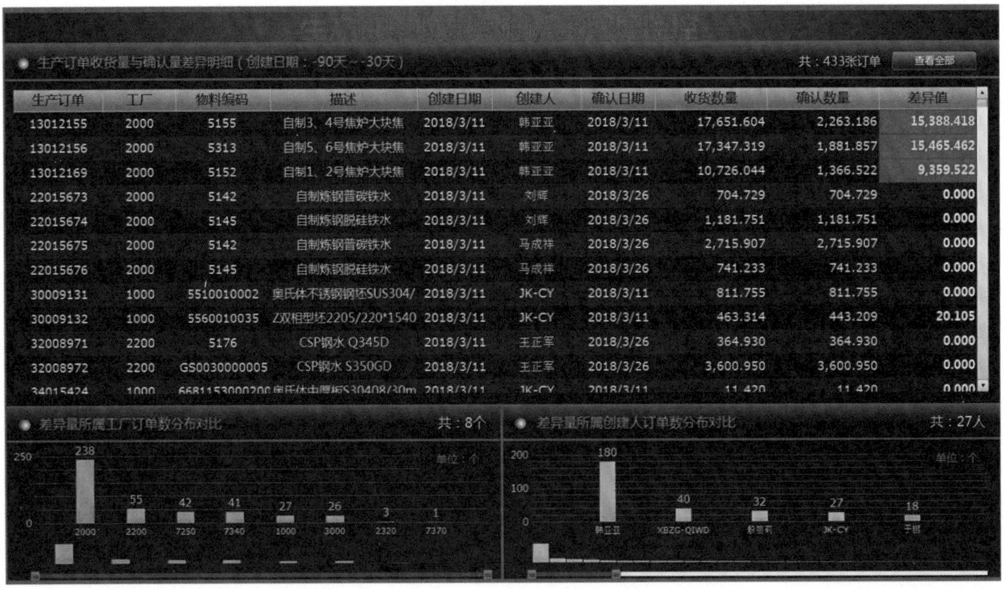

图 3-75　供应商主数据监控

（四）用户行为监控

1.用户登录行为监控

指实时监控系统用户的活动和系统负载情况，规范用户行为。在负载异常时及

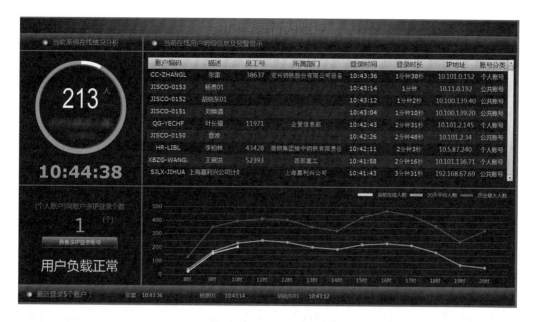

图 3-76 零价值物料投料／入库／出库

时调节服务器系统负载，增加资源分配。个人用户多 IP 登录时，提示报警并显示登录用户信息，追溯账号使用者，通知违规账户所有者变更密码，终止违规行为，见图 3-77。

图 3-77 用户登录行为监控

2. 用户操作行为分析

指监控 ERP 系统事务码的当前和累计使用情况，反映当天 TOP10 事务码和 30 天内 TOP10 事务码，发现从未使用过的自定义事务码，便于对系统尤其是自定义开发的功能进行优化和清理，见图 3-78。

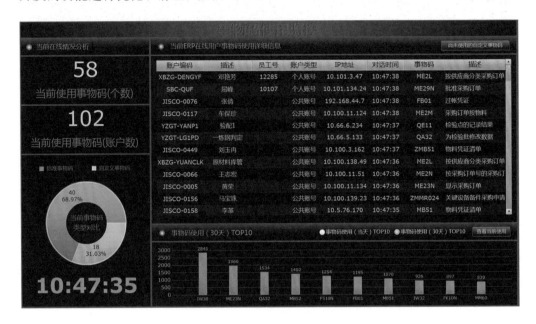

图 3-78　用户操作行为分析

企业简介

酒钢集团始建于 1958 年，是国家"一五"重点项目，是新中国规划建设的第四个钢铁联合企业。目前为中国西北陕、甘、宁、青、新五省区建设最早、规模最大、黑色与有色并举、多元化发展的现代企业集团。酒钢集团在形成"采、选、烧""铁、钢、材"完整配套的钢铁工业生产体系基础上，以钢铁业为主，延伸兼营煤电、机械制造、建筑安装、建材耐材、焊接材料、房产开发、酿酒、种植养殖等多种产业，现已形成以钢铁为主业，集资源开发、有色冶金、煤电化工、建材制品、焊接材料、装备制造、现代农业、葡萄酒酿造等多元化发展的新格局，是西北地区具有较大影响力的钢铁联合企业之一。

■■专家点评

　　酒钢大数据分析平台集技术创新、业务创新、服务创新于一体，依托大数据技术支撑，推动酒钢大数据在研发设计、生产制造、经营管理、市场营销、售后服务等产业链各环节的应用，实现了流程效率、数据质量、用户行为的及时洞察，通过对采购和销售价格数据的分析进行原料及产品价格预测，为企业管理提供有效分析决策，该应用解决方案具有较高的推广价值。

黄河燕（北京理工大学计算机学院院长）

13 基于工业大数据的智慧运营解决方案

——中国软件与技术服务股份有限公司

中软公司"企业智慧运营"整体解决方案，从数据集成与规范、数据可视化展示、智能分析与报警、大数据运营决策、智能控制等方面进行深入研究，形成了一套生产企业大数据挖掘与运营的解决方案。该平台将企业多业态的协同数据链实现贯通，构建多模态实时聚合数据平台，从各一线生产单位采集生产大数据，及时提供生产动态信息、报警信息，为管理层提供决策支持，为生产运营提供有力支撑，提高各板块业务的集中调度、统一指挥和协同应对突发事件的能力，进一步提升企业的管理水平。

一、应用需求

（一）应用背景

随着信息技术的不断发展，企业的信息化水平得到了大幅提升。在信息化提升的同时，各生产环节产生了大量的生产数据，如何利用数据资源创造价值是企业面临的新课题。通过"智慧运营系统"将企业各环节的多业态协同数据进行自动整合，并使之标准化、系统化，构成业务数据链，构建多模态整合性可视化平台，帮助管理者及时、全面、精准地掌握企业运行的状况，辅以实时数据分析和报警预测机制，支持管理者在运营管理方面的变革与创新，大幅度提高生产管理能力，并为建设智能型企业打下坚实的基础。"智慧运营系统"的构建是利用信息化手段提升企业业务能力，进而实现管理模式创新的重要实践，是利用移动互联网、物联网、云计算、大数据等技术对企业运营业务模式、管理模式的一次优化创新。

（二）应用痛点

1. 数据孤岛尚存

生产指挥职能尚未在全产业链上实现高效协同，对于产业链各个板块和环节还存在信息不一致的问题。

2. 指挥调度不统一

跨多个行业的特大型企业，存在多方对二级单位调度室进行指挥的情况，二级单位接受指令的优先级不明确，不能够实现调度系统综合平衡协调，指令需求和调度系统内部发生冲突，统一指挥的定位不能完全实现。

3. 管控模式不统一

产业链的各个环节目前存在不同的管控模式，在高效协同方面还存在诸多问题，如供应链系统的"牛鞭效应"，个别业务环节出现问题，就会对整个供应链造成比较大的干扰，供应链整体管理亟须加强整体调度决策的响应速度。

4. 数据规范不统一

下级企业的信息化在业务开展过程中根据自身的局部需求出发开展建设，缺少统一规划，形成了割据的信息化烟囱，导致数据规范不一致，系统之间不能互联互通。

二、平台架构

基于业务指标体系、多业态数据协同、多模态数据聚合，构建利用大数据分析、模型计算的智能化云平台，支撑 DT+ 时代的企业变革。系统平台架构图见图 3-79。

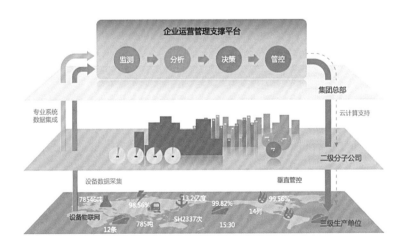

图 3-79　系统平台架构图

三、关键技术

(一) 核心技术

本系统基于 J2EE 架构体系，结合工业互联网技术、大数据分析技术、人工智能技术、可视化技术、数据集成服务技术，以及服务器、存储、网络等各类硬件设施，设计并优化企业的智慧运营监测总体应用架构和技术架构，研究并合理划分各应用系统的功能边界和集成关系。项目实施涉及多个领域的技术，各个领域分别采用了本领域先进的管理技术和手段，其中包含的一些关键技术主要有：基于传感器的工业大数据实时数据存取和利用技术；基于综合业务指标的数据分析技术；基于业务场景设计的全景可视化展示技术；基于业务建模和智能算法的大数据分析技术。

(二) 核心功能

1. 工业大数据中心实现生产数据集中化

运营信息是运营管理的基础要素，传统的方式是通过调研、电话、传真、会议汇报、实地考察等方式来获得一手资料，整体效率低下。本系统数据集成产品模块，首先建立业务数据规范体系，然后利用企业现有的信息化资源，如 ERP、MES、工控系统等，自动从各运营的关键环节上采集一线运营数据，自动对接外部市场数据，在集团总部构建企业运营大数据中心，充分满足现代化大型组织集中决策所需信息的全面性、准确性、及时性的要求。数据集成平台可以在企业私有云架设，产品支持数据多位置、多应用系统、多数据库、实时与非实时等，保障该平台性产品的多行业适应性。平台支持元数据沉淀，支持大数据处理平台，保障业务未来向大数据智能化发展的全面适应性。

2. 全面监测实现生产运营可视化

现代化的大型组织运营管理，需要在总部及时掌握各一线生产情况，从而帮助总部快速作出调度决策。首先是根据业务逻辑，将运营大数据中心的数据进行组合、计算，形成业务指标集。其次是根据指标的业务关联关系，以可视化的形式展示出来，汇总成运营监测平台。企业用户可以借助于图形化的界面，清晰、快捷、分层次地掌握企业整体状况，更直观地发现运营中的问题。依靠大数据可视化的运营监测平台，用户可根据个性化需求对个人界面进行自定义，实现 24 小时动态监测，产品支持多种图表类型，并可自行切换。在进行数据分析的时候，无需像 BI 一样手动进行数据导入，而是直接对接运营大数据中心，进行高效监测，帮助企业迅速分析运营状况及问题原因。

3. 实时数据分析实现预、报警自动化

运营监测的目的之一就是及时发现运营中的问题,但可视化运营监测还无法脱离人工分析,对于跨地域、多行业或者流程复杂的供应链体系,必须借助预、报警功能模块。预、报警模块可采集到一线运营实时数据,对数据进行组合计算,并与多周期生产计划、作业计划,以及市场数据进行实时对比,根据预定的业务规则产生报警。系统定义报警问题已经产生,需要调整原有的计划;而预警是问题将要发生,需要采取手段,来保障原计划的完成。这样利用监测把生产执行与计划、调度紧密连接起来。预、报警包括生产进度报警、生产环节协同报警、安全报警、事故报警、设备报警等。报警模块可集成在运营监测平台,均可设定阈值与报警规则、报警级别、显示权限,报警方式可分为高亮显示、闪烁显示、滚动报警栏、报警汇总栏、PC端推送、移动端推送等。

4. 大数据分析决策实现智能化

大型的运营体系,传统的管理方式因为不能快速及时地响应业务变化,所以无法做到生产流程的理论优化极限。智慧运营可以在以上建设的基础上,对接生产计划智能化系统。该系统业务范围上可包括年、月、周、日等固定生产周期生产计划制定,多订单类不固定周期生产排程,以及细化到日内作业计划的制定,可根据生产完成情况的实时监测,及时进行滚动计划,以满足先进的运营管理要求。系统是根据业务规则、物流规则、各环节产能、市场需求变化情况,定义大量的模型,然后利用模型组合,自动触发启动,对历史数据与实时数据进行大数据分析,形成多套供需整体性生产计划方案供企业参考,从而实现对计划的规划、匹配、优化,高效作出最优生产与作业计划。

四、应用效果

(一) 应用案例一:神华集团生产运营监测系统

神华项目的成功实施首次实现了全集团生产运营数据的大规模整合、生产运营数据的在线监测、生产运营情况的异动预警、基层单位对整个一体化链条信息的实时共享,是产运销一体化管控模式。

中软公司构建的"生产运营监测系统"集成了企业总部以及二三级公司生产运营大数据。该系统可实现信息的综合查询,还可通过智能关联分析实现预报警功能,为调度业务人员提供了很大的帮助,使得企业的管理模式依托信息化技术实现重大变革，业务人员更多地由"通讯员"变成了"分析师"，工作模式发生了翻天覆地的变化，系统建设成果见图 3-80。

1．全面覆盖
对32家二级分子公司和全部215家三级生产单位实现监测。

2．实时监测
实时指标23类，实时数据单位158家，另有实时组态85个，工业视频399个。

3．准确
系统尽量直接取用一线生产数据，减少了人工加工环节，并且设置了数据校验的运维工具，以提高数据准确性。

4．信息共享
目前已经开放权限总部用户160多位，各二级单位用户400多位，仍在增加。

5．数据可视化
采用了地图数据嵌入、柱图、饼图、仪表盘、折线图等多种综合商业智能工具。

6．运营类预警、报警
总报警种类：16类。其中包括安全报警1大类、实时11类，包括生产进度预警6类和协同报警4类。

图 3-80　系统建设成果

截至 2016 年 12 月，企业近三年营业额同比增长 40%，净利润同比增长 30%。"生产运营监测系统"的运行极大地提升了企业的运营管理和决策效率，为企业战略发展、业务变革、经济效益提升提供了强有力的支撑。

可视化展示的运营监测系统的大屏幕外宣版，将神华集团外宣材料从内容到结构、从色调到版面的布局规划进行了有机的融合与展示，将企业各项优秀的业绩，和远在千里之外的各个生产单位的数据和画面实时呈现在了位于北京的监控大厅，收到了很好的外宣展现效果。

（二）应用案例二：国家电投物流生产调度指挥系统

随着国家电投物流的不断整合、发展以及多元化发展战略的实施，在生产运行管理方面，将面临综合化、平台化、智能化转型，需要建设与之相配的公司管控模式，并为之提供相应的信息系统平台支撑，以帮助掌握运销各环节的信息，实现精确、高效地计划管控和调度，保证各个环节的协同性，提高生产运营计划调度及应急处置能力，进而适应国家产业结构调整以及能源市场化大背景，增强企业的市场生存能力、竞争能力和持续发展能力，助力企业实现"综合型""信息化"物流企业的转型目标。系统建设范围见图 3-81。

提高运销一体化协作能力，生产调度指挥实现产业链上下游各业务环节之间的

图 3-81　系统建设范围图

生产业务相互可见性，通过上游业务数据对下游业务生产提供操作依据，从而达到提高生产的预见性，确保不同板块间业务平稳衔接，简化业务操作，提高产业链协同能力。运销一体化协作见图 3-82。

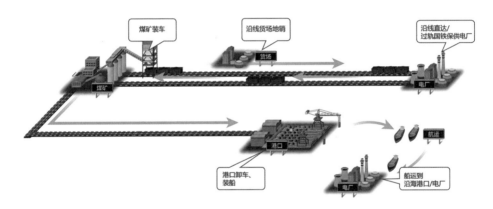

图 3-82　运销一体化协作图

　　提高运营管理效率最优化能力，系统实现对计划制定及执行的全过程监控，支持各级生产指挥高效、准确的调度及决策，优化运输组织，加强路港衔接，全面提升物流公司本部及下属单位工作效率和工作质量。

　　管理流程标准化，建设横向协同、纵向贯通的标准化平台，实现物流公司生产运营管理所涉及的信息和文件的下达、上报、共享等业务的信息化，形成流程化的运营问题解决机制，推动公司管理流程标准化的建设。

■企业简介

中国软件是中国电子集团控股的大型高科技上市企业。主营业务包括自主软件产品、行业解决方案和服务化业务，是可以为用户提供系统软件、安全软件、平台软件、政府信息化软件、企业信息化软件和全方位服务的综合性软件公司。经过多年努力，中国软件在全国税务、党政、交通、知识产权、金融、能源、医卫、安监、信访、应急、工商等国民经济重要领域积累了上万家客户群体，现已成长为年收入超过 45 亿元的高科技软件公司。

■专家点评

基于工业大数据的智慧运营解决方案将企业多业态协同数据链汇聚整合，基于 J2EE 架构体系，结合工业互联网技术、大数据分析技术、人工智能、可视化技术等，设计并优化企业智慧运营监测架构。该应用解决方案具备生产动态实时监控、信息预警，为管理者科学决策提供有效参考，引领企业变革。总体来看，该应用解决方案的创新性、功能性、技术能力均达到了较高水平。

黄河燕（北京理工大学计算机学院院长）

大数据

14

晶澳太阳能智能综合管理运营平台

——北京东方金信科技有限公司

晶澳太阳能智能综合管理运营平台依托北京东方金信领先的工业大数据技术，集成开发基于大数据技术的一体化管理运营平台，覆盖企业行政、人事、财务、战略、市场、制造、研发、采购、销售、物流等主要业务板块，对生产线及其他配套设施进行相应的改造升级，实现面向智能制造的全面信息化网络架设，实现企业运营管理信息资源的一体化整合与共享，以及业务应用的智能协同，为集团公司管理层提供智能决策支持。

一、应用需求

经过多年的发展，晶澳太阳能已在全球市场建立了全方位的制造和营销网络，并在上游供应商和下游客户中树立了良好的信用品牌，同时也面临多方面问题：一是集团运营整体信息化水平偏低，管理效率较国际领先工业企业仍有较大差距；二是生产运营成本把控仍有较大提升空间；三是技术创新优势较同业竞争对手尚不明显，且难以长期维持；四是宏观运营及战略投资缺乏精确把控，相关机制落后于工业化和市场实际发展。

通过智能综合管理运营平台的建设，集团公司管理者能够及时全面地了解各生产基地运营管理各个环节的关键指标；以智能分析预测等手段，提高运营管理、应急和服务的响应速度；逐步实现被动式管理向主动式响应的转型；并以高效率的跨部门智能协同提升企业管理和服务的水平，从而不断向"智能化"企业运营管理的目标迈进。

二、平台架构

(一) 平台总体架构

项目(一期)涉及两个试点工厂、一个主数据中心的多点分布式架构,即:分布式大数据工厂平台+主数据中心平台。

1. 分布式大数据工厂平台(简称"工厂平台")

部署一个大数据平台集群,负责本工厂行政事务流程数据、财务数据、生产流程数据、设备健康数据、能耗数据、物流数据、生产工艺数据等数据的采集与分析,保存明细,将汇总数据上传到中心平台。

2. 工业大数据主数据中心平台(简称"中心平台")

部署一个大数据平台集群,整合各工厂行政事务流程数据、财务数据、生产流程数据、设备健康数据、能耗数据、物流数据、生产工艺数据、行业发展数据、非结构化数据、爬虫数据,形成集团企业级数据视图,并对数据进行分析、挖掘,是智慧工业的大脑。

晶澳太阳能智能综合管理运营平台的数据存储于分布式大数据平台之上,平台上包含了工厂内销售、财务、采购、计划、仓储、供应商、人事、机器设备、质量控制等数据,依托智能综合管理云因平台,支撑集团内各家工厂的统一业务运营、决策分析,陆续实现"一个集团、一套系统、一套流程"。

(二) 中心平台逻辑架构

中心平台逻辑架构分为五层(数据获取层、数据加工层、应用服务层、访问控制层与用户层,见图3-83),具体情况如下。

1. 数据获取层

负责为大数据平台从源系统获取所需的结构化、半结构化与非结构化数据。可分为内部数据、外部数据。内部数据还包括工厂数据中心、ERP、MES、WMS、非结构化数据和其他数据。外部数据有网站和第三方数据。从时效性来看,包括实时、准实时与批量;由数据采集平台(含实时数据采集和批量数据采集)、日志采集平台、流处理平台组成。

2. 数据加工层

大数据应用平台的核心,负责将获取的数据加工组织到不同的数据区,以满足应用系统与用户不同层次的数据需求。包括临时数据区、数据湖、数据整合区、集市区、实时数据区、非结构化数据区、实时处理平台和批量数据处理平台。

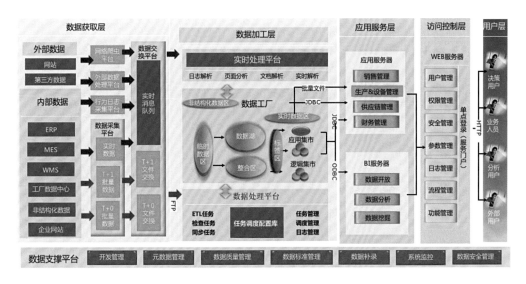

图 3-83　中心平台逻辑架构图

3. 应用服务层

负责利用大数据平台的数据解决业务部门的实际业务问题、为大数据应用平台提供支持。

4. 访问控制层

访问控制层是用户与大数据应用平台的接口，以 API、Webservice、门户、APP、文件、消息、大屏的方式为用户提供服务。

5. 用户层

用户层是大数据应用平台的数据使用者，可以是决策人员、业务人员、应用系统以及业务分析人员。

（三）系统物理架构

整体部署的物理架构分为工厂平台 ×2 ＋中心平台，见图 3-84。工厂平台与中心平台基于万兆网络和万兆交换机实现连接。工厂平台的集群当中分为大数据基础平台、实时采集平台、实时处理平台、应用服务器、数据交换前置。中心平台的集群当中包括大数据基础平台、网络爬虫平台、数据交换平台、实时处理平台、ETL 调度平台、BI 服务器、应用服务器。

三、关键技术

项目核心技术为基于 Hadoop／Spark 生态的分布式大数据平台及技术、数据

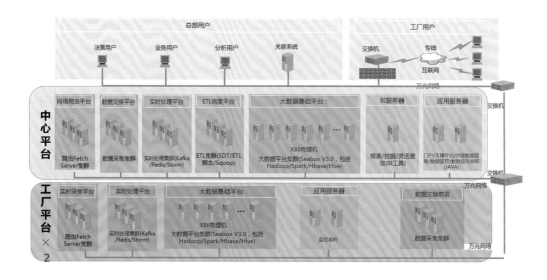

图 3-84 系统物理架构图

仓库技术、JAVA EE 技术等，采用东方金信具有自主知识产权的海盒大数据平台（Seabox BigData Platform，SDP）、数据标准管理系统、数据质量管理系统等产品进行集成开发。

（一）海盒大数据平台（SDP）

海盒大数据平台是该项目平台的核心组成，集成了大数据平台的多个底层组件，支持数据仓库、MPP 数据库、NoSQL 数据库、流处理、联邦查询、分布式内存、索引搜索、时间序列数据库、实时数据同步等功能。通过集成 SMCS，实现了对硬件资源和多种组件的监控与管理，保障了数据应用的安全性及合规性。

（二）海盒数据获取层

海盒数据获取层集成了 SDF、SDG 等多个组件，为大数据平台的开发者和使用者提供良好的开发服务界面，支持实时采集和批量采集等丰富的数据采集功能。具有以下技术特点：一是海量数据采集与流处理技术，支持多种数据传输方式与通信协议，并提供从传感器到大数据平台的数据管控、可视化的数据流监控与灵活的管理方式。二是实时数据同步功能，通过数据库同步软件产品的部署，实现源数据（如 Oracle、DB2、MySQL、Teradata）与目标数据源（如 Hive）的准实时数据同步，满足 CRM 等系统数据查询及数据同步需求。

（三）海盒数据管理层

海盒数据管理层集成了数据安全管理、元数据与主数据管理、数据标准管理、数据质量管理、数据生命周期管理、数据模型管理等功能，帮助客户通过对分散、复杂、多变的数据资产进行有效管理，提升运营绩效。主要为大数据平台提供以下服务：一是提供可靠的安全与权限系统，包括身份认证、数据加密、颗粒化权限管理等；二是图形化元数据管理系统。

（四）海盒人工智能分析层

海盒人工智能分析层集成了 SSI、SDO、SAI、SRS、SCS 和 SDR。支持超大数据量的数据分析和结果展示，实现灵活查询数据集市、下钻挖掘、BI 报表服务等。同时支持丰富的数据统计、机器学习分布式算法和人工智能的深度挖掘。实现了通过 WEB 界面对平台的数据进行灵活查询、作业调度等多种灵活操作。主要具有以下技术特色与优势：一是图形化界面提供丰富的交互操作和任务调度功能；二是快速实现超大数据量的数据分析与灵活展示；三是对人工智能的深度支持；四是满足多维分析要求。

四、应用效果

光伏产业是我国少数具有国际竞争优势的战略性新兴产业之一，但也面临低端产能相对落后、关键核心工艺技术创新不足、配套体系有待完善等问题，特别是产业加速扩张中面临的管理体系落后、产品质量把控不足等困难仍很严重，产业转型升级需求迫切，仍面临深度调整，不容盲目乐观。为贯彻落实《中国制造 2025》发展战略，提升光伏行业发展质量和效益，工业和信息化部于 2016 年 4 月在江苏常州组织召开了"光伏产业智能制造研讨会"，引导光伏制造业通过加速智能制造升级、强化内控管理、提升运营精度等提高发展质量。工业大数据是智能制造的核心内容之一，通过全面信息化和工业大数据的导入，实现人工智能与生产制造的高度融合，已成行业发展的主要趋势。

（一）应用案例一：晶澳太阳能智能综合管理运营平台

晶澳太阳能是我国最早在海外上市的光伏企业之一，全球市场份额超过 10%，是国际领先的光伏产品制造企业，其太阳能电池产品长期保持全球顶尖技术优势。晶澳太阳能智能综合管理运营平台是光伏产业第一个完整的基于工业大数据智能分析的集团化业务管理平台，通过开发或集成企业现有生产运营软件系统，以生产制造 MES 功能为核心，实现纵向数据整合和横向业务整合。系统建设深度挖掘和分析行政、财务、制造、研发、采购、销售、战略、投资等数据，反向梳理和优化业务流程，规范企业运营，将在光伏行业产生标志性的示范作用，有助于引导和推动光伏全产业链的智能制造转型升级，提升行业发展的质量和效益，并推动塑造具有全球领先优势产业集团的诞生。

项目一期集中在对两个组件基地行政、财务、生产等管理以及设备健康维护、能耗分析等方面，其分布式大数据中心与集团主数据中心对接。通过生产运营数据的全面治理、采集、分析、反馈，并将财务、成本、故障维护等模型直接融入系统，在行政、财务、生产等管理和执行过程中，实现大幅的"减员增效"，对企业生产运营管理质量和经济效益的提升起到了重要作用。

（二）应用案例二：江苏赛拉弗光伏组件制造一体化管理运营平台

江苏赛拉弗光伏系统有限公司是专业开展高效晶硅光伏组件制造的高新技术企业，总部位于江苏省常州市，目前具有高效太阳能电池和光伏组件产能近 3GW，在 2017 年全球光伏企业排名中位列第九，其自主开发的"日食"组件是我国高效光伏组件制造工艺的冠军纪录保持者。赛拉弗从 2011 年年初创期开始，就十分重视企业信息化建设，其管理团队均出身于美国传统半导体行业，将半导体行业高密度自动化思维引入光伏制造业，是全球第一家完成一体化管理、生产、运营信息化平台系统建设的光伏企业。

东方金信充分利用自身在大数据领域的技术优势，与江苏赛拉弗强强合作，以光伏组件制造业务流程为基础，开展了基于大数据技术的光伏组件制造一体化管理系统（包含 ERP、MES、WMS 等）的开发部署，并持续开展光伏组件制造层工艺大数据分析模型的建设和应用开发，形成基于工业大数据平台的光伏组件制造一体化管理运营平台。

企业简介

北京东方金信科技有限公司成立于 2013 年 2 月，是一家专注于大数据平台和大数据解决方案的高新技术企业，拥有 ISO9001、ISO27001 和 CMMI3 认证，是首批通过数据中心联盟大数据基础能力和性能双认证的企业之一，曾参与《大数据产业发展规划（2016—2020 年）》及大数据领域多项国家和地方标准、规范的编制工作，并承担了业界首个《数据资产管理实践白皮书（1.0 版）》的主要编写工作。目前，东方金信已被 Gartner 列为国际主流 Hadoop 发行版厂商之一，是中国大数据 50 强企业，与 IBM、Oracle 等重要国际软硬件厂商建立了大数据领域战略合作关系。

专家点评

晶澳太阳能智能综合管理运营平台对晶澳集团及旗下各商业主体的数据信息进行整合，基于 Hadoop／Spark 分布式存储技术、数据仓库技术、Java 技术等实现企业运营管理信息资源的有效协同，降低管理运营成本、提升制造业发展质量和品牌效应。该运营平台具有实时性、兼容性、开放性等特点，具备先进的理念、领先实用的技术和广阔的市场价值。

黄河燕（北京理工大学计算机学院院长）

第四章 能源电力

大数据

15 电力大数据开放共享服务平台解决方案

——全球能源互联网研究院有限公司

构建电力大数据开放共享服务平台，旨在突破电力数据及政策、社会、经济等数据的获取、融合、共享、挖掘以及可视化等共性技术，形成面向政府、企业、电力用户的三类大数据公共服务产品，并针对平台开发的数据服务及数据产品开展市场化运营，加大对外开放合作力度，与上下游环节及政府部门开展深入合作，积极探索适合中国国情的能源互联网大数据服务运营策略，深挖电力数据潜在价值，把数据转化为行业和企业的竞争力，并通过共享服务为政府和社会机构提供价值信息，推动跨领域数据共享和价值提升。

一、应用需求

纵观国内外，电力大数据已经形成产业规模，并上升到国家战略层面，电力大数据技术和应用呈现纵深发展趋势。国家电网公司高度重视电力数据价值挖掘，前期已通过企业全业务统一数据中心建设，将分散的电力数据统一汇总。但电力大数据在开放共享、对外应用方面仍然不够，数据价值未能充分体现，亟须开展企业数据融合共享、数据对外开放服务和数据创新应用工作，推动电力大数据向开放式的运营创新模式转变，实现电力数据价值的深度挖掘和效益转化。

以开放、共享为特征的电力大数据服务平台需求迫切。国家电网公司拥有丰富的电力数据资源，但数据开放和共享不足，对外应用不广，数据价值未充分体现，需走向电网开放式的经营管理模式，促进公司内外大数据互助共享协作，推动外部数据资产整合。

基于社会民生、经济分析、企业增效等视角的跨界跨域大数据应用缺乏。大数据应用的有效利用可以创造巨大的潜在价值，而作为天然联系千家万户的电力行业，其所产生的电力大数据价值尤为宝贵，如何向行业内外提供大量的高附加值的应用产品，是电力数据开放共享的关键所在。

数据在产生、传输、存储、处理以及使用等环节存在隐私泄露的隐患。电力的营销、调度、个人用电等数据包含大量的敏感信息，而且数据来源分散，时空跨度巨大，数据粒度较细。如何才能在信息便捷传递共享的基础上，对数据进行合理的处理，使数据隐私保护和数据挖掘分析达成合理的平衡点，也是当下需要重点解决的问题。

二、平台架构

(一) 总体架构

电力大数据开放共享服务平台总体架构见图4-1。

数据来源：平台的数据主要从国网数据中心、省公司专业系统、大数据交易所和公开数据集等渠道获取。

基础平台：主要包括内外部数据融合、安全防护组件、数据脱敏组件、应用微服务组件和仿真实验服务组件。

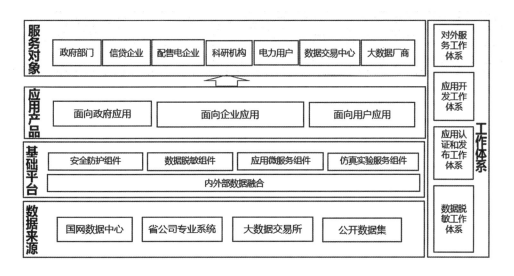

图4-1　电力大数据开放共享服务平台总体架构图

应用产品：基于平台资源研发面向政府、企业和用户的电力大数据开放共享服务应用产品。

服务对象：主要包括政府部门、信贷企业、配售电企业、科研机构、电力用户、数据交易中心和大数据厂商。

工作体系：包括对外服务、应用开发、应用认证和发布、数据脱敏四大工作体系。

（二）应用架构

电力大数据开放共享服务平台依托国网数据中心，接入省（市）电力公司业务数据、外部数据等，通过数据共享、安全保护等处理，提供给上层进行电力大数据共享应用产品研发，为社会外部对象（如政府部门、科研机构等）提供服务，服务形式包括两种，一种是自助式模式，用户直接使用服务平台，形成所需成果；另一种是委托式模式，用户提出需求，由服务平台形成成果并交付。应用架构见图4-2。

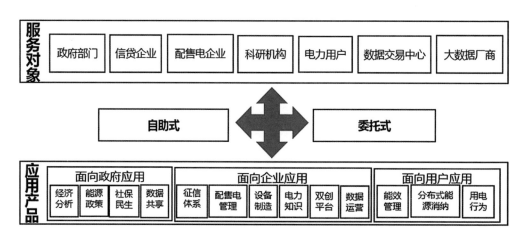

图4-2　电力大数据开放共享服务平台应用架构图

（三）脱敏架构

数据脱敏组件包含敏感数据梳理与挖掘、数据脱敏主引擎、数据访问控制与授权以及数据脱敏审计等模块。脱敏架构见图4-3。

敏感数据梳理与挖掘：对数据的敏感程度进行自动化与人工相结合的梳理，确定数据的敏感程度。

数据脱敏主引擎：包含静态脱敏与动态脱敏两种脱敏引擎，可对各类敏感数据

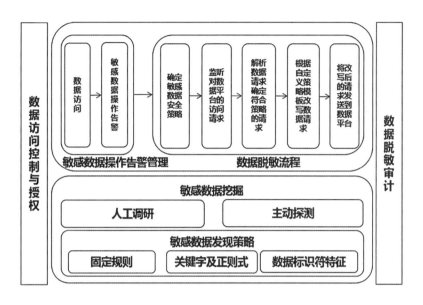

图 4-3 电力大数据开放共享服务平台脱敏架构图

进行脱敏,是数据脱敏系统的主要部分。

数据访问控制与授权:对访问数据的用户进行基于角色的细粒度访问控制与授权,杜绝越权访问。

数据脱敏审计:对数据访问的信息进行审计,可记录与分析针对敏感数据访问控制信息。

三、关键技术

(一)面向各层次各角色建立"大平台微服务"模式

打造即装即用的应用服务模式,将多种平台、数据服务、中间件、工具、可视化组件、应用以低耦合的方式,注入平台统一接口,形成一个个相互独立就能互相协作的 APP,由电力大数据开放共享服务平台进行发布、管理、服务。主要基于当前成熟的容器化技术,构建包含数据查询检索、数据展示以及数据传输等功能的应用容器,并根据应用容器的功能特点,链接不同数据单元,形成包含不同数据共享模式的应用服务,提供用于共享的数据查询展示服务。

(二)大数据典型算法和模型

面向电力预测应用,提出了 $L_{1/2}$ 稀疏时间序列回归、回声状态网络、稀疏极端学习机、视觉学习机等多种回归算法，实现电力大数据特征的大规模数据的分布式与并行化处理，适用于大规模电力数据分析。相比于传统的时间序列模型，所用方法在提高了电力数据模型定阶和求解速度的同时，也提高了整体预测精度。

（三）敏感数据自动发现技术

通过设置敏感数据发现策略，数据脱敏工具可自动识别敏感数据，发现敏感数据后产生敏感数据标签，用于数据脱敏策略的制定。主要包含敏感信息规则库建立、敏感数据检测——基于固定规则的通用检测、敏感数据检测——基于自定义规则的精确检测三项关键技术。

四、应用效果

（一）社会效益和经济效益

1. 社会效益

（1）善政：通过对地区社会经济形式分析、征信体系建设、社会保障和民生服务等应用，推动跨领域大数据资产的共享融合，助力政府部门科学决策；同时，促进数据的高效流转和优化配置，有利于实现数据的开放共享和科学使用，为国家大数据发展战略的实现提供基层支撑和坚实保障，履行能源企业的社会责任。

（2）兴业：通过能源电力数据帮助企业做好能效管理，帮助企业节能增效，助力企业快速发展；本方案积极响应国家"大众创业，万众创新"的号召，通过构建电力大数据开放共享服务平台，盘活企业数据价值，为广大创业者提供创业新途径，激发其创新潜能和创新活力；通过本方案的示范带头作用，能够为其他能源互联网行业的服务建设和数据运营树立标杆。

（3）惠民：实现家庭能效管理、用电建议与咨询、节能改造等大数据示范应用，促进合理用能和能源消费模式变革，降低污染减排，提升环境质量；通过客户感知度分析，提前开展客户服务，提高用电客户满意度。

2. 经济效益

该解决方案率先在天津生态城得到示范应用，覆盖园区 6236 户居民用户、207 户工商业用户以及动漫园二号能源站，建成智慧园区综合能源信息服务平台，提供 12 项以上能源信息综合应用服务，园区综合能效水平提高 15%，分布式电源就地消纳能力提高 10%。成果已推广到包括天津、江苏、江西在内的我国二十余省的百余个智慧园区，直接经济效益13.6亿元。成果应用区域能效水平和可再生能源消纳能力显著提升，多能源数据融合规模和内在价值挖掘能力明显提高，间接效益和社会效益显著。此外，电力大数据开放共享服务运营模式必将在"十三五"期间得到全面发展，根据国内权威机构估算，到2020年仅国家电网公司拥有的电力数据对外开放运营将达到127亿元的市场规模，收益巨大。

（二）应用案例

1.应用案例一：四川省电力经济版图发展分析

通过分析四川省内各地市分用电性质、分行业、分区县的电力消费情况及其变化趋势，结合其地区经济发展战略、GDP数据和相关政策，分析解读不同地区在四川省电力经济版图中的发展定位和相关政策落实情况。

电力与经济的发展紧密相关，依托电力大数据开放共享服务平台，通过大数据分析，深入研究电力与社会经济活动的关系，多粒度、多维度深度挖掘用电量与经济数据之间的相关关系，拓展电力服务社会经济发展的路子。

该应用用图层方式按行政区划叠加各类相关数据，并添加相应时间轴，分析不同维度下各地区经济发展特征及其变化趋势，如产业结构调整、能效划分等见图4-4。

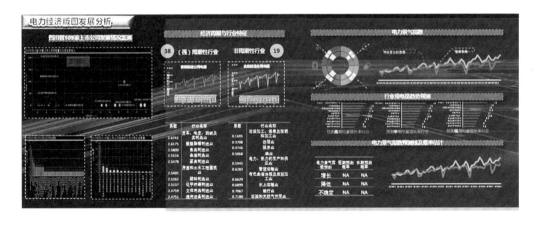

图4-4　四川省电力经济版图发展分析可视化展示

针对选定的经济发展政策，利用电力数据分析其落实、执行情况、例如压缩高耗能企业产能、针对特定行业的经济拉动措施执行情况、针对中小微企业扶持政策、电价调整方案的执行效果等。

2.应用案例二：企业开工率

通过构建用能量、用能时长与企业开工率之间的关系，达到实时的用能数据获取动态的企业开工信息的目标，同时，通过对各行业开工率与行业 GDP 之间的变化趋势的分析，获得当前经济运行过程中各行业间对 GDP 影响的差异性，评估各行业对当前经济运行的影响和贡献，为经济政策制定、产业结构调整等提供决策支持。

（1）开工情况概况：以行政区域的维度反映企业某个时期相对于企业满负荷运作时的工作状态以及展示企业产能的利用情况。未来三个月的开工率预测，以及对开工档次、开工时段、潜在开工率进行分析展示见图 4-5。

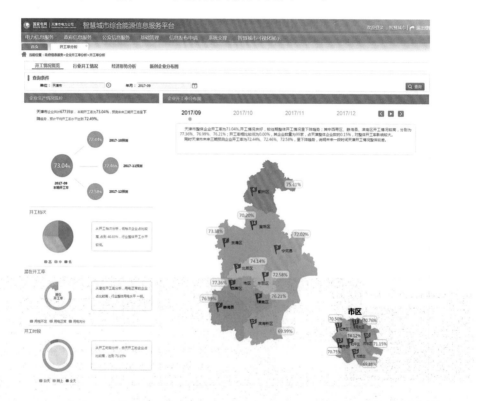

图 4-5　某企业开工率分布图

（2）行业开工情况：以八大行业的维度反映企业某个时期相对于企业满负荷运作时的工作状态以及展示企业产能的利用情况。未来三个月的开工率预测，以及对开工档次、开工时段、潜在开工率进行分析展示如图 4-6 所示。

（3）经济形势分析：行业开工率与行业 GDP 关联分析，行业开工率变化趋势先于工业 GDP 变化趋势，通过对行业开工率变化趋势分析预测工业 GDP 变化趋势，进而获得未来经济运行情况的变化趋势。行业开工率变化趋势通过采集历史和当前单个企业、八大行业、创新企业的真实开工率测度值，采用 ARMA（自回归滑动平均模型）算法进行预测见图 4-7。

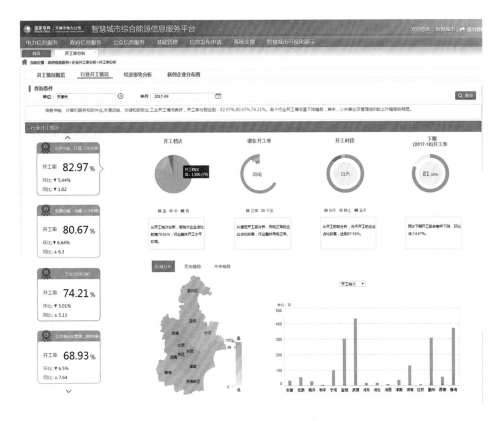

图 4-6　行业开工情况分析图

图 4-7　经济形势分析图

3.应用案例三：异常用能分析

通过对区域用户进行用能等级分类分析，识别低用能用户群并进行预测和趋势分析，为政府分析区域就业机会和生活交通等配套设施完善提升以及用户识别提供支撑见图4-8。

（1）用户特征分析：对用户按区域和行业类别划分，采用方差分析方法，分析区域和行业因素是否对用户用电量产生显著影响。

（2）用能等级分析：采用分位数方法和BoxCox变换两种方法，对低压居民用户、高压企业用户进行用能等级划分，展示两种等级划分结果，分行业、分区域展示企业用户用能等级分布状况见图4-9。

（3）用能模式分析：使用经典K-Means聚类算法，根据企业用电均值特征进行聚类，通过观察K-Means聚类中心曲线的变化特征，识别出不同类别企业的用电模式见图4-10。

（4）低用能分析：对低用能用户、零电量用户、度假型用户及季节性用户进行分析，确定零电量用户及度假型用户是影响低用能用户的主要用户，季节性用户对低用能用户无直接影响见图4-11。

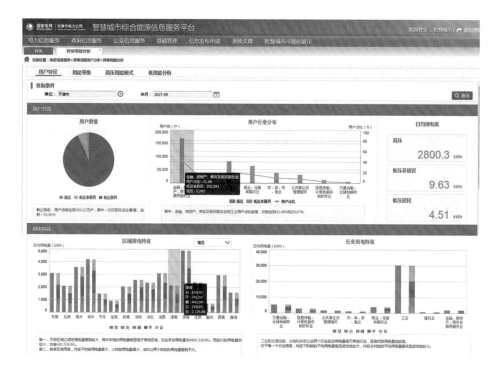

图4-8　异常用能分析图

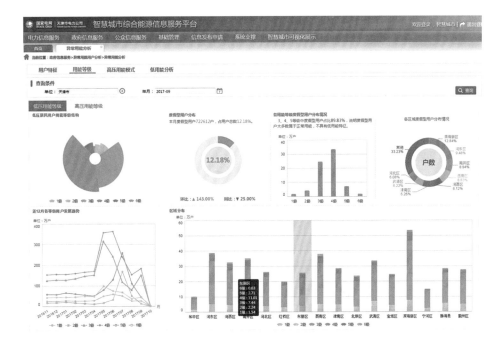

图 4-9　用能等级分析图

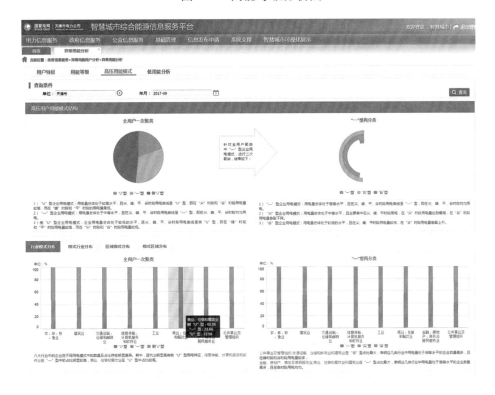

图 4-10　用能模式分析图

图 4-11　低用能分析图

■企业简介

　　全球能源互联网研究院有限公司（简称"联研院"）是国家电网公司直属高端研发机构，在大数据方面先后建成了"国家电网先进计算及大数据技术实验室""大数据算法与分析技术国家工程实验室——能源大数据创新中心""电力系统人工智能实验室"等国家级、国家电网公司级的实验室，是国家能源局首批"互联网+"智慧能源示范工程的建设单位，是国家发改委国家大数据创新联盟成员单位。

■专家点评

　　全球能源互联网研究院有限公司积极响应社会对电力公共数据的利用需求，构建电力大数据开放共享服务平台，形成国网公司在数据资产与社会经济、气象、地理空间等外部数据源之间的互动，深化了数据价值。该平台技术架构完整，业务承载能力强，充分考虑了数据开放共享过程中的关键环节，具有一定的推广价值。

余晓晖（中国信息通信研究院总工程师）

16 大数据 基于大数据云平台的智能矿山解决方案

——神华和利时信息技术有限公司

通过系统总结神华多年来在煤矿自动化、智能化方面的实践，基于大数据、云平台技术，构建煤炭企业大数据应用分析解决方案，实现了更全面的感知。主要功能如下：（1）自主研发的煤矿综合智能一体化生产管控平台，打破了国外大型管控软件在煤炭行业的垄断地位，实现煤矿生产过程的集中监控与管理，实现海量数据的高效集成和共享，提升安全生产管理水平；（2）构建了海量数据的传输通道；（3）实现了 GIS 数据和时态数据的有机融合；（4）建成国内首个智能矿山示范矿井。相关研究成果，被鉴定为达到"国际领先水平"，"智能矿山建设关键技术研究与示范"获 2016 年度国家科技进步二等奖，为推动全国智能矿山建设奠定了扎实基础。

一、应用需求

如何通过大数据应用和数据分析手段，实现海量数据的存储，挖掘涵盖智能矿山从设备感知层、执行控制层到集中管控层大数据的价值，为煤矿安全生产和降本增效提供决策支持，面临的挑战有以下几点。

（一）海量、多源数据存储管理

智能开采和运营过程中海量数据具有格式多样、完整性不足、采样频率不一等特点，需要通过数据预处理的方式，设计结构化和非结构化数据的存储技术和方案。在海量数据存储的基础上，建立多源数据的数据分析引擎，在安全预警、资产状态管理和预防性维护以及调度优化排程和智能开采优化方面开发回归、聚类和分类等算法手段，优化决策。

（二）智能开采和优化排程

智能矿山要求通过对开采环境的监控及信息分析，结合现代先进技术实行科学开采，减少开采过程中的人力消耗，实现安全、有效的煤矿开采。如设计生产排程模型，利用煤质、产能、吨煤成本等信息，实现各类生产计划的优化排程；根据皮带自动调速和设备远程调控等智能化设计，降低设备能耗，减少人员值守，提高煤炭企业的精细化管理水平和赢利能力。

（三）智能矿山标准体系建设

智能矿山建设是一项面向全集团的系统工程，为保证工程建设规范、有序地推进，需要构建适合数字矿山建设要求的统一标准体系，真正实现业务标准化和应用系统间的数据无缝集成与共享。

二、平台架构

基于大数据云平台的数字矿山解决方案是聚焦于煤炭生产企业在生产执行层和控制层的数字矿山建设，实现煤矿信息采集全覆盖、数据资源全共享、统计分析全自动、人机状态全监控、生产过程全记录，打造安全、高效、绿色、智能的现代化矿山见图4-12。

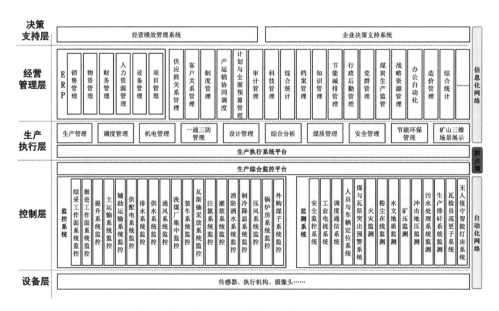

图4-12　数字矿山（井工矿）应用架构

（一）生产综合监控平台

生产综合监控平台实现了在同一软件平台上各监控、监测子系统的数据共享，实现了矿井主要生产环节（如：原煤开采、运输、供电、通风、供排水、压风等）的远程集中监控；实现了安全监测监控、人员定位、工业电视、调度通信、大屏幕显示等系统的集成监测；实现了对生产现场全方位信息的实时采集反馈及联动控制。一体化综合监控平台系统架构见图4-13。

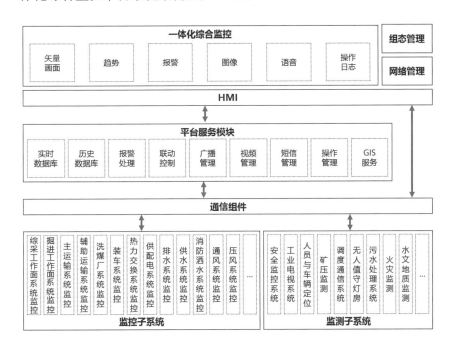

图4-13　一体化综合监控平台系统架构

系统具有以下特点：

1.良好的开放性、拓展性和兼容性

系统提供了多种符合国际主流标准的接口方式，能够集成不同厂家的硬件设备和软件产品，实现各系统间联动与控制，有效消除信息孤岛。

2.实现了"一张图"管理

通过GIS和组态技术融合，实现采、掘、机、运、通、地质、水文等11类图纸的"一张图"管理，提高了数据的智能化和可视化应用价值。

3.实现了一体化集中控制和调度指挥

平台通过煤矿生产指挥中心可以实现主煤流生产线的一键启停和设备间连锁控制，在保证安全生产的同时，能够有效减少井下固定岗位人数，实现减人提效。

（二）矿山生产执行系统平台

生产执行系统从安全监控系统获取生产实时数据；从 ERP 系统获取年度计划、设备台账、设备检维修等数据，并反馈计划执行结果；向集团煤质安全系统提交安全信息；与集团煤质管理交换煤质信息。一体化生产执行系统架构见图 4-14。

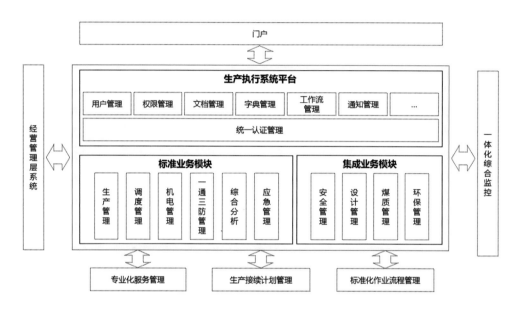

图 4-14　一体化生产执行系统架构

系统具有以下特点：

1.优化、固化多年的安全高效生产和管理实践经验

系统在对煤矿业务流程梳理、优化基础上进行业务的标准化、规范化设计，涵盖煤矿资源获取、规划设计、基本建设、生产运营以及销售等全过程，包括"设计、生产、机电、一通三防、煤质、环保、调度"等业务领域的多个四级流程和各种量化指标，通过它们，把好的经验和做法融汇到系统当中。

2.建立统一集中的生产管理平台

将煤矿独立分散的业务系统整合到同一平台，并与集团 ERP、计划与全面预算、战略资源、生产接续等经营管理层系统以及煤矿控制层系统进行应用集成，实现数据共享和业务协同运行。

3.满足煤炭板块多层次的生产管理和决策需求

系统覆盖集团、子分公司、矿厂处、区队多个应用层级，实现从产量计划、接续计划、作业计划到计划执行的全过程闭环管控，生产接续、设备配套、搬家倒面等计划自动排程，为千万吨矿井群均衡组织生产提供有效支撑。通过综合分析模块和管理驾驶舱，对关键生产运营指标和海量监测监控信息进行自动统计、图形展示、趋势分析，为管理决策提供了数据支撑。

4.提升煤矿的应急救援管理能力和水平

系统应提供应急资源储备管理、应急培训及演练信息管理等功能，在事故发生时，基于二维、三维 GIS 技术，通过流程引导、现场环境模拟、智能灾害分析，为应急响应和指挥提供及时、直观、全面的信息支持。

三、关键技术

（一）面向海量感知数据的集成化、总线式传输技术

大容量、高可靠的传输网络是将海量感知数据迅速传输到集团云计算中心的关键。通过整合多方资源开展了集成化、总线式传输技术的研究与应用，简称"一网一站"技术（见图 4-15），即通过工业环网（一网）承载多个井下业务，各业务系统通过以太网协议在"一网"上进行数据传输；"一站"则是将无线通信基站、人员定位基站、矿井广播分站、监控分站等整合集成为综合分站，并提供多种标准通信接口和转换协议。"一网一站"技术大大简化了井下网络布局，有效降低网络和系统维护成本。

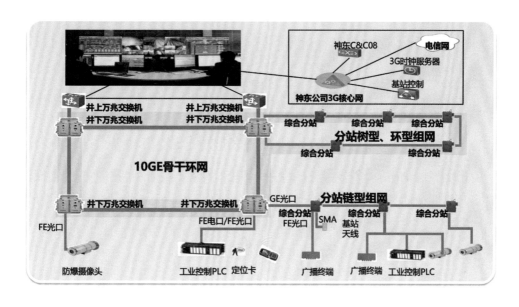

图 4-15 煤矿井下万兆传输网络

"一网"的关键是矿用万兆工业以太网，采用适合于光纤传输的全双工通信模式，符合 10 GBASE-LR 规范；支持编码方式 64B／66B、波长 1310nm 的单模光纤，理论上最大有效传输距离为 10km，实测可达 20km 以上。在此基础上，研制矿用隔爆兼本质安全防爆万兆交换机，据此构建万兆井下高速传输网络，实现多网合一、多源异构海量数据实时传输。"一站"的关键是多种通信方式的无缝集成和异构网络协议的转换，核心是分析工业控制领域主流协议特征，开发协议转换集，实现各种格式数据的相互理解和中继。

（二）系统集成和异构数据融合技术

将装备监控、系统监测、业务管理等 45 个系统，统一整合到开放的综合智能一体化管控平台，实现关系数据、实时数据和空间数据的融合共享。针对不同数据类型建立相应的数据库、中间层和接口层，完成数据类型判定及存储分发，并提供对外服务接口见图 4-16。

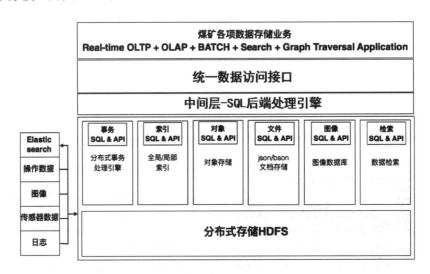

图 4-16　过程数据存储技术

通过多系统的融合，实现数据的集中存储和共享。按照相关事件的处理规则、规定的数据间的联系、触发规则，实现数据的关联分析、触发并完成突发事件的处理或给调度员提出处理建议，为安全生产指挥提供决策依据，提高调度执行的效率和质量。

（三）实现 GIS 和组态技术融合

创新性地将煤矿必备的采、掘、机、运、通、地质、水文等 11 类图纸以及其他辅助系统，结合采掘工程平面图分层展现，实现多元信息"一张图"管理，大大提高了数据的智能化和可视化应用价值。

设备位置准确直观，设位置坐标被统一到与采掘工程图一致的地理坐标系中，方便查找区域内各种设备所处的位置和属性见图4-17。

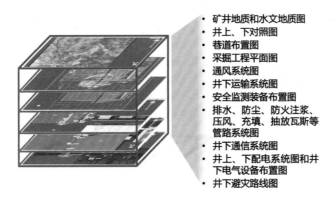

图4-17 多元信息"一张图"管理

（四）大数据装备智能化技术

该技术通过对事件关联的多维度信息进行自动统计和数据挖掘，实现智能分析、智能联动和智能报警，为管理决策提供支撑。

1.优化排程生产接续计划方法

基于数据采集点分析，自动生成设备配套计划，对搬家倒面计划、人力资源计划、设备大项修计划、设备报废／购置计划、配件需求计划等统筹优化，使数以万计的参数，快速得出选配结果，取代了人工繁重甚至无法科学编排的工作，保障了各应用矿区100多个工作面的均衡生产。

2.高速大运量带式输送机闭环智能调速技术

皮带输送机是煤矿生产的主要运输工具，是矿山生产中的大宗消耗品，也是成本控制的重要节点。本解决方案结合大数据技术确定皮带增、减速模型，根据测算皮带实时煤量，自动调节皮带速度，实现皮带自动增减速运行。降低了带面、托辊、滚筒磨损，延长了皮带机寿命，减少了停机故障，实现了节能、降耗见图4-18。

3.主要设备远程控制技术

系统数据实现了共享后通过对数据进行融合、分析实现了智能联动、智能报警、诊断决策等功能，实现了采掘设备，通风、排水、压风、供电、运输等设备的

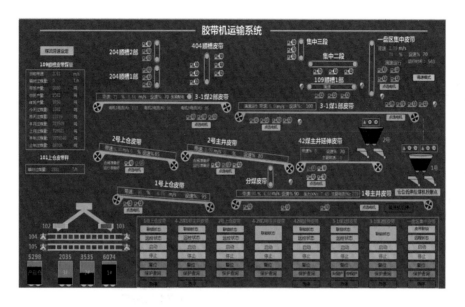

图 4-18　胶带机运输系统

地面远程集中控制、固定岗位无人值守见图 4-19。

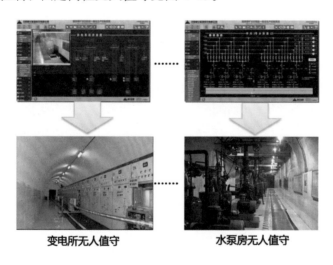

图 4-19　实现无人值守

4.实时生产指挥集控技术

依托矿山装备系列智能化技术和信息系统，在生产指挥集控中心，可以实时监测到井下人员活动、设备运行、环境参数等关联信息，及时处置生产过程中的各类问题，将传统的"上传下达"调度室转变为煤矿安全生产"智能控制指挥中心"见图 4-20。

图 4-20　智能控制指挥中心

四、应用效果

锦界煤矿是一座年产 2000 万吨的高产高效现代化矿井。矿井开采设备先进，自动化程度较高，具备较好的智能矿山实施条件和基础，2012 年起，它开展了智能矿山示范工程的建设。

锦界煤矿智能矿山工程完成了生产管理系统和生产控制系统的部署实施，配套进行了综采、掘进、供电、运输、通风、排水等 9 个自动化子系统改造以及数据中心、精确人员定位、无线通信等 7 项 IT 基础设施建设。

综合智能一体化生产监控平台部署在锦界煤矿现场，共完成 21 个监测监控子系统的接入和调试，监测数据点 57000 个，对主运输 10 部胶带机，综采顺槽 4 部皮带，连采 2 部皮带，17 个变电所及 157 台移动变电站，6 个中央水泵房、10 个中转水仓、350 台分散小水泵实现了远程监视和控制功能，分析实现了智能联动、智能报警、诊断决策等功能，实现了采掘设备、通风、排水、压风、供电、运输等设备的地面远程集中控制、固定岗位无人值守。

生产执行系统于 2014 年进行了成功部署，共完成七大模块的研发和实施，包括生产、调度、机电、一通三防、综合分析、应急救援、集成接口。通过自主研发和集成创新，现已全部实现了业务衔接、信息共享和管理协同，并可根据不同需求进行功能扩展。系统实现了与神华集团 ERP、MDM 和神东公司各专业化系统的集成，全面支持神华集团及下属 19 个煤矿（包含锦界煤矿）的日常生产管理。

通过在地面集中监测监控、数据共享、报警联动、精确人员定位等手段使得安全管理更加透明化，井下部分岗位实现了无人值守或少人在岗，减少井下人员伤亡的可能性，降低由于矿井灾难所造成的损伤，延长了矿井的安全周期。

锦界示范矿井的建设，实现了智能化开采和自动化生产，有效提高生产效率和经济效益。综采面设备由 3 套生产、1 套配采变为 2 套生产、1 套配采，相当于 2.5 个生产工作面，矿井实现了全过程的智能化控制，提供了固定岗位无人值守的条件，与传统煤矿的生产组织相比，单产提高 10%、单进提高 12%，井下作业人员减少 6%、全员工效提高 16%，设备利用效能提高 5%、产能增加 8%。

■ 企业简介

中国国电集团公司与神华集团有限责任公司合并重组为国家能源投资集团有限责任公司。国家能源投资集团是煤电化运一体化运作、产运销一体化经营、产融深度融合的综合能源集团，业务涵盖煤炭、常规能源发电、新能源、交通运输、煤化工、产业科技、节能环保、产业金融投资八大产业板块。

神华和利时信息技术有限公司是神华集团的专业化服务公司，承担集团总部及子（分）公司信息化、自动化的建设和运维、集团 IT 资产运营管理的职责，具有管理咨询、ERP 系统建设、应用系统开发、IT 基础设施建设、综合自动化系统建设、信息／工控安全、信息系统运营与维护七大核心业务能力。

■ 专家点评

基于大数据云平台的智能矿山解决方案整体架构完整，能够切实解决煤矿生产过程中的监控管理问题，实现了数据的高效集成与共享，提升了安全生产管理水平。通过建设国内首个智能矿山示范矿井，在面向海量感知数据的集成化、总线式传输技术、系统集成和异构数据融合技术、GIS 和组态技术融合、大数据装备智能化技术等方面都有一定的突破，并建立数字矿山数据标准及规范，建议在相关企业中推广应用。

余晓晖（中国信息通信研究院总工程师）

大数据

17 全球可再生能源储量评估、前景分析与规划平台

——中国电力建设股份有限公司

针对全球可再生能源发展面临空间分布不均匀、开发利用率较低、商业模式创新不足等问题，中国电力建设股份有限公司（以下简称"中国电建"）充分发挥可再生能源开发利用产业链的一体化优势，综合运用互联网、云计算、大数据和地理信息技术，结合具体国别或地区政治经济形势、行业发展动向、能源需求、能源结构、生态环境等因素，构建覆盖基础地理、社会经济、能源电力等领域的综合性的全球可再生能源数据库，并在此基础上开展全球水能、风能、太阳能等可再生能源储量评估、市场前景预测与宏观规划服务。重点解决全球可再生能源综合利用、生态环境保护、社会经济可持续发展问题，为国内外国家能源管理部门、地方能源局、能源建设企业及中小型个人用户提供重要的数据支撑与技术服务。

一、应用需求

随着社会的发展，人类对能源的需求与利用逐年提高，从环境保护与可持续发展的角度出发，可再生能源替代传统化石能源势在必行。近年来，可再生能源的开发利用比例大幅逐步提高，大批水电、风电及光伏电站投入建设。但从全球可再生能源开发的整体上看，存在资源空间分布不均匀，易受当地社会经济、开发条件、中长期的市场需求变化等因素的影响，资

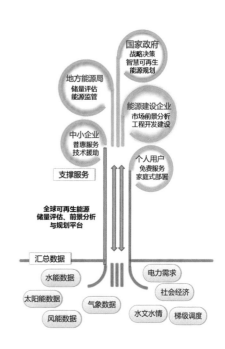

图4-21　平台汇聚数据与主要服务对象

163

源开发利用率综合效率低，对环境破坏严重等问题。

在此背景下，中国电建充分发挥可再生能源开发利用产业链的一体化优势，融合互联网、云计算、大数据、地理信息等技术，构建全球可再生能源储量评估、前景分析与规划平台。聚焦可再生能源数据采集、储量与市场前景分析、电站场址规划设计、能源综合利用开发四个过程，形成垂直一体的可再生能源综合利用能力解决方案。重点解决世界贫困国家和地区可再生能源利用与环境生态保护等问题。同时服务国家及地方能源管理部门、能源开发建设企业，开展可再生能源开发与利用的整体规划及综合管理，进而提升人类社会整体的可持续发展水平见图 4-21。

二、平台架构

全球可再生能源储量评估、前景分析与规划平台是基于云计算与大数据的多层次、多功能、多应用对象的综合性平台，平台架构见图 4-22。

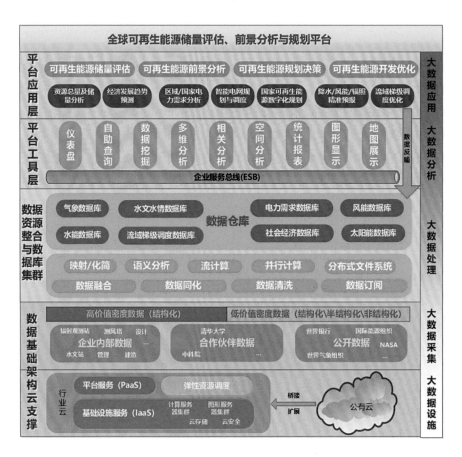

图 4-22　平台架构

（一）数据基础架构云支撑

结合硬件资源、云计算管理平台、集群计算控制平台、资源虚拟化与调控平台等软件配套设施，基于 Hadoop+Spark 生态体系框架构建 PB 级行业云平台解决方案。基于云平台搭建大数据基础平台系统，主要提供分布式数据存储与检索，智能分析与挖掘引擎，分布式资源管理系统，分布式应用协调服务，以及平台运维管理系统等服务用于支撑基于平台的大数据应用系统。

（二）数据资源整合与数据库集群

通过建立多维、多源、多尺度的全球可再生能源数据模型，利用大数据平台丰富的数据智能处理模型工具，实现对汇聚数据的清洗、同化与融合。在此基础上构建支撑应用的可再生资源数据库、社会经济数据库、气象数据库、监测监控数据库、电力需求数据库等数据库群，形成完善的数据资源标准规范和安全机制，实现数据的无缝对接与安全共享体系。

（三）平台工具层

利用数据挖掘、多维分析、地理空间分析、地图展示、仪表统计、自助查询等功能工具，与基础地理信息数据、资源分布数据、气象数据、监测监控指标、社会经济态势、电力实时需求、电力网络等多维数据相结合，采用 CNN、RNN、DNN 等深度学习工具，对数据进行特征提取与筛选，构建数据智能分析与挖掘模型，在此基础上进行模型融合，形成应用层工具集。

（四）平台应用层

通过构建可再生能源储量评估、可再生能源前景分析、可再生能源数字规划、可再生能源优化服务等应用系统，可再生能源平台为政府部门提供可再生能源战略规划辅助决策、为能源建设企业提供可再生能源前景分析与宏观规划服务、为中小企业及个人用户的可再生能源的实施提供规划设计服务与技术援助。

三、关键技术

（一）搭建面向能源电力行业的大数据平台

针对能源电力行业特点，平台通过所建工程大量历史数据的积累，项目所在地政策、能源、经济、地理信息等基础数据的自动采集、清洗与分析，构建多源异构能源电力大数据智能挖掘与分析平台，实现多源异构能源电力大数据的数据存储、数据治理、数据检索以及基于能源电力大数据的数据挖掘分析，最终实现数据关联分析与可视化呈现。

（二）建立可再生能源大数据体系

从空间、时间、指标三个维度，开展全球可再生能源数据指标体系研究和建设，以指标体系为指导，进行多维、多源、多尺度的可再生能源的数据池和数据仓库结构建设。建立企业内部数据、政府部门、合作机构数据和公开数据的可持续性，动态更新获取方法。利用大数据平台的数据爬取与数据治理能力，对数据进行获取、清洗、抽取、转换、加工与入库，确立动态持续的数据更新机制。基于数据资源体系架构模式，采用 ETL 工具和元数据治理技术，构建数据标准规范、数据目录和元数据体系，实现数据的安全共享。

可再生能源大数据体系，主要针对可再生能源数据信息孤散分立、关联性不强等问题，进行建设。梳理了数据的分布式存储，分布式资源管理的逻辑关系，找到其内部关联性，以便开展数据并行计算分析与分布式应用协调服务，为下层基础数据的采集提供数据存储与管理的一体化服务，为上层数据应用分析与挖掘建模提供技术支撑。

（三）建立大数据驱动的分析与可视化平台

利用全球可再生能源资源储量分布、基础地理信息、国别社会经济发展等数据，建设能源电力大数据分析挖掘系统。系统数据处理能力达到 PB 级，响应速度达到毫秒级。系统基于 Hadoop+Spark 的生态体系架构，集成 CNN、RNN、DNN 等深度学习工具，对文本语义分析、图像识别、信号处理、关联图谱、复杂网络分析等基础问题的核心算法进行封装，对海量数据进行智能分析挖掘以及快速建模。从海量数据中分析挖掘隐藏的信息和知识，找寻能源电力开发与社会经济协调发展的模式，提升数据价值发现的效率，实现数据驱动的业务创新。同时建设可再生能源大数据可视化展示系统，为国家能源局等政府相关部门、行业用户和电力建设企业，开展可再生能源前景分析、项目规划与建设提供辅助决策支撑。

（四）利用大数据等先进技术开展可再生能源数字规划

充分利用当前大数据、遥感、地理信息、虚拟现实、人机交互等先进技术成果，建立了水能、风能与光伏电站数字化规划流程，利用数字化手段对全球任意国家或地区进行水能、风能和太阳能进行储量分析与资源规划。在短时间内，可确定项目开发方向，估算装机与年发电量，形成项目可行性分析与初步开发方案。

四、应用效果

（一）应用案例一：服务"一带一路"倡议，助力中国可再生能源企业"走出去"

平台面向全球"一带一路"沿线、东盟十国、中巴经济走廊、中亚五国、南非、南美等区域，提供基础地理数据、电力能源资讯与数字规划工具。为"走出去"企业提供成套规划、设计、施工、运营等信息资源，增强企业抗风险能力、提高企业赢利能力，助力海外投资风险可控、项目落地可靠、项目实施可赢利。

为推动我国与中亚五国——哈萨克斯坦、塔吉克斯坦、吉尔吉斯斯坦、乌兹别克斯坦、土库曼斯坦在可再生能源领域的合作。利用本平台收集整理的各类基础资料和已有研究成果，依据五国可再生能源和电力发展方针，分析五国能源资源构成特点和开发利用条件，并结合其社会经济发展状况及电力市场需求，完全采用内业工作方式，平台自主编制提出"2030规划水平年中亚五国可再生能源开发布局"的初步规划建议方案，为国家间能源合作提供有力的数据支持与技术支撑见图4-23。

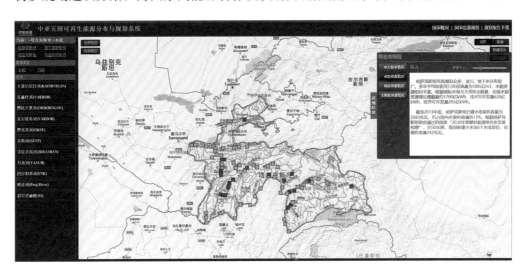

图4-23 塔吉克斯坦光伏资源分布研究

（二）应用案例二：服务地方能源局，开展能源监管

平台为地方能源局提供可再生能源的储量评估与能源监管服务，确定新建项目

建设方案，对已建项目统一运营监管。开展可再生能源运行态势监测与发展趋势分析，为能源局等相关部门工作人员提供决策分析支撑。

利用本平台实现对四川省能源资源数据、能源规划数据、能源项目数据、能源运行数据的汇聚与展示见图 4-24。按照资源规划开发、能源利用、电力生产消费、电力运行安全、电力需求等专题开展能源数据挖掘分析，旨在通过长期的全省能源运行数据，分析在规划、开发、生产、消费、安全、输送等环节间的规律性和相关性，为能源局制定相关政策提供分析支撑。

图 4-24　四川省光伏资源分布研究

（三）应用案例三：服务能源企业，促进可再生能源综合利用

能源建设企业利用平台的数据与数字规划工具，在保证项目安全的同时，开展多能互补论证研究、进行项目前期方案比选与市场前景投资收益分析。高效确定市场开拓方向、开发区域、开发价值及开发策略等内容，降低前期资料收集、市场调研、踏勘规划等时间、人力和设备成本投入，综合利用可再生能源，提高投资收益率。

利用平台提供的数据，分析流域内水能、风能、太阳能资源分布，结合资源实测数据、水电站、风电场和光伏电站实际运行出力过程等数据，发现流域内风光水在年内具有较强的互补性，汛期水电出力较大时，而风电和太阳能发电出力较小，反之枯期水电出力较小时，风电和太阳能出力较大，三者形成了"此消彼长"的互补关系。利用三者的互补关系，使用平台提供的风电场和光伏电站规划工具，在已有水电站周边配置风光电站，减少风电和太阳能发电不稳定出力对电网系统的影响，同时也增强了电力系统对风电和太阳能发电不稳定出力的消纳能力。利用平台数据进行数字规划，可提高前期规划效率 50% 以上，降低前期成本投入 10% 以上，并可快速形成多套开发方案，供决策者使用。

（四）应用案例四：服务可再生能源规划设计人员，促进精细规划设计

平台提供覆盖全球的基础地理数据和可再生能源资源分布数据，实现在缺乏基础资料地区开展能源规划。平台还提供丰富的自然保护区、居民地、土地利用、道路、河流、地质等专题数据，方便规划设计人员提前规避场址限制性因素。方便的数字化规划手段大幅提高了规划设计人员的效率，可实现多规划方案比选，促进精细化规划设计。

西南地区某县为国家级贫困县，具有丰富的光伏资源，当地政府拟通过引入光伏电站开发企业，开展光伏扶贫示范项目。该县所在区域为典型的山地地区，地形复杂并且其间有农田、林地、房屋、道路等限制性因素。利用平台的光伏电站规划设计系统，根据地形生成光伏开发可用地，结合当地限制性因素，系统自动进行规避选址。根据当地用地特点，规划人员因地制宜采用农光与普通地面光伏互相补充。在用地范围内，系统能快速排布光伏板并估算装机与年发电量见图 4-25、图 4-26。通过本平台的使用，光伏规划设计人员减少前期野外探勘次数，主要采

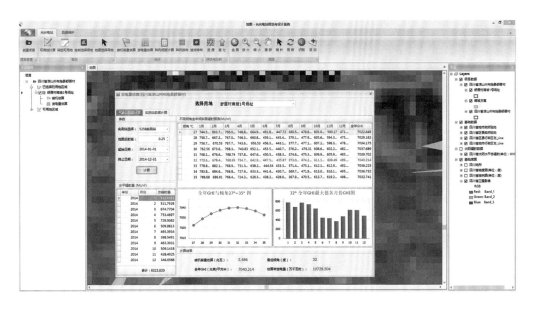

图 4-25　光伏电站电池板最佳倾角计算

用内业工作方式进行规划设计，工作效率提高100%，并实现了"多地多方案，一地多方案对比"的精细化规划。

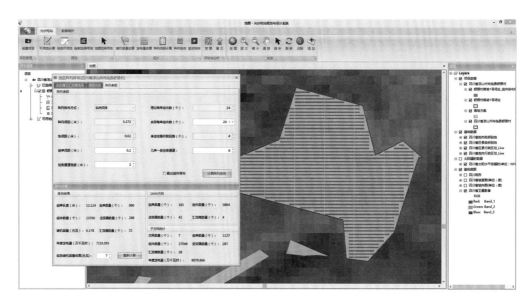

图4-26　光伏电站电池板自动排布

■ 企业简介

中国电力建设股份有限公司是经国务院批准的国有独资公司，电力建设（规划、设计、施工等）能力和业绩位处于全球行业领先。2017年排名世界500强第190位。ENR全球工程设计公司150强第二位，位居亚洲企业第一。联合研究机构：电子科技大学大数据研究中心，在大数据分析、人工智能、复杂系统领域，特别是遥感、医疗、教育、信号处理、智能制造等方面取得了系统性的研究成果，中心拥有国家级人才12名，获批建立首个大数据国家工程实验室"政府治理大数据应用技术国家工程实验室"。

■ 专家点评

全球可再生能源储量评估、前景分析与规划平台利用互联网、云计算、大数据和地理信息技术，构建全球可再生能源、基础地理、社会经济、电网信息等综合数据库，并充分结合具体地区政治经济局势、行业发展动向、能源需求、能源结构、生态环境等影响因素，开展世界可再生能源储量分布、市场分析预测与能源规划服务。该平台架构完整、技术领先、应用面广，具有较强的复用性和在其他企业的推广性。

余晓晖（中国信息通信研究院总工程师）

18 大数据关键技术研究及其在智能发电中的应用

——湖南大唐先一科技有限公司

湖南大唐先一科技有限公司在大量科技研究的基础上，基于分布式云架构技术，建立了中国大唐集团生产大数据平台，覆盖大数据分析挖掘的源数据抽取、数据预处理、指标提取、模型训练与交叉验证、新数据预测等过程。通过"互联网＋技术"，实现了集团全要素的数据汇集与数据分析，建立集团数据共享和可视化分析中心，实现了科学预测与智能决策等全集团、全过程、全要素的数据深度分析与挖掘，充分发挥数据的价值，为在同行业推广应用起到示范作用。

一、应用需求

中国大唐集团资产遍布全国，经营区域广、资产规模大、管理链条长、技术含量高，传统电力生产运行数字化与智能化水平较低，无法满足集团整体管控能力的要求，无法满足规模化装备技术升级实现智能发电应具备的技术水平。破解大数据、云计算、物联网等新一代信息技术与发电系统深度融合难题，将大数据关键技术应用于智能发电已迫在眉睫。

二、平台架构

系统采用分层架构的优势将更有利于系统的业务扩展和分布式架构，可快速基于系统之上进行业务需求的持续集成及二次开发，以最少的代价部署上线新的业务模块和功能，快速适应需求变化、提高功能、业务的复用度，进一步提高开发效率、缩短开发周期、减少运维成本。系统平台架构见图 4-27。

数据层：基于物联网、互联网技术，从关系数据库、实时历史数据库、文件系统等数据源采集数据到平台的分布式文件系统中、数据仓库中、NoSQL 数据库中。

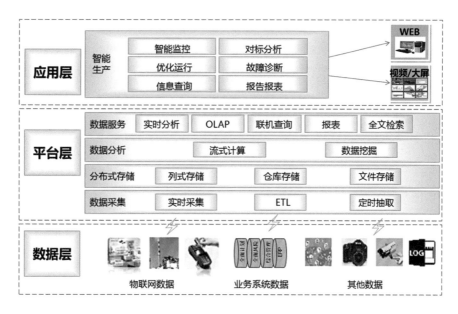

图 4-27　系统平台架构图

通过可视方式配置数据源、目标数据源和相关策略后，平台的采集调度服务将依据配置采用定时和手动两种方式进行数据采集，并对整个采集过程进行调度和监控。

平台层：集大数据存储和大数据分析挖掘于一体，把分散在各个业务系统中的数据，经过抽取，再进行清洗、整理、综合、概括，并加以规范，按照便于访问和分析的新的数据结构进行存储。提供多种数据探索方法，快速了解数据情况；提供大量数据预处理方法，能够满足各种数据清理、转换的要求；内置大量机器学习算法，能够满足各种数据分析挖掘需求。

应用层：应用系统通过数据服务，从平台中查询数据、分析挖掘结果获取、数据展示、实时分析等。基于海量历史数据和生产管理系统数据，引入机器学习算法，深度挖掘设备健康状态下的特征工况数据，建立设备健康状态预测模型。同时，在故障诊断学的基础上建立具备系统自学习功能的设备知识库。针对设备参数预警信息，知识库自动匹配故障知识库信息，建立故障诊断单，并实现故障诊断、处理全闭环流程化处理。

三、关键技术

（一）核心技术及实现的功能

利用大数据、云计算、物联网、人工智能等新一代信息通信技术与电力产业的融合，采用先进的数据采集、传输、存储和应用技术，基于发电设备海量的历史运行数据建立了智能发电大数据平台，实现了电厂设备与互联网的信息融合；采用先进的模式识别算法，建立了数据驱动的自适应运行状态模型，实现了电厂设备状态实时监视、运行健康度监测、劣化趋势跟踪及设备故障早期预警。

1.基于大数据计算云平台的智能计算技术

研发了集团化基于大数据计算云平台智能计算技术，建立了大数据分布式存储计算云平台见图 4-28，提供了强大的数据挖掘和人工智能、机器学习的并行计算功能，提高了集团整体的智能化运行、调度、决策水平。

研发了 X-eCloudDB 进行数据存储与处理，X-eCloudDB 是基于 Hadoop 平台建立的大数据分布式存储计算云平台，提供了强大的数据挖掘和人工智能、机器学习的并行计算功能，提升了数据应用价值，提高了集团整体的智能化运行、调度、决策水平。

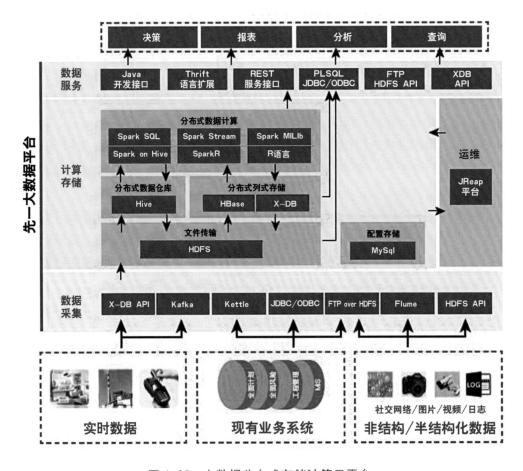

图 4-28　大数据分布式存储计算云平台

研发了实时数据库（X-DB 实时数据库），支持百万千万级标签点，采用独有的 X-BIT 按位无损压缩编码算法，此算法专为时序数据压缩而研发，相对于传统的字节压缩算法，压缩效率高，可以达到 20：1 的效果，保证在数据不失真的情况下提高数据的压缩率。

研发了一种在线测量数据准确性甄别方法、一种改进 53H 算法的数据检验方法、一种数据甄别与预处理物理卡和一种火电厂传感器故障诊断装置，通过数据分析主动发现测点异常。

2.大数据关键技术与支撑设备

大数据在智能发电中的应用可以分为数据采集、数据传输、数据存储、数据处理、数据分析和数据应用等环节，其关键技术包括数据集成技术、数据存储技术、数据处理技术和数据分析技术。

针对智能发电大数据的应用开发了数据采集装置与系统、隔离网闸、实时数据库、数据甄别装置与算法、电厂机组性能数据分析装置等新产品，并得到大规模应用，大部分技术与设备获得国家专利。

研发了一种电厂数据采集装置、一种电厂数据采集系统和一种用于电厂的具备安全隔离功能的数据采集装置，保证数据稳定、可靠、实时地进行数据采集，解决了电力自动化系统中设备在通信协议复杂多样化情况下的相互通信、控制操作与通信标准化的问题。

3.实时机组远程诊断优化技术

提出了发电机群远程集中监控和设备状态监测预测的物联网体系架构，开发了基于聚类分析算法、非线性状态估计建模方法的故障诊断技术，实现了基于早期预警、实时诊断、远期预测的设备全生命周期性能优化。根据发电设备海量的历史运行数据，采用 K 均值和高斯混合模型算法，建立了数据驱动的自适应于该发电设备的运行状态模型。实现了电厂设备状态实时监视，捕捉设备早期异常征兆，实现设备运行健康度监测、劣化趋势跟踪及设备故障早期预警，以提高现场优化运维水平。

（二）项目的主要技术指标

性能指标主要从三方面进行约束：大数据平台采用分布式架构支持 PB 级以上数据存储，解决数据巨大带来的效率问题，达到 100 万每秒事务处理能力。安全性能：系统可保证 7×24 小时连续工作；保证本系统不对与其相关的其他系统造成危害。灵活性能：人机交互性、系统安装配置性、运维易用性方面的约束，采用个性化展示页面，用户方便自由的个性化页面，安装配置系统采用一键式部署方式，即开即用。

四、应用效果

本项目成果应用于中国大唐集团公司下属各企业。在21家分子公司、76家火电企业、42家水电企业、102家风场、5家燃机企业、7家光伏企业全面应用。在安全生产、提质增效、节能减排等方面产生了巨大的经济效益与社会效益。应用效果见图4-29。

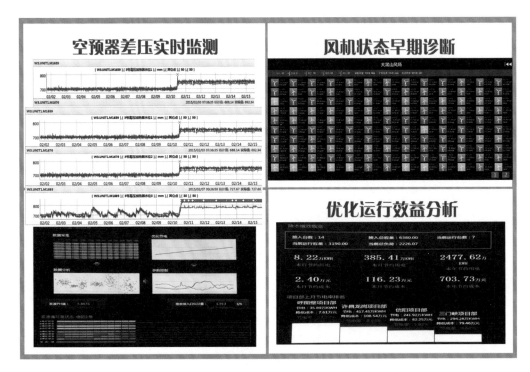

图4-29　应用效果图

（一）管理效益

1.实现了所有生产业务数据的归集

通过信息集成、数据采集，实现了生产业务数据的归集，基于集团化信息汇聚与数据分析，云平台大数据智能计算，使生产调度具有实时数据监控、劣化趋势跟踪、智能优化运行等手段。

2.提升了电力生产管控水平

通过对大数据的采集实现发电机组集群远程集中监控和设备状态监测，实现发电企业生产、运维、监管、预测业务流程全覆盖，生产控制水平显著提升、有效提高资源调度效率和准确性，实现综合效益最大化。

3.提升了机组可靠性水平

结合先进的实时数据挖掘技术，实现发电机组运行状态的智能监测、评估与潜在故障早期预警，将被动的故障事后处理模式转变为更加主动的故障事前预防模式，及时了解设备状态、发现设备隐患，采取相应的措施，减少发电机组检修周期内的非计划停运事故，有效实现发电机组长周期的安全稳定运行。

（二）经济效益

通过自适应模式识别算法的实时机组远程诊断优化技术，保证了机组的连续安全运行，提高了机组的经济性。2015年，大唐集团发电量3793亿千瓦·时，入厂煤的平均单价为463.23元／吨，发电煤耗同比下降2.55g／度电，节约4.48亿元。2016年，大唐集团发电量4699亿千瓦·时，入厂煤的平均单价为407.79元／吨，发电煤耗同比下降2.34g／度电，节约4.48亿元。

（三）社会效益

通过对设备污染物排放数据的实时在线监控，实现排放超标的预警，同时由于采用了最优的配煤掺烧方案，且设备处于最优的运行状况，极大降低了污染物的排放。自应用以来，平均每年减少二氧化硫排放84.98万吨、氮氧化物排放125.34万吨。

项目建设和推广应用过程中，取得多项重大技术突破。本项目完成了多项技术创新，共申请发明专利3项、实用新型专利7项、软件著作权5项。

■ 企业简介

湖南大唐先一科技有限公司由大唐华银电力股份有限公司投资，以信息技术、节能环保、节能服务等业务为主，经营范围涉及电力安全经济运行管理、项目全过程管理、实时监控、节能调度、应急指挥、经济评价、分析决策；ERP解决方案；电子政务解决方案；新能源解决方案；工业自动控制与仿真技术；软硬件嵌入式产品及实时数据库、云平台等通用产品；节能环保技术；相应的技术咨询、技术转让、节能诊断、工程实施及运行维护等服务。

■专家点评

　　湖南大唐先一科技有限公司通过"互联网 + 技术"，采用先进的数据采集、传输、存储和应用技术，基于发电设备海量的历史运行数据建立了智能发电大数据平台，实现了电厂设备与互联网的信息融合，充分发挥了数据的价值，为在同行业推广应用起到了示范作用。

余晓晖（中国信息通信研究院总工程师）

19 "拾贝云＋智慧电厂"一体化管控平台

大数据

——广州健新科技股份有限公司

"拾贝云＋智慧电厂"以实现发电厂信息数字化、通信网络化、集成标准化、运管一体化、业务互动化、运行最优化、决策智能化为目标，以新型传感、物联网、人工智能、虚拟现实为技术支撑，以创新的管理理念、专业化的管控体系、人性化的管理思想、一体化的管理平台为重点，通过对电厂物理和工作对象的全生命周期量化、分析、控制和决策，实现生产运行安全可靠、经济高效、友好互动目标。

一、应用需求

根据国家的政策方针，适应国家产业结构调整的需要，我国电力工业将由规模扩张型发展向质量效益型发展转变。随着电力市场的不断发展、两化的推进，推动能源资源的可持续供应和温室气体减排的要求，智能化电厂将成为我国未来电厂的发展方向。发电企业集控中心急需建设计算机监控、在线监测、趋势分析、电量自动采集、图像监控及梯级监控、水调、状态监测等系统，由于各电站建设时期施工一致，致使各单位的系统配置不完全相同，各系统相互独立，各子系统之间数据格式不统一，存在平台多样、接口不一致的问题，没有统一的数据模型和通信接口，数据共享困难，严重制约了综合应用效益的发挥。因此需要建设一套平台统一、技术领先、使用方便的水电调一体化、智能化管控平台，充分发挥流域集中管控的优势，实现数据整合和共享，并提供强大的应用支撑服务，实现智能一体化的梯级集控、水库调度、经济运行、状态监测、专家决策、安全防护、信息通信、视频监控等各个环节的水电生产运行管理功能，满足梯调水或电调融合及智能化应用需求。

二、平台架构

（一）系统架构

"拾贝云＋智慧电厂"解决方案是在基于云计算、工业大数据、物联网、移动应用和人工智能的广州健新科技股份有限公司（健新科技）科技自主技术平台——拾贝云平台基础上，实现厂站设备智能化、发电运行智能化、设备检修智能化、运营管理智能化和领导决策智能化等电厂智能化应用。

"拾贝云＋智慧电厂"一体化应用平台见图4-30，基于拾贝云平台框架并采用组件化开发技术路线，同时充分利用健新公司IT资源，形成统一的智慧电厂应用开发环境与运行环境。其中一体化应用平台开发环境包括基础开发平台、移动开发平台、数据组态工具、数据分析平台等；运行环境包括桌面应用和移动应用的应用运行环境，并提供统一的应用管理平台，实现应用管理、配置管理与平台监控等功能。

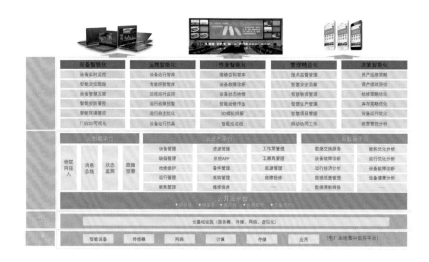

图4-30 "拾贝云＋智慧电厂"一体化应用平台图

"拾贝云＋智慧电厂"主要应用目标：

1. 设备层面

在硬件上由智能化一次设备（电子式互感器、智能化开关等）和网络化、数字化的二次设备组成智能化设备系统；软件上以IEC61850标准作为通信协议，通过工业以太网实现设备间充分的信息共享和互操作的软件系统。

2. 管理层面

通过智能设备管理、智能运检管理、智能安全管理、智慧决策支持等方面应用，实现电厂设备数字化全生命周期管理，让投资、设计、施工、工期控制、交付、运行、检修、维护、物资保障、专业协作、资金配套等过程在项目全生命周期内可视化、透明化、实时化、数字化、互动化、流程化。

3.决策层面

按照"业务驱动型"向"战略驱动型"、"分散建设"向"集中建设"、"部门级应用"向"企业级应用"转变的指导思想，以战略支持型信息化建设为导向，建设生产域数据中心与应用中心，为企业领导与管理人员提供便于决策的、与组织战略目标相关的信息，促进信息化由仅关注"正确地做事"提升到关注"做正确的事"上来，推动企业一体化管理发展，为企业战略目标实现提供信息化的有力支撑。

（二）部署架构

"拾贝云＋智慧电厂"一体化平台提供安全Ⅰ、Ⅱ、Ⅲ区内统一的应用系统管理、数据分析、图形、报表等功能支撑接口，为各业务提供一个完善的应用支撑环境，同时作为一个集成开发环境，用户可以在一体化平台上构建自己的应用和接口，满足多业务集成和应用不断发展的需要。

"拾贝云＋智慧电厂"以组件化框架思路设计松耦合、插拔式的企业应用服务平台，对于梯阶水电厂，在同一技术规范下构建公司与梯调、电厂三级平台，所有的应用（包括传统 B／S 架构应用和移动 APP 应用）以组件方式通过企业应用集市提供。在各梯调中心、电厂建设梯调和厂站端子平台，让各单位数据能够为梯调和电厂管理服务，同时将子平台数据传送至公司本部生产数据中心，提供给本部决策人员和技术人员，实现企业管控一体化，降低管理成本。

应用服务层的建设主要在Ⅰ、Ⅱ、Ⅲ区，各种不同类型的应用，如数据交互服务、数据分析处理服务、稳定分析等，均在此应用层进行统一的管理与发布，每个模块的生命周期，异常处理等基本运行信息均由统一的微内核服务管理器负责，实现插件式、动态加载的分布式面向服务组件模块应用管理。通过开放的分布式面向服务的应用模型的设计，保证了各种应用功能的灵活组合与动态行为决策，为智慧电厂系统提供了服务支持见图 4-31。

三、关键技术

（一）云物联平台技术

拾贝云提供工业设备快速接入集成能力，通过安全稳定的云端服务，灵活兼容

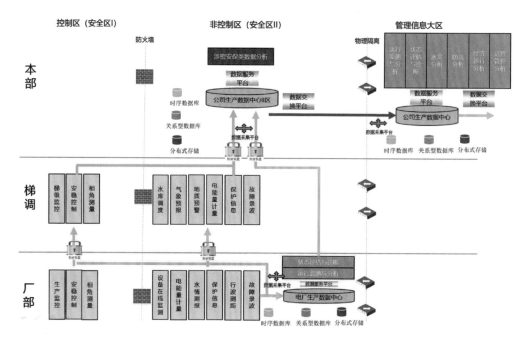

图 4-31　系统典型部署架构图

TCP、HTTP、MQTT、MODBUS 等常见通讯传输协议，支持面向工业应用场景的快速物联网应用设备接入，平台同时提供数据存储、事件分析告警、设备状态监测以及数据可视化等功能，通过掌控设备实时状态数据，能够与设备资产管理云应用整合，利用大数据平台开展设备智能分析、诊断，提升数据价值见图 4-32。

（二）基于云应用的资产管理技术

平台以 RCM、TPM、EAM 等理论为基础，提供最专业最好用的企业资产管理 SaaS 服务，实现资产全生命周期管理见图 4-33。平台包括设备台账管理、固定资产管理、检修管理、运维管理、备件物资管理、安监管理、大修技改科技项目管理和工器具管理等。

（三）基于工业大数据的 PHM 技术

拾贝云智能提供了大数据开发平台和基于大数据技术的设备智能分析应用功能，平台利用数据采集与整合、数据存储与管理、数据分析与挖掘、数据展现与应用等大数据技术构建设备大数据分析平台，实现设备故障预警与健康管理（PHM）见图 4-34。我们提供设备故障预警、故障诊断、性能分析、健康预测、寿命跟踪、备件采购决策和维修辅助等设备大数据分析服务。

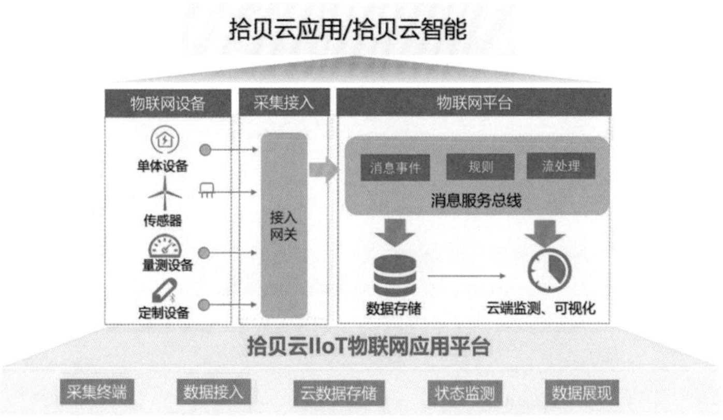

图 4-32　云物联平台技术能力图

图 4-33　基于云应用的资产管理图

图 4-34　设备大数据平台架构图

（四）云开放平台技术

拾贝云开放平台提供了云平台应用定制开发、扩展能力，包括开放 API、数据服务、云应用市场，支持第三方开发者开发应用接入或企业业务应用扩展、集成见图 4-35。

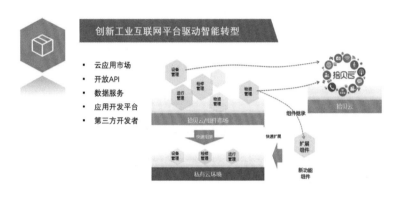

图 4-35　云开放平台架构图

（五）工业大数据分析技术

拾贝云大数据平台的大数据及流式计算采用 Hadoop 开源集群平台，由管理子系统、调度子系统、数据服务子系统、ETL 子系统、报表与分析工具、服务配置工具、安装部署工具、计算子系统（包括离线计算、流式计算、内存计算）、函数模型库九大部分组成见图 4-36。

拾贝云大数据平台提供的自助分析工具，能够让用户使用向导，无须编程实现报表的创建；还提供了 R 语言环境，能够帮助技术人员在大数据平台上进行二次开发。

（六）技术资源共享技术

健新科技可提供包括应用组件库、设备风险库、设备缺陷库、故障代码库、维修知识库等行业通用资源支持。

四、应用效果

（一）应用案例一：调峰调频发电公司智慧电厂

调峰调频发电公司是南方电网下属调峰调频电厂运营公司，调峰调频电厂作为

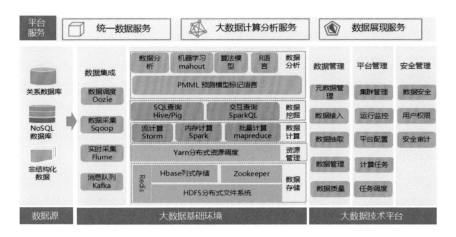

图 4-36　拾贝云大数据平台技术架构图

电网发电系统，同时也是大型互联电网的安全运行和经济运营的重要保障，需要实现对电厂设备设施的信息模型定义与描述，以进一步实现电厂设备的智能化管理，支持整个统一坚强智能电网建设的实现。

广州健新公司作为调峰调频发电公司智能化建设的长期供应商，参与调峰调频发电公司智慧电厂的整体规划和建设全过程。制定的中长期建设目标为：以信息数字化、通信网络化、集成标准化、运管一体化、业务互动化、运行最优化、决策智能化为特征，采用智能电子装置（IED）及智能设备，自动完成采集、测量、控制、保护等基本功能，建设基于一体化平台的经济运行、在线分析评估决策支持、安全防护多系统联动等智能电厂应用组件，实现生产运行安全可靠、经济高效、友好互动目标的调峰调频电厂。

自通过调峰调频发电公司成功实施基于"拾贝云＋智慧电厂"创新模式的安全生产大集中系统、基建一体化建设、智能巡检系统、集控中心监控系统、设备状态监测分析管理系统、大数据分析系统、数据中心等项目以来，调峰调频发电公司的整体经济效益明显提升，并呈现逐年稳步提升的趋势。截至目前，整体经济效益提升了 5.5%，其中生产管理成本下降了 9.5%，产能提升了 7.3%，安全事故发生率减少了 3%，运营成本下降了 4.5%。

（二）应用案例二：长江电力公司基于云计算的大数据服务平台

长江电力拥有多座运行或在建电厂，各电厂生产相关的业务支持系统较完备，在生产运行监控、生产管理、状态监测与故障诊断等方面均建设有上百套系统，但各系统相互独立，存在平台多样、接口不一致，没有统一的数据模型和通信接口，数据共享困难，严重制约了综合应用效益的发挥。

基于以上背景，广州健新公司以"拾贝云＋智慧电厂"解决方案为基础，从数据集成、应用融合角度，为长江电力公司搭建一套基于云计算的大数据服务平台，实现了整个生产领域包括生产区各系统与管理区生产类信息系统的功能、流程、逻辑、数据等方面的集成融合；充分发挥流域集中管控的优势，实现数据整合和共享，并提供强大的应用支撑服务，满足梯调水或电调融合及智能化应用需求。

应用效果：

1.实现了水库与机组的安全经济运行，提高水电厂效率，实现发电效益最大化。

2.利用现代智能化技术大大减轻电站运维人员及水调人员工作量，减小劳动强度，提高工作效率，为水调、运行、专业人员后撤，最终实现关闭电厂奠定技术基础。

3.智慧电厂实现了各机组的高效、协同、统一管理，为电站的"无人值班"（少人值守）、提高劳动生产率和管理水平创造良好的条件。

■ 企业简介

广州健新科技股份有限公司是一家以"引领工业互联，提升数据价值"为使命，专注于工业大数据的工业互联网平台建设与运营的国家级高新技术企业和双软认证企业。健新科技在全国上千家大型企业级客户得到了广泛应用，特别在电力能源行业和装备制造等资产密集型行业得到了深入广泛的应用。在智慧电力方面，健新科技一直属于国内领先企业之一，主编参编多项电力行业国家标准，是"智能水电厂技术标准综合体"的成员单位。

■ 专家点评

"拾贝云＋智慧电厂"解决方案主要基于工业大数据服务平台，实现厂级监控系统、管理信息系统和决策支持系统等电厂应用。核心技术涵盖云物联技术、基于云应用的设备管理技术、基于工业大数据的 PHM 技术、云开放平台技术、工业大数据分析技术和技术资源共享技术等，能够切实解决一些电厂平台一体化的诉求，给企业带来效益。总体上，本方案具有一定的创新性、可实施性，建议在相关企业推广应用。

余晓晖（中国信息通信研究院总工程师）

第五章 交通物流

大数据 20 摩拜单车
——摩拜（上海）智能技术有限公司

摩拜单车始终致力于通过科技创新"让自行车回归城市"，研发全球第一款带有卫星定位模块和通信模块智能锁，并实现了扫码开锁这种取车方式，开创智能共享单车模式，用户智能手机 APP 随时随地可以定位并扫码使用（见图 5-1），取用非常便捷。

2016 年 4 月 22 日正式推出智能共享单车服务以来，目前投放超过 800 万辆智能共享单车，每天提供超过 3000 万次骑行。此外，摩拜单车通过为每辆单车配备"北斗 +GPS+ 格洛纳斯"多模卫星定位芯片和移动物联网芯片，已经建成规模巨大的移动物联网系统（见图 5-2），每天产生超过 30TB 的精准出行大数据，给城市倡导绿色出行提供了可持续发展的智能解决方案。

一、应用需求

在摩拜单车出行前，我国各城市面临着公交交通服务质量不高、污染排放较大等问题，特别是自行车在我国城市出行方式中占比仅为 5.5%，公众"最后一公里"短途出行，存在乘坐不便、服务不高、价格较贵等问题。

全球第一个实现
扫码开锁

图 5-1　摩拜单车扫码开锁

图 5-2　摩拜单车三模定位

二、平台架构

摩拜单车项目致力于通过科技创新让更多人选择自行车这种经济、环保、健康的出行方式，并且在全球范围内首先实现扫码开锁。

借助于移动物联网和研发的智能锁提供共享单车分时租赁服务，以每半小时 1 元钱的价格，面向市民短途交通用车提供租赁服务。

摩拜单车为公司自行设计制造（见图 5-3）。公司在运营发展过程中，坚持耐

图 5-3　摩拜单车功能示意图

用型设计和智能化线路的结合，维修率比公共自行车和其他单车更低，而管理效率却极大提高。

　　摩拜单车通过对海量用户骑行行为数据进行挖掘和产品设计，提出了骑行信用分（见图5-4）、红包车（见图5-5）和文明宣传等多种手段引导用户文明、规范用车，在注重用车安全和便利的同时，积极引导用户文明、规范用车。

图 5-4　摩拜单车信用分功能示意图

图 5-5　摩拜单车红包功能

三、关键技术

(一) 开创智能共享单车模式

摩拜单车自主研发设计了全球第一款带有智能锁的无桩共享单车（见图 5-6），也是业内唯一一家为平台上数百万智能共享单车都配备了"北斗 + GPS"多模卫星定位系统，以及移动物联网通信芯片的智能共享单车平台。

图 5-6　摩拜单车智能锁

(二) 打造共享单车首个大数据人工智能平台

2017 年 4 月 12 日，摩拜单车以移动物联网平台为依托，正式发布行业首个大数据人工智能平台——"魔方"，这是人工智能（AI）技术在共享单车领域的首次大规模应用（见图 5-7）。目前，"魔方"每天积累超过 30TB 数据，已经在骑行模拟、供需预测、停放预测和地理围栏四大人工智能领域发挥巨大作用，助力摩拜单车的精准高效维护和精细化停车管理，进一步巩固摩拜单车在技术创新方面的领先优势。

(三) 打造摩拜大数据开放平台

2017 年 5 月，摩拜公司推出大数据开放平台，利用海量大数据资源，在公交盲区覆盖分析（见图 5-8）、骑行人群热度分析预测、公交枢纽接驳分析、人群出行画像、共享单车生活圈（见图 5-9）等方面开展跨界合作。

同时，摩拜公司联合交通运输部公路科学研究院、清华大学中国新型城镇化研究院、同济大学交通运输工程学院等国内 11 家部委直属的研究机构、领先的科研院所和非政府组织共同发起成立全球首个城市出行开放研究院。围绕出行展开多领

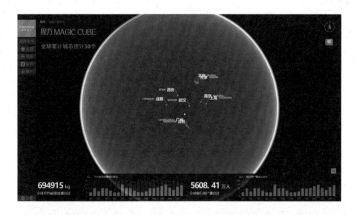

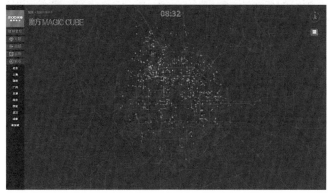

图 5-7 大数据人工智能平台——魔方

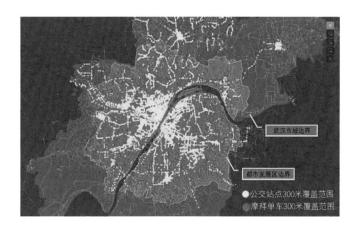

图 5-8 公交覆盖盲区分析

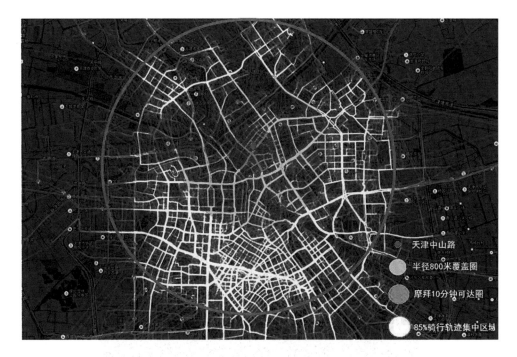

图 5-9　骑行生活圈分析

域、多层次的探索和创新，推动智慧城市、低碳城市和健康城市建设，全方位展现企业的技术实力、创新能力和社会责任感。

四、应用效果

经过近两年的高速发展，摩拜单车作为新四大发明的代表之一，出现在 2018 平昌冬奥会闭幕式"北京 8 分钟"的演出中，受到全球的关注，表明摩拜所代表的绿色环保出行理念正受到越来越多的认可。

截至 2017 年年底，800 多万辆摩拜单车为全球 14 个国家、200 多个城市提供智能共享单车服务，每天有 3000 多万人次骑行，"魔方"平台每天产生超过 30TB 的大数据。

2018 年 1 月，世界资源研究所发布的全球首部"共享单车与城市可持续发展报告"，用摩拜大数据深入分析"骑行如何改变城市"。报告显示，摩拜用户骑行总里程超过 182 亿公里，已累计节约碳排放量超过 440 万吨，相当于每年路面上减少了 124 万辆汽车，带来的相应经济效益超过 1.94 亿美元。

为表彰摩拜单车在推动绿色出行、缓解空气污染和气候变化中作出的巨大贡献，2017 年 12 月，联合国环境署把 2017 年度"地球卫士"（商界卓识奖）授予摩拜单车，这是该奖项设立 13 年来，首次有中国企业获此殊荣。

（一）应用案例一：大数据监管平台

摩拜大数据监管平台可根据车辆定位、开关锁信息实时监控车辆，并利用实时可骑行车辆数、历史用户区域需求量、历史峰值车辆数等数据对淤积点进行预判、设定地理围栏区域，实现精准干预。平台可按照不同时间、空间进行监控。

1. 车辆数监控

可骑行车辆数是反映区域内是否出现堆积的最直观指标，通过对数量警戒线的设定和潮汐规律的把握，实现精准干预。车辆分布监控平台见图 5-10。

图 5-10　车辆分布监控平台

2. 24 小时不活跃车量监测

实现车辆潮汐流的实时监测，提高车辆调度效率。图 5-11 为区域热点历史数据分析。

3. 地理围栏技术和停放秩序管理

针对用户需求热点、车辆易淤积点历史数据设定引导停放、禁止停放的地理围栏，并可根据实际情况设定淤积报警阈值，提高调度效率。图 5-12 为地理围栏管理系统。

摩拜单车在大数据监管平台的基础上，通过 GPS 定位及算法纠正，实现精度达到 2—5 米的地理围栏技术在比较大（20 米以上）的范围上设定围栏可停车量、禁止停车区、推荐停车区利用奖励、惩罚等措施，"疏""禁"结合，规范用户停车

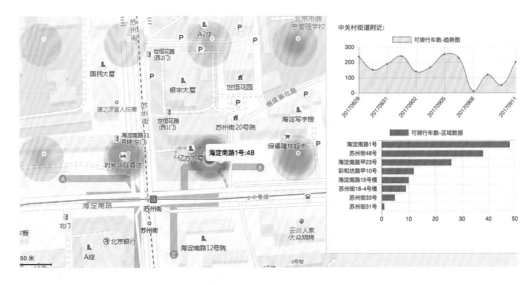

图 5-11　区域热点历史数据分析

图 5-12　地理围栏管理系统

行为。

在范围更小、要求更高的区域（结合蓝牙道钉、摩拜单车智能推荐停车点可实现亚米级精度），实现车辆的精准停放。以摩拜单车智能推荐停车点（sMPL）／蓝牙道钉为例：内置智能无线信号发射技术，搭配精确定位算法，能够灵敏感知附近单车、判断停放数量和状态，构建互联网租赁自行车推荐停放区。

（二）应用案例二：大数据支持下的智能调度

摩拜单车通过大数据监管平台历史数据对易淤积点的时间、空间进行精确预判，并利用积分、红包、优惠券等奖励措施，吸引用户第一时间转移车辆。如在触发淤积阈值的一定时间内无法解决淤积情况，则立即通过人工干预解决问题（见图5-13）。

图5-13　淤积点、需求量检测

在清理淤积点上，摩拜单车利用用户出行积累的历史骑行数据和车辆数据，通过深度学习的方式，能提前精准预测区域车辆数据及淤积情况，并给出相应的指导指令。

摩拜单车在北京市国贸建国路、大红门服装城和望京SOHO三个区域进行了为期一周的算法清淤预测及指令控制的方案实践。在算法预测上，摩拜能够保证预测的车辆数据和车辆真实数据偏差控制在5%以内。

国贸建国路路段全天淤积，摩拜公司通过实地考察发现该区域并未获得足够多的调度车辆支持。同时，通过算法发现该区域需要加大车辆调度力度——每小时需要额外调度至少300辆车，能够保证在10：00—17：00的时间中处于非淤积的状态。

望京SOHO淤积的时间段为10：00—19：00，算法认为在10：00—17：00时间段，运营人员可以进行小规模的调度，平均每小时调出100辆车，同时将SOHO的车辆进行规整，以保证17：00以后需求量暴增时的车辆供给（见图5-14）。

调度前(左)　　调度后(右)　　　　调度前(左)　　调度后(右)
国贸清淤调度情况　　　　　　　　大红门清淤调度情况

调度前(左)　　　　调度后(右)
望京 SOHO 清淤调度情况

图 5-14　清淤前后对比图

■企业简介

　　摩拜(上海)智能技术有限公司成立于 2015 年,是北京摩拜科技有限公司落地上海的子公司,主营业务为计算机信息科技领域内的技术开发、技术转让、技术咨询、技术服务,电子产品、自行车的销售及自有设备租赁(除金融服务)。摩拜(上海)智能技术有限公司自行设计研发更为耐用的轴传动、铝合金一体成型车架和实心胎的摩拜单车,并研发带有卫星定位和扫码开锁功能的智能锁和 APP。

◾专家点评

　　摩拜单车自主研发了带有卫星定位模块和通信模块智能锁，并实现了扫码开锁这种取车方式，开创智能共享单车模式，用户智能手机APP随时随地可以定位并扫码使用，取用非常便捷。摩拜单车通过为每辆单车配备"北斗+GPS+格洛纳斯"多模卫星定位芯片和移动物联网芯片，已建成移动物联网系统，每天产生超过30TB的精准出行大数据，给城市倡导绿色出行提供了可持续发展的智能解决方案。

高斌（中国电子科学研究院副院长）

21 ET 城市大脑
——阿里云计算有限公司

阿里云 ET 城市大脑是在阿里云大数据一体化计算平台基础上的数据智能解决方案，通过阿里云的数据资源平台实现包括企业数据、公安数据、政府数据、运营商等多方部门和企业数据的汇集，借助机器学习和人工智能算法解决城市治理问题。通过 ET 城市大脑，可以从全局、实时的角度发现城市的问题并给出相应的优化处理方案，同时联动城市内各项资源调度，从而整体提升城市运行效率。ET 城市大脑交通应用主要有四个场景：交通态势评价与信号灯控制优化、城市事件感知与智能处理、公共出行与运营车辆调度、社会治理与公共安全。

一、应用需求

（一）行业背景及痛点

经过"十二五"阶段的信息化系统建设、感知设备硬件建设，各个城市、地区都已经积累了大量的数据，但传统信息化系统建设模式造成了各类系统的标准与运行模式不一致，各自独立运行不能互通协调，进而产生"信息孤岛"，各类数据资源相互割裂，数据的共享和开放发展困难。另一方面，原有的信息系统服务于业务流程，而非深度的数据挖掘与计算，现有的 IT 基础设施面对日益积累的海量数据难以处理，更缺乏领先的云计算、大数据、人工智能的能力对这些技术进行深度的应用。

以上"信息系统不一致、数据割裂难以共享、计算能力不足"三方面问题，可以直观描述为"盲人摸象""雾里看花"。"盲人摸象"意为从各个割裂系统的数据去看城市问题，只能看到局部而不是全局，"雾里看花"意为缺乏深度的计算能力，只能模糊地看到表面状况，而不能准确定位和描述问题的本质。因此，如果期望能够从城市数据资源中发现城市问题，全局优化城市公共资源分配，首先要解决的就是建设"全量、全网、全视频、即时"的城市大脑数据基础设施。

（二）行业应用需求

城市大脑是支撑未来城市可持续发展的全新基础设施，其核心是利用实时全量的城市数据资源全局优化城市公共资源，即时修正城市运行缺陷。以城市交通问题为例，首先需要通过汇聚互联网导航数据、运营商数据、交警视频和交通设备数据、交通部门的基础设施建设和运营数据来动态、实时地描述城市交通的运转状况与规律，再进一步通过人工智能机器学习技术找到核心问题，对交通管理的各项措施和系统（如信号灯系统、事故发现处置等）给出自动化的建议并进行智能调控，从而实现以数据驱动的城市治理、城市服务的新模式，一改以往靠专家经验和大量人力的方式方法。

从城市整体长远来看，期望借助城市大脑实现三大突破：一是城市治理模式突破，以城市数据为资源，提升政府管理能力，解决城市治理突出问题，实现城市治理智能化、集约化、人性化；二是城市服务模式突破，更精准地随时随地服务企业和个人，城市的公共服务更加高效，公共资源更加节约；三是城市产业发展突破，开放的城市数据资源是重要的基础资源，对产业发展发挥催生带动作用，促进传统产业转型升级。

二、产品架构

城市大脑分为四层，最下层为阿里云飞天一体化计算平台，中间层为数据资源平台，再向上是 AI 服务平台，最上层为 IT 服务平台（见图 5-15）。其中数据资源平台、AI 服务平台、IT 服务平台为开放平台，可以承载其他厂商产品。

（一）一体化计算平台

一体化计算平台历经阿里巴巴集团每天 PB 级数据量计算的实战考验，为城市全量数据提供稳定、多样、充足的计算能力。其包括分布式批量计算、即时计算、流式计算、图计算、对象存储、搜索等多种计算存储框架，能够处理汇聚在飞天平台上的各类结构化、非结构化数据，具备极致弹性，支持全量城市数据的即时计算能力，满足 EB 级存储、PB 级处理、百万路级别视频实时分析的要求。

（二）数据资源平台

数据资源平台是在一体化计算平台之上，让数据成为数据资源的管理与开发平

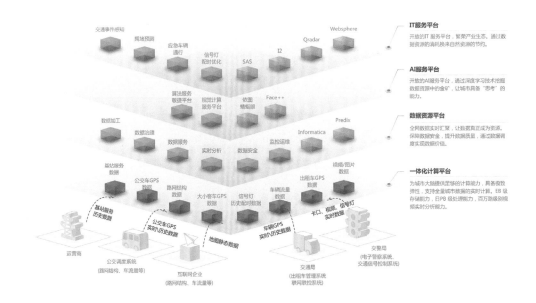

图 5-15　阿里云 ET 城市大脑产品架构图

台。包括各类数据计算的调度管理、数据集成接入、数据生产任务监控运维、数据质量与治理工具、数据共享等各项功能（见图 5-16）。

数据资源平台具有以下三大功能：

一是能够支持数据资源"统筹管理、统一算用"。该平台拥有统一的用户体系、统一中控、统一数据资源目录、统一数据应用服务接口、统一授权，能够将已有的外部数据整合打通，盘活数据资产，能够获取在互联网上的 WEB 数据以及物联网数据。

图 5-16　数据资源平台架构图

二是具备完备的数据加工能力，能够基于数据集成工具，建立统一、规范、标准化的数据采集体系，确保采集数据的鲜活、准确，能够提供基于业务逻辑的数据分类、清洗、筛选、重组能力，能够支持非结构化数据的识别、提取、分类、打标能力。

三是具备完善的数据安全保障机制，支持密级划分、传输加密、安全交换与隔离、实时审计，提供灵活的数据资产共享和授权机制。

（三）AI 服务平台

AI 服务平台，通过深度学习技术挖掘数据资源中的近况，让城市具备"思考"的能力。AI 服务平台主要包括算法服务平台和视频分析平台两个开放平台，为各类的算法开发与使用提供有效的支撑。

1. 算法服务平台

算法服务平台提供了各类算法的开发与运行环境，能够将各类算法在平台上进行方便地开发、部署、运维、管理、调优等工作，免去了针对不同计算引擎的适配和大量烦琐的工程化工作（见图 5-17）。

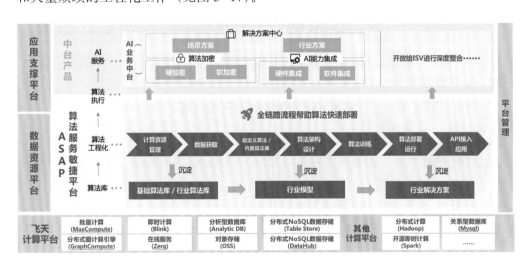

图 5-17　算法服务平台架构图

2. 视频分析平台

视频分析技术包括实时在线视频流数据的处理与分析、离线历史视频数据的分析等，视频分析平台架构图见图 5-18。

该平台针对多路高清视频进行分析，采用基于深度学习的视频分析算法，包括车辆检测、车辆分类、车辆属性、号牌识别等多种技术。深度学习与传统模式识别方法的最大不同在于，它所采用的特征是从大数据中自动学习得到，而非采用手工

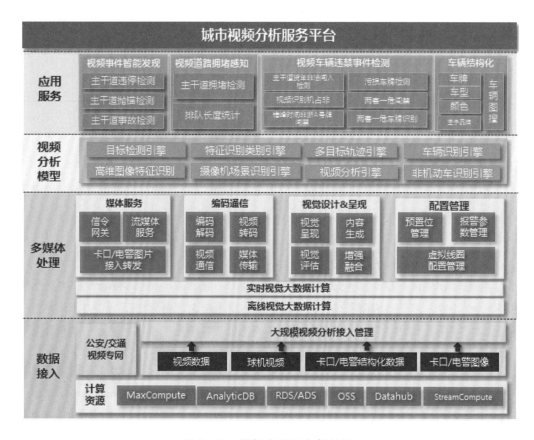

图 5-18 视频分析平台架构图

设计。手工设计主要依靠设计者的先验知识，很难利用大数据的优势，而深度学习则可以从大数据中自动学习到有效的特征表示。识别系统包括特征和分类器两部分，在传统方法中，特征和分类器的优化是分开的。而在深度学习的框架下，特征和分类器是联合优化的，可以最大程度地发挥两者联合协作的性能。

（四）IT 服务平台

IT 服务平台是开放的平台，能够支撑多个厂商的应用运行在 IT 服务平台中。这种开放性可以逐步促进产业生态繁荣。城市大脑在 IT 服务平台上提供了基础的行业应用，目前针对交通行业提供了交通评价与优化、公共出行服务、交通安全防控、事件感知与处置四大模块。

1.交通评价与优化：试点区域的拥堵指数下降，缩短通行时间

通过高德地图、交警微波、视频数据的融合，对高架和地面道路的交通现状做全面评价，精准地分析和锁定拥堵原因，通过对红绿灯配时优化实时调控全城的信

号灯，从而降低区域拥堵。

2. 公共出行服务：降低人群滞留率，提高公共出行利用率

通过视频、高德地图、Wi-Fi探针、运营商等数据对人群密集区域进行有效的感知监控，测算所需要的运力。根据出行供需情况，调整和规划公交车班次、接驳车路线、出租车调度指挥，将重点场馆与重要交通枢纽的滞留率降到最低。

3. 交通安全防控：提升追踪犯罪嫌疑人效率，让社会治安和公共安全防患于未然

通过视频分析技术，对整个城市进行索引。通过一些片段的嫌疑描述线索，借助城市摄像头快速搜索到嫌疑人员行踪。对各类违规人员、车辆的特征进行学习，设定各类技战算法进行犯罪预测预警，防患于未然，保证城市安全。

4. 事件感知与处置：提升智能发现的事件数目，降低事件发生处理平均时长

通过视频识别交通事故、拥堵状况，融合互联网数据及接警数据，及时全面地对城市突发情况进行感知。结合智能车辆调度技术，对警、消、救等各类车辆进行联合指挥调度，同时联动红绿灯对紧急事件特种车辆进行优先通行控制。

三、关键技术

（一）强大的数据接入能力

ET城市大脑拥有上百TB级别数据实时采集能力、ZB级别海量数据存储能力、万亿级数据接入，延时低于100毫秒。

（二）性能成本双领先的大数据计算能力

ET城市大脑采用自主研发的大数据处理平台MaxCompute进行海量数据计算。2015年世界Sort Benchmark排序比赛中，MaxCompute用377秒完成了100TB的数据。

（三）海量多元数据规模化处理与实时分析

ET城市大脑首次通过两个集群实现上百PB数据在线存储及每日PB级别的计算吞吐能力，计算请求响应时间在3秒以内，实时数据接入延时低于200毫秒。

（四）海量视频数据处理分析能力

具有实时视频分析处理与离线视频分析处理能力。离线视觉大数据具备PB级别的计算处理能力，视频实时处理可达万级规模。视频实时处理支持单机CPU60路／CPU12路，视频压缩比高达1／15。

（五）实时视频识别及自动巡检

ET城市大脑首次利用图像识别技术实时分析含治安摄像头球机在内的几千路视频。可实时识别车型、车牌、品牌、颜色等车辆属性及道路标识等，可识别未系安全带、驾驶员打手机、遮阳板、前排驾驶室人数、贴标、摆件、挂件等车辆驾驶室特征等，实现车辆图搜以及视频实时自动巡检。视频利用率从11%提高到100%，低分辨率车辆检测准确率高达91%。

（六）类脑神经元网络物理架构

ET城市大脑在百亿节点、万亿级别网络上，处理EB级别数据，通过模糊认知反演算法，发现复杂场景背后的超时、超距弱关联，并成功应用到道路交通、工业制造等领域，如在杭州城市大脑中实现从单点、单线到整个城市的交通优化。

四、应用效果

（一）应用案例一：杭州城市大脑

1. 人工智能信号灯

功能简介：通过部署人工智能信号灯应用，实时融合互联网数据和静态路网信息，实时评估路口信号灯运行效率，对于全局交通运行情况一目了然，不再需要凭感觉人工判断，或者靠路面交警巡逻，可以辅助交警更好地量化了解路口交通运行情况，快速识别低效率路口，比传统方式更高效、更全面（见图5-19）。结合对交通态势的评价，精准地分析和锁定拥堵原因，通过对红绿灯配时优化实时调控全城的信号灯，从而降低区域拥堵。

实际效果：杭州中河—上塘路高架车辆道路通行时间缩短15.3%，莫干山路部分路段缩短8.5%；萧山信号灯自动配时路段的平均道路通行速度提升15%，平均通行时间缩短3分钟。

2. 智能事件发现

功能简介：通过对城市中海量的摄像头，特别是对360度球机的充分利用，能够利用视频识别算法来识别路面的各类事件，联动路面的机动队并向最近警力进行自动化精准的事件推送，大大提升了交警事件发现和处置的效率（见图5-20）。

实际效果：杭州试点"视频巡检替代人工巡检"，日报警量多达500次，识别准确率92%以上。

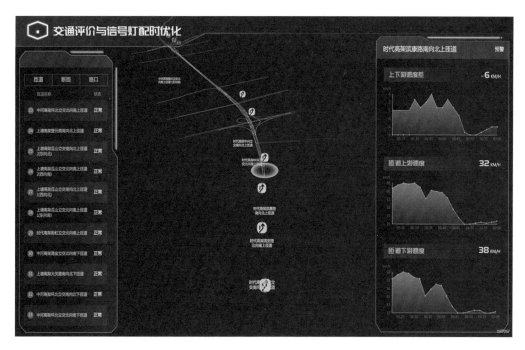

图 5-19　交通评价与信号灯配时优化示意图

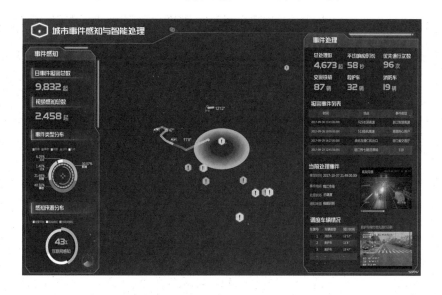

图 5-20　城市事件感知与智能处理效果图

3.应急车辆优先通行

功能简介：针对一定等级的交通事件，需派遣应急车到事件现场进行处理。应急车调度与优先通行为应急车提供车辆调度、路径规划、信号优先控制三个功能，可大大缩短派遣车辆到达目的地的整体时间，为生命急救争分夺秒。应急车辆优先通行通过获取调度车辆 GPS 信息和事件地址作为 OD（交通出行量），实时为行驶中的车辆规划路径，实时预估车辆到达下一个路口信号灯的时间并下发给信号控制系统，信号控制系统进行控灯，从而使得应急车辆可一路绿灯通过各个路口。

实际效果：在杭州萧山，ET 城市大脑让救护车到达时间缩减 50%，救援时间缩短 7 分钟以上，为生命带来 50% 的绿色希望。未来在全国 300 多个城市普及这一功能，将让数据智能产生更多普惠的价值。

（二）应用案例二：苏州城市大脑——公交车辆优化

功能简介：通过对运营商数据结合公交刷卡与站点数据，提取出人的 OD 出行分析与公交运力数据，能够精准地捕捉城市当中人的出行需求与公交运力之间不匹配的情况。结合机器学习动态优化算法，对公交线路、班次提出建议，从而实现以人为本的公交规划与运营优化（见图 5-21）。

实际效果：苏州试点线路公交出行人数增长 17%。

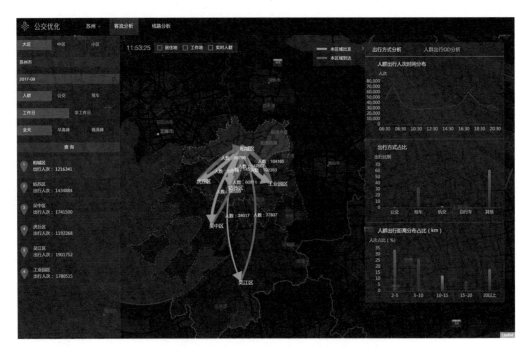

图 5-21　公共出行服务示意图

（三）应用案例三：衢州城市大脑——重点人车防控

功能简介：通过对视频数据、物联网数据和其他数据进行融合计算，开展平安指数分析、社会治安评估等大数据应用，实现对平安建设、治安状况及时预测，对重点人员等精准布控、提前预警、有效处置。在重大活动安保、特殊人群管控、重点事项监测、突发事件处置等工作中，及时推送预警信息，有效增强了预测预警和打击处置能力，从而真正实现治安防控"全覆盖、智能化、无死角"。

实际效果：以 2017 年年初发生在衢州市区的一起车辆被盗案件为例，在当时视频监控应用还没有实现智能化的情况下，为侦破案件，两位民警调阅大量视频资料，用时 6 小时，在沿线 4 公里 17 个点位视频发现车辆和嫌疑人。而运用衢州城市大脑对该起案件重新计算推演：从民警检索车辆信息获取第一张盗取图片，到通过"大脑"跨摄像头搜索计算，仅用时 18 分钟即锁定目标，运用到行人识别、视频高维特征检索、多维数据融合等智能技术。

企业简介

阿里云（www.aliyun.com）创立于 2009 年，为全球 200 多个国家和地区的各类企业、政府机构等提供服务。阿里云致力于提供最安全可靠的计算和数据处理能力，让计算成为普惠科技和公共服务，为万物互联的 DT 世界提供源源不断的新能源。阿里云付费客户在 2017 年 6 月已超过 100 万。

专家点评

ET 城市大脑是在依托阿里云大数据一体化计算平台基础上，通过阿里云的数据资源平台，完成包括企业数据、公安数据、政府数据、运营商等多方部门和企业数据的汇集，借助机器学习和人工智能算法，面向城市治理问题打造的数据智能解决方案。ET 城市大脑整体架构完整，业务承载能力强，充分利用大数据，发挥了数据价值，提升了管理和经营水平，是一个优秀的城市治理问题的大数据智能解决方案。

高斌（中国电子科学研究院副院长）

22 交通大数据中心解决方案

——北京同方软件股份有限公司

交通大数据中心解决方案主要实现对分散于操作层业务系统的交通运输业务数据的整合融合，完成一体化综合数据资源体系的建设和管理，大幅提升交通领域信息化、数据化管理水平；以此为基础进行大数据应用价值挖掘，提供高层次的决策支持服务，满足用户对区域交通运输状况的综合性、整体性监测需求，以及分析决策所需的重要指标数据支持服务需求，实现数据资源的价值化、智慧化，提供高层次决策分析支持服务，帮助管理部门实现从"经验决策"到"数据决策"的管理模式转变。

一、应用需求

城市交通的总体目标是安全、畅通、绿色、高效。以最少的时间、最低的成本将人员和货物安全运输到目的地，是交通行业的追求和责任。交通安全与效率问题是目前困扰城市管理者的一个普遍性问题，交通拥堵是典型的"大城市病"。智慧交通是智慧城市的一个重要部分。如何利用物联网、车联网、移动互联网等信息技术，解决城市的交通问题，是体现智慧交通价值的最直接途径。

解决交通问题的本质，是寻求交通资源供求双方的平衡。从供给方来说，城市交通目前已建立起水、陆、空立体的交通体系，公路交通在市区内有以轨道交通为骨干、公交车为主体、出租车为补充组成的公共交通体系；在市区外有以高速公路为核心，国、省、县、乡、村各级普通公路全面铺开的远距离公路交通体系；水路依托沿海和内河航道、港口开展客货运输；铁路包括高铁、动车、客货运专线等多种模式；民航空运也越来越发达。但是目前这些交通系统基本上是各自为政，缺少信息交流和业务协作，缺少从全局上对各种资源的科学、合理配置与彼此之间的有效衔接，因此往往不能发挥较高效率。从需求方来说，随着社会经济的飞速发展，各行业和社会公众对交通出行的总需求量呈爆炸性增长。全球化时代，一个现代化城市每时每刻都需要接纳来往于全球各地的物流和客流。贸易、旅游、娱乐休闲、文化交流等都对交通提出无止境的需要。目前总的形势是：交通资源的建设或供给，远远赶不上服务需求的增长速度，致使交通拥堵日益严重。

解决交通资源合理配置与有效利用问题，根本上需要管理机制的统一和信息资源的共享。摆在交通管理者面前亟待解决的问题包括：

1.及时、全面掌握交通体系的运行情况

2.确保交通体系安全运行，防范安全事故

3.及时疏导交通拥堵，保证交通体系畅通

4.有效应对突发的交通事件，最大限度减小对交通系统正常运转的影响

5.整合各种交通形态的信息资源，形成一体化的交通信息资源体系

6.合理配置与衔接各种交通资源，提高利用效率

7.响应社会公众对交通出行信息的需求，提供出行咨询、投诉、服务质量评价等信息服务

二、平台架构

交通大数据中心解决方案提供了数据中心业务模式和基础架构的完整规划，帮助用户建立交通数据资源体系管理与服务机制，使交通数据资源体系建设能够持续、有序发展。数据资源规划设计是整个业务的起点和源头，确定各类资源该"如何收集、如何管理、如何使用"，建立起交通数据资源的元数据体系。数据采集业务阶段，实现外部数据的采集接入，包括原始数据梳理、资源登记注册、实现数据迁移等工作。数据整合加工阶段，实现数据资源体系化（见图5-22）。本过程将原始形态的业务数据经过筛选、过滤、整合、重组，

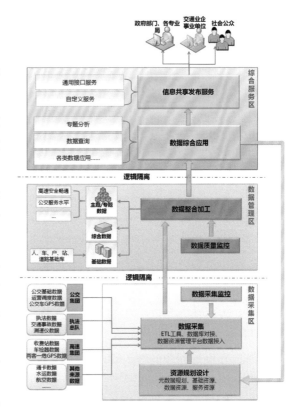

图5-22　总体业务模型图

按照标准资源体系的要求存储为基础数据，并根据应用需求对基础数据加工计算，产生综合数据和专题数据，从而构成多层次的一体化数据资源体系。

需要说明的是，在数据采集和整合加工的过程中有独立的数据监测业务实现整个数据资源建设过程的监控，包括数据采集监控和数据质量监控。系统通过一系列审核规则对数据采集过程和数据质量进行持续监控，以提高集成数据的可用性。在数据资源建设基本完成后，下面的业务环节就是数据价值的体现，主要通过提供各类数据分析应用服务实现。数据应用服务既是数据资源体系运作业务流的终端，也是影响业务需求，重新启动数据资源规划设计的起点。管理者和用户可根据数据提供的分析结果审视现有业务的合理性，根据指标数据的反馈调整原有业务模式并产生新的需求，重启数据资源建设的业务流，使数据资源建设及应用的相关业务形成一个闭环。在数据资源建设完成后，可为各专业局、企事业单位及社会公众提供包括接口调用、数据查询下载等多种形式的数据共享发布服务。

三、关键技术

（一）主要技术及方法

1. 顶层设计方法

把要做的事情看作一项系统工程，着眼于把事物的整体性和可操作性有机结合起来，进行统筹思考和规划。采用这种方法可以确保项目所建设的数据资源体系与未来将要实现的"一体化交通综合数据资源体系"成为一个有机整体。

2. 资源化方法

"资源化"的根本目的是把不同的业务对象、业务实体、业务元素等数据化，以便使用元数据体系进行统一的组织和管理，在此基础上进行软件的设计和实现，从而为数据、为业务带来更好的规范性、可扩展性、可管理性。

3. 遵循 J2EE 标准

J2EE 的核心是一组规范和指南，定义了一个使用 Java 语言开发多层分布式企业应用系统的标准平台。开发人员在这些规范和指南的基础上开发企业级应用，同时由 J2EE 供应商确保不同的 J2EE 平台之间的兼容性。由于基于规范的各 J2EE 平台之间具有良好的兼容性，因此，J2EE 应用系统可以部署在不同的应用服务器上，无需或只需进行少量的代码修改。

4. 大数据处理技术

采用传统数据库 Orade、非关系型数据库 Hbase 相结合的数据存储模式，以

Hadoop 和 Spark 作为计算框架，使该数据应用拥有强大的运算能力、高可用性和实时查询功能。能够对大量的交通数据进行数据挖掘，通过机器学习方法、统计方法、神经网络方法和数据库方法，获取有价值的信息。

（二）主要性能指标

1. 系统可靠性

7×24 小时持续服务能力。

2. 系统响应时间

各类应用正常操作的情况下响应平均不超过 3 秒，最大响应时间不超过 10 秒；通常情况下，系统 CPU 平均利用率不超过 60%，内存平均使用率不超过 80%。

3. 系统可扩展性

在技术选用、软硬件设备选型上充分考虑数据中心中远期的升级、扩容和已建信息化工程后期迁移等需求，具备在信息化工程不断增长和业务需求日益复杂的情况下具备平滑、弹性升级的能力。

4. 系统易管理性

采用先进的、标准的、用户界面友好的管理手段，实现对各种软硬件资源的分配、调度和管理，提高资源和资产利用率，减轻系统管理人员的工作负担。

5. 系统并发处理能力

并发处理能力不设上限，通过云计算技术提供即时响应的用户接入资源虚拟资源池动态适应能力。系统随时监测用户接入压力，根据需要随时增加或减少处理器、存储器、网络接入连接数等软硬件资源。

四、应用效果

本解决方案帮助地方政府实现交通数据资源的跨部门整合及管理，深入挖掘交通行业大数据背后蕴含的巨大价值，提升交通管理部门的核心应急能力、行业管理水平和交通服务水平，为地方交通委日常监测与预警、及时协调联动与应急指挥调度提供更好更强的支撑环境，提升交通运输行业管理工作的现代化、信息化、集成化水平，为科学辅助决策提供强有力的技术支撑。

（一）应用案例一：重庆交委数据中心项目

依托交通大数据中心解决方案，已经完成了重庆交委数据中心两期项目的落地，实现了重庆交通数据资源的跨部门整合及管理，完成了高速安全事故分析、高速交通需求分析、高速运行状态分析、市内公交线路及换乘分析等专题的配置和开发，为领导决策提供数据支持，为交通监测部门平日的日报、周报、旬报、年报撰写提供数据分析结果素材，为多个业务部门提供数据联勤服务。本项目建设成果曾多次作为重庆交委信息中心示范系统对外提供演示，得到了到重庆视察的各级领导的诸多好评。

在数据资源体系建设基础上，系统围绕高速路网运行涉及的畅通、安全、供需等业务热点问题，以专题为导向，以指标为对象，跨专业、跨系统组织数据，深入挖掘分散埋藏在各个不同专业业务信息系统数据中深层次的分析价值。

系统采用三屏互动模式直观展示分析结果，可同时展示相互关联的统计图表、地理信息和动态效果。下面挑选其中三个专题进行描述。

1.高速路网流量流速监测分析

融合执法业务的固定测速仪数据和收费业务的收费站出口数据，采用最短路径算法分析每辆车的运行轨迹，从而分析计算全路网、分区域、分线路、分路段、分车型、分收费站的流量流速，从宏观、中观、微观全口径把控高速路网畅通情况（见图5-23）。

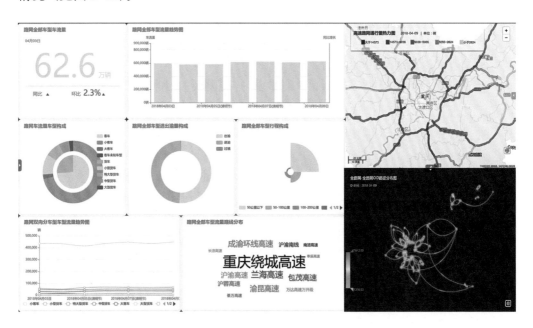

图5-23　高速路网流量流速监测分析专题图

2.高速路网OD分析

根据每辆车进出高速路网的记录，全面统计任意出发地—目的地（OD）之间的流量，从时间、空间、运输对象等维度全面分析高速公路运输的构成与分布特性，真实反映全社会对高速路网运输的需求（见图 5-24）。

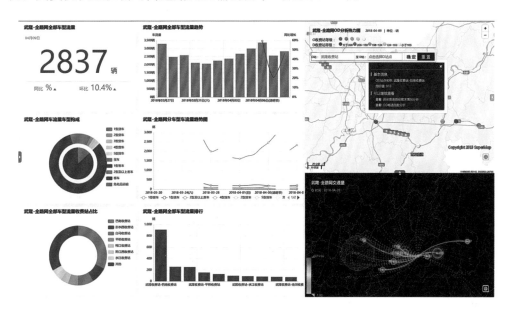

图 5-24　高速路网 OD 分析专题图

3.高速路网安全态势分析

从高速公路交通事故的统计特征、时空分布、发生原因、影响因素、导致后果等多角度对高速公路交通事故进行全面分析（见图 5-25）。

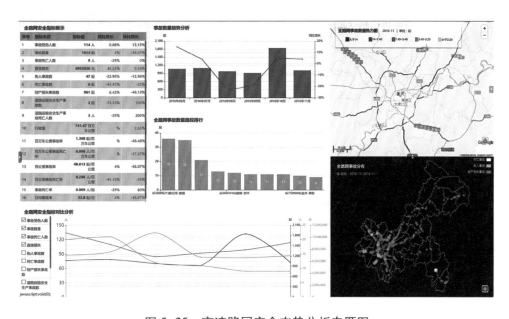

图 5-25　高速路网安全态势分析专题图

（二）应用案例二：内蒙古交通运输数据资源综合管理分析系统

依托本产品完成了内蒙古交通运输数据资源综合管理分析系统的项目落地，帮助内蒙古交通厅实现了交通数据资源的整合管理，针对"高速公路""长途客运"两个方向进行数据分析和价值挖掘。

系统使用长途客运联网售票系统数据，融合长途客运基础数据、地理信息系统数据，深入分析内蒙古自治区面向全国的公路长途客运形势，包括运力运量供需均衡特征、时空分布规律、发展趋势等（见图5-26）。

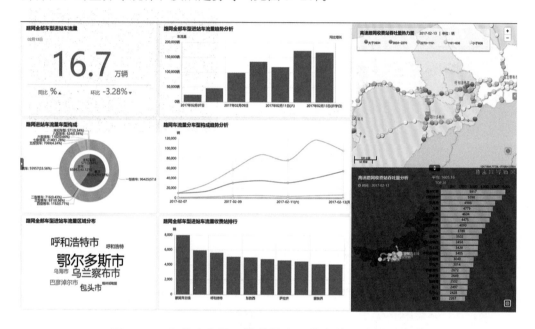

图5-26 内蒙古交通运输数据资源综合管理分析系统图

■ 企业简介

北京同方软件股份有限公司是由同方股份有限公司绝对控股的股份制公司。公司成立于2000年6月，注册资金为4100万元人民币。公司专注于大数据分析软件与视频大数据人工智能分析产品和服务，为各行各业提供完整的大数据分析软件产品、解决方案，以及配套的咨询、实施、培训及维护服务。多年来荣获荣誉近百项，连续多年被评为北京市信用企业，多个产品被北京市六部委联合认定为"北京市新技术新产品"等多项荣誉。

■■专家点评

　　交通大数据中心解决方案提供了一套完整的交通大数据中心解决方案，主要实现对分散于操作层业务系统的交通运输业务数据的整合融合，完成一体化综合数据资源体系的建设和管理，大幅提升交通领域信息化、数据化管理水平，满足用户对区域交通运输状况的综合性、整体性监测需求，以及分析决策所需的重要指标数据支持服务需求，实现数据资源的价值化、智慧化，具有一定的推广价值。

高斌（中国电子科学研究院副院长）

23 铁路桥隧检养修管理系统与大数据分析
——中铁大桥科学研究院有限公司

铁路桥隧检养修管理系统是一个集网络化数据库、多媒体图像信息、专家知识系统、大数据分析于一体的综合管理系统，包括WEB管理系统和智能终端APP应用，实现了检养修全过程闭环的信息化，主要包括：手机终端采集现场病害数据、病害数据分析和智能评估、计算机辅助编排检养修计划、养修工作量和质量验收、自动汇总生成规范化电子表格。该系统适应和促进了铁路桥隧检养修分开模式改革，完全替代了传统的纸质模式，2016年10月铁总发文（铁总运〔2016〕222号文）于2017年6月底在全路全面推广应用该系统。在该系统中，针对检养修信息的数据量大、增长快、类型多、真实性高等特点，利用商业智能大数据分析技术实现在线、可视化、简单易用的多维度探索式大数据分析功能，使一般的工务人员均可从数据中认识规律和发现问题。另外，将检养修管理的痛点转化为大数据分析需求，采用离线分析方式，利用数据挖掘技术对检养修系统大数据进行分析，构建分类、聚类、关联、回归和预测等各种挖掘模型，进一步挖掘数据中的规律，为管理决策提供分析依据。

一、应用需求

铁路运营里程剧增、发车间隔密、桥隧占比高、天窗时间短、安全防护工作量大、工务人员素质较低等因素，使得桥隧养护维修作业与铁路运输要求之间的矛盾越来越突出。据统计，我国全路失格桥梁比例在20%以上，失格隧道比例在60%以上。虽然铁路工务部门大力发展机械化作业，一定程度上提高了工作效率，但铁路桥隧检养修的大部分工作还是以人工为主，在检查、分析、计划、验收等各个环节，存在大量的纸质数据填写、人工进行资料整理、报表编制等工作，信息不能准确和实时地进行传递和共享，不仅影响检养修工作效率，且检养修流程中的各种问题也难以发现。

虽然铁道部、铁路局以及相关研究单位开始铁路工务信息化建设，但是总体上偏重管理，功能和体验设计上未能很好地面向生产一线，系统与检养修信息及业务流程脱节，不能很好地结合一线生产的需求和实现生产全过程闭环信息化，缺乏海量数据分析功能，因此未能充分发挥信息化在提升检养修工作效率上的作用。

针对上述问题，中铁大桥科学研究院有限公司与上海铁路局杭州工务段合作，采用最新的信息化技术，深入生产一线，进行了详细深入的信息化需求调研和分析，研发了铁路桥隧检养修管理系统，实现铁路桥隧检养修全过程闭环信息化以及检养修大数据分析，大力助推了铁路桥隧检养修工作的效率提升和质量提高。

二、平台架构

铁路桥隧检养修管理系统是一套基于移动互联网的信息化系统，包括 WEB 管理系统和智能终端 APP 两部分。智能终端 APP 功能覆盖了检养修全流程，主要为生产一线人员提供信息化操作手段，实现现场数据录入和审批验收等功能；WEB 管理系统对所有数据进行集中管理查询分析，提供了 GIS 可视化管理、各种图表分析、智能化考勤、计划检查分析验收闭环管理等功能，两者共同完成检养修全过程信息化；这两个部分都部署在远端数据中心，数据中心采用云计算架构，提供高性能的存储与分析服务。总体架构见图 5-27。

通过上述系统，积累了越来越多的大量检养修数据，采用大数据分析技术构建在线大数据可视化分析功能，并嵌入检养修管理系统，让一般工务管理人员能通过鼠标拖拽等简单操作方式进行大数据分析，发现规律和问题，进而辅助检养修管理决策。检养修大数据可视化分析架构见图 5-28。

大数据分析中的数据建模主要依据各种分析主题的确认，遵从可操作性原则，与积累的原始数据相结合；采用分布式计算、列存储、内存计算等大数据分析的技术，构件常驻内存的数据集市，方便前端进行快速的大数据可视化分析。用户通过各种可视化分析的工具，结合各种挖掘算法，构建面向决策层的大数据分析可视化仪表板。

三、关键技术

(一) 检养修全程信息化

建立标准化病害库，并对检养修工作流程进行标准化，在此基础上实现了检养修各环节的标准化和信息化。

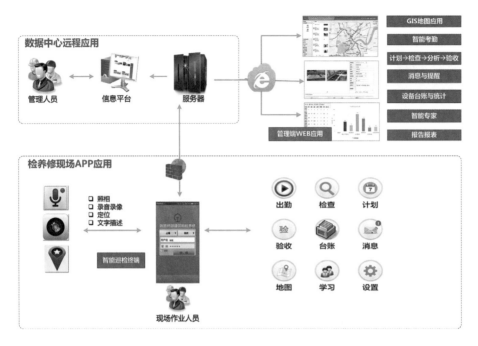

图 5-27 系统总体架构

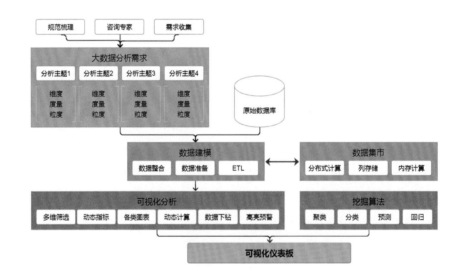

图 5-28 检养修大数据可视化分析架构

(二) 智能终端技术

通过智能终端实现现场全方位信息采集（文字录入、照相、录音、绘图、定位等），使检查过程更加规范化和高效化。

（三）智能地理信息管理

利用 GIS 和 GPS 技术，使所有管理功能都可以在电子地图上完成，同时对现场检查进行智能引导。

（四）专家知识系统

构建专家知识库，提供检养修知识全文搜索、智能提示和一站式查询。通过图片、语音、在线视频等方式进行专家会诊。

（五）大数据分析

利用大数据可视化技术，实现检养修大数据在线分析，具备数据自动更新、即时查询、多维度探索分析、深度分析等功能，从数据中认识规律和发现问题，提高管理决策水平。

四、应用效果

2016 年 10 月铁总发文（铁总运〔2016〕222 号文）于 2017 年 6 月底在全路全面推广应用铁路桥隧检养修管理系统，该系统目前在上海铁路局进行了全面应用，并已在武汉铁路局、西安铁路局和济南铁路局进行了推广使用。

1.WEB 系统主要功能

WEB 系统开发基于 BS 架构，即浏览器、服务器、数据库服务器的三层结构，充分发挥了 WWW 浏览器技术优势，PC 客户端不需安装程序，用户通过浏览器就能方便地访问系统，只需通过远程操作修改服务器端软件就可以进行管理维护和系统升级。铁路桥隧检养修系统功能结构见图 5-29。

WEB 系统首页以 GIS 地图方式对设备、人员位置和出勤轨迹、检查病害、计划等进行展示，以图表对数据统计和分析结果进行展示。WEB 系统的主要功能是以 WEB 报表方式实现检养修全过程业务处理和生产管理的标准化与信息化，以及较为深入的自动化。

WEB 系统典型页面见图 5-31 至图 5-37。

2.APP 主要功能

传统的现场纸质检查表格填写方式存在信息滞后、效率低、成本高等突出问题。本项目开发的基于智能终端（平板电脑或智能手机）的信息采集系统，能随时随地采集信息、上报信息，包括空间信息和多媒体信息。当无法联网时，可将现场

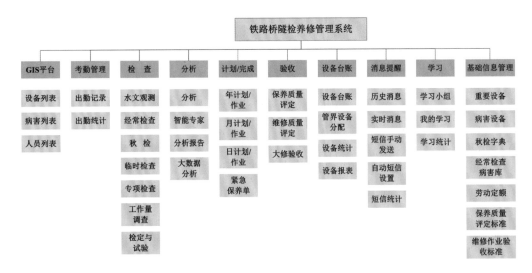

图 5-29 铁路桥隧检养修系统功能结构

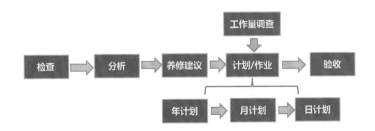

图 5-30 铁路桥隧检养修系统业务流程

图 5-31 系统登录界面图

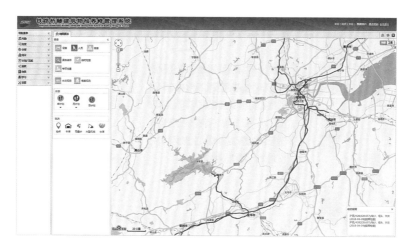

图 5-32　GIS 地图首页

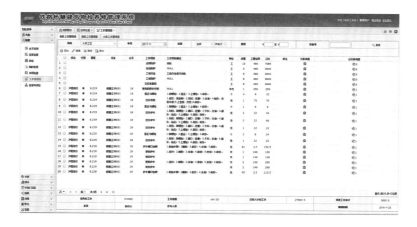

图 5-33　经常检查

图 5-34　工作量调查

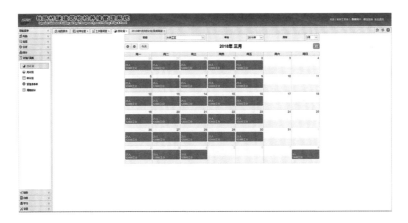

图 5-35　计划总览

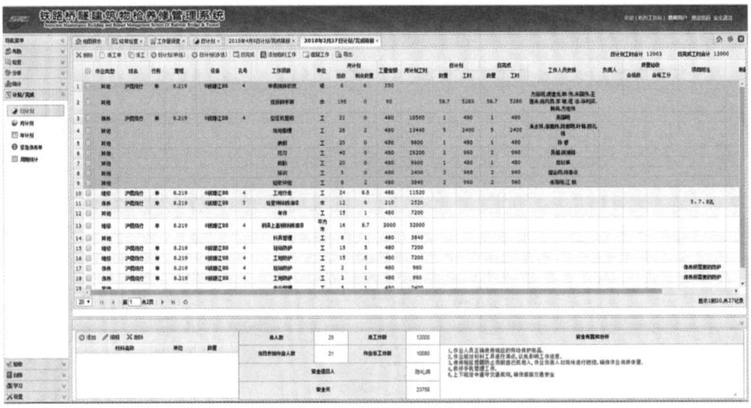

图 5-36　日计划详情

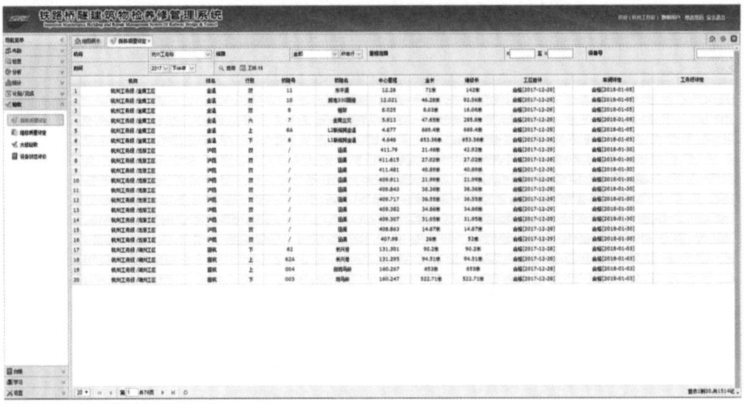

图 5-37　保养质量评定

采集数据暂时存储在智能终端本地数据库中，待无线网络连通后再将本地数据上传至服务器端。智能终端 APP 主要界面见图 5-38。

（1）登录界面：当勾选"出勤"后，登录后即开始进行出勤计时、记录位置和轨迹信息；否则，在登录主界面后，单击出勤按钮可以开始或结束出勤。

（2）派工单：显示指派给用户的派工单列表，查看单张派工单详情。

（3）检查：包括周期检查、重要设备检查、病害设备检查、病害观测、秋检、

图 5-38 智能终端 APP 主要界面

工作量调查和检查数据上传；可以通过台账设备筛选和搜索、附近设备查找这两种方式选择被检设备，另外系统默认将最近设备作为被检设备；可通过定位功能对设备位置进行重新标定并上报更改申请。

（4）分析：确定病害处理措施，包括保养、紧急保养、维修、大修、观测和暂不处理。

（5）计划：对年、月和日计划进行查看。

（6）验收：包括保养质量评定、维修验收、大修验收、验收评定记录查看和上传。

（7）大数据：对 BI 数据可视化分析仪表进行展示，可进行控件筛选和图表间联动操作。

（8）学习：加载和推送修规、作业指南等电子学习资料，上传用户浏览学习记录。

3. 大数据可视化分析

本系统通过检养修数据库为检养修全过程业务提供数据支持，并根据分析需求在检养修数据库基础之上构建数据仓库。根据数据特点构建数据 ETL 方法和流程，对加载到数据仓库的源数据进行处理，并根据最终数据分析结果对 ETL 过程进行改进。BI 数据分析平台采用轻量化设计和 BS 架构，通过浏览器直接访问分析平台进行一站式的数据连接、报表编辑、查看、共享和管理的全过程数据分析，通过可视化建模和拖拽式操作快速生成分析图表仪表板。由于采用 BS 架构和 H5 技术，因此 BI 数据分析页面可以方便地嵌入到检养修系统 WEB 界面和智能终端 APP 中，且在 APP 中支持移动跨屏自适应。大数据可视化分析主要界面见图 5-39 至图 5-42。

图 5-39　大数据可视化分析：工时消耗及效率分析

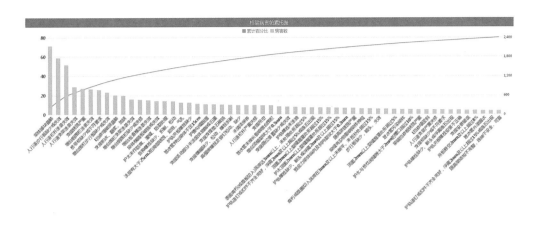

图5-40　大数据可视化分析：桥梁主要病害分析

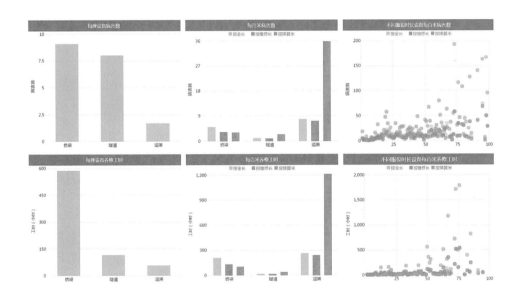

图5-41　大数据可视化分析：工区和养修工区的桥隧换算米的合理性分析

图5-42　大数据可视化分析：生产工时与非生产工时分析

■企业简介

中铁大桥科学研究院有限公司成立于 1959 年，其前身为中苏合作武汉科学研究基点。公司主要从事桥梁领域的科研、检测、监测、试验、监理工作，以及桥梁监测和管养方面的计算机系统集成和研发工作；先后主持完成了 3000 余项科研项目，其中 15 项获国家级科技进步奖、40 余项获省部级科技进步奖，拥有 40 余项国家专利、2 项国际专利、20 余项软件著作权。

■专家点评

中铁大桥科学研究院有限公司研发的铁路桥隧检养修管理系统是一个集网络化数据库、多媒体图像信息、专家知识系统、大数据分析于一体的综合管理系统，包括 WEB 管理系统和智能终端 APP 应用，实现了检养修全过程闭环的信息化。系统整体架构完整，技术创新性强，具有较高的推广价值。

高斌（中国电子科学研究院副院长）

大数据

24 基于 BIM 技术的交通基础设施资产养护管理解决方案

——中交公路规划设计院有限公司

基于 BIM 技术的交通基础设施资产养护管理系统及解决方案依托资产养护管理理念，多年重大桥、隧、路等交通基础设施设计和养护经验及专业技术，通过整合软硬件平台和行业技术力量，开发全功能 WEB 端数据平台、手持移动终端、BIM 三维可视化管理平台，打造集数据收集、存储、分析处理、应用管理和运维辅助决策等功能为一体的养管大数据平台，缓解交通基础设施在运营期的资产养护管理难题，为每个资产建立全生命期数据链条，并持续管理其性能和维养活动，确定检查、保养、修复、更换等活动的结构性序列，使资产在全生命周期内以最小的实际成本保持预期状态；为养管单位提供高效和专业的维养管理工具，为制定更科学的养管方案和规划提供数据支持。

一、应用需求

随着国家公路网的逐步完善，新建项目投资速度有明显放缓趋势，大量已建交通基础设施面临着科学管养的问题，建养并重将是未来公路发展的总体趋势（见图 5-43），整个行业重心在由"建设"到"管养"转移的过程中，面临四个方面的压力：

1. 性能保持：使资产长期处于预期状态，确保使用寿命

2. 状态认知：规范有效地获得公路资产的属性数据，高效归纳对比、分析使用并管理获取的资产属性数据，及时准确全面把控资产状态

3. 风险控制：使各类风险得到有效控制；突发的风险状况能及时发现，合理响应

4. 资金分配：以最小的投入保持资产长期的预期状态，养管资金的投入能得到科学合理的数据决策支持

当前公路行业管养信息化水平整体较低，存在大量"纸质化"办公、数据标准化低、冗余数据多等特点。而目前市场上的信息化系统大多处于不实用状态，难以

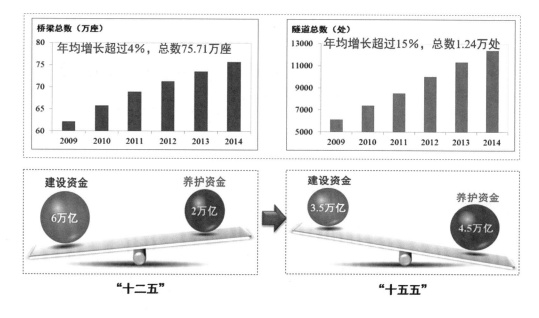

图 5-43　行业重心对比图

发挥信息化价值，存在不好用、不想用、没什么用的局面，而录入的数据又质量较低导致利用率低，有时数据的录入甚至成为养管工作的负担。行业内尚未形成可供有效挖掘的大数据基础，使之反哺业界的进一步发展。

为了适应行业重心转移、提升路桥隧等主要公路资产的监管水平和信息化水平，收集和标准化可利用的管养数据，及时了解交通资产的技术状况，准确掌握养护需求，充分发挥公路养护资金的社会经济效益，故提出基于互联网、大数据、BIM 技术的交通资产养护管理解决方案，即通过资产养护管理平台实施资产管理，提高养管工作的日常效率，使管养工作更加专业和标准，公路资产维养资金分配更加合理，在专业数据支持下使管养规划更加科学合理，因而该管养解决方案具有广阔的市场应用推广前景。

二、平台架构

交通基础设施资产养护管理平台围绕维养活动数据归集、管理、流转、展示和应用进行功能模块架构，以数据资产（全资产静态数据和动态数据体系）为核心，以养护管理为功能核心构建系统体系，以唯一 ID 编号构件作为数据载体，通过业务流程和数据体系规范养护管理。系统采用本地云端双部署，总体设置三个人机交互终端（WEB 端全业务平台、移动终端、BIM 三维可视化管理平台三个部分），数据同源，功能侧重不同。

交通基础设施资产养护管理系统架构以移动互联网、计算机、数据库、BIM和 GIS 等技术为手段，实现交通基础设施资产养护管理的标准化、可视化、可控化、自动化，交通基础出设施资产养据管理系统架构根据总体功能要求架构，支持多项目管理，同时支持移动 APP 功能（见图 5-44、图 5-45）。

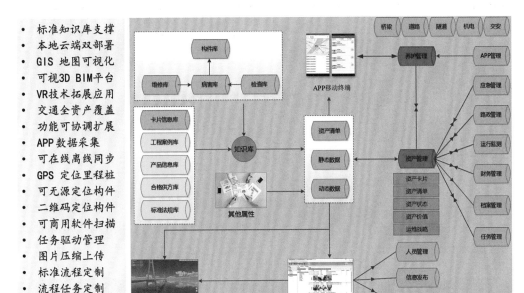

图 5-44　交通基础设施资产养护管理系统的功能框架图

图 5-45　交通基础设施资产养护管理系统的组成

其中：

（1）WEB 端业务平台为全功能全要素平台（见图 5-46）。可通过互联网进行

图 5-46　WEB 平台的模块组成

访问，主要包括：资产管理、项目管理、任务管理、各类资产养护管理（巡查管理、经常检查、定检管理、状态评估、维修管理）、报表、运维决策、档案管理、知识库管理等。同时 WEB 平台结合 GIS 技术将实现数据的可视化。

（2）BIM 平台的核心功能为数据展示、应急管理、任务发布、事件报警等，充分发挥其可视化优势，形成数据标准化集聚和管理平台，通过数据的模型化载体进行基于数据的生产管理。BIM 平台同时支持 VR 等虚拟现实技术（见图 5-47）。

图 5-47　BIM 可视化平台的模块组成

（3）APP 的核心功能为任务驱动管理下的各类养管活动的执行（检查维养等）、应急管理、信息查询、紧急事件发布等；基础数据与 BIM 和 WEB 数据同源，实时在线更新；能在离线模式下实现数据采集、管理和记录；能采用 GPS 等多种便捷模式在不同工作场景下快速定位构件（见图 5-48）。

图 5-48　移动终端的模块组成

三、关键技术

（一）以行业养护技术为根本、以信息化为手段、以问题为导向、以实用好用为目标

密切贴合养护实际，以资产养护管理理念和养护技术为根本基础，结合多年重大桥、隧、路等交通基础设施设计和养护经验及专业技术，整合软硬件平台和行业技术力量，应用大数据和信息化技术，实施交通基础设施资产养护管理系统和解决方案。

（二）全资产、全生命周期资产属性管理

包含了道路、桥梁、隧道等土建结构以及机电、交通安全等全资产的管理，每个资产构件都能建立起全生命周期的属性链条。

（三）构件 ID 编码标准化

在无完全适用的现成行业标准下，制定了资产编码的标准，分为总体信息、项目信息和资产信息三个层次（见图 5-49）。

通过标准编码的制定，为每个构件形成了一个"身份证"号码和二维码，从而建立起构件唯一的全生命周期数据索引，实现构件可溯源、可追踪、可终身管理的功能。

（四）养管数据标准化

以往运管养护中大量采用纸质文件，堆积的档案无法作为信息化数据使用，也

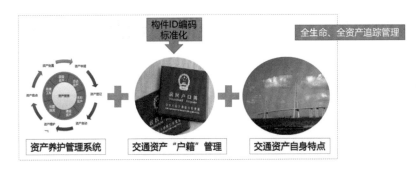

图 5-49　构件 ID 编码标准化及全生命、全资产追踪管理

谈不上高质量的数据。而对于同一病害，各家管养单位在记录时主观性强，数据表达各异，系统无法对比统计。因此要达到数据分析的前提，就要规范数据的表达，制定构件拆分标准、大量的知识库条目和体系。将交通资产的所有构件按照内部标准进行拆分，成千的构件中每个可能出现的每种病害、每种病害需要记录的各种特征参数、位置参数都需进行定义，这样在数据的录入过程中通过"选择""填数字"即可达到数据的标准化录入，而且建立了专业的数据采集流程。建立这种知识逻辑关系的工作量巨大，而且只能通过专业人员利用专业知识逐条制定，知识逻辑体系建立后才能让数据在信息化平台上进行对比分析、应用。

知识库是资产养护管理平台重要的标准化数据基础，是行业技术发展的重要凝练，也是决策支持的重要基础之一，同时也需要不断积累完善。通过后台建立的知识库和数据规则，实现最终呈现给使用人员的是流程化、简单化的操作体验，通过约束条件和数据实时标准录入，解决多年来养管数据多而不可用的状态（见图 5-50）。

（五）分类分级体系

分类产生价值。构件分级考虑了构件更换难易度、修复费用、病害风险、构件在系统中的重要性等因素，病害分级是基于病害发展、维修难度及费用、结构及运营安全、对耐久性的影响等方面考量确立。通过分类分级力求实现"重要构件危险病害进行优先处置"的功能（见图 5-51）。

（六）辅助决策支持

系统采用基于风险控制、多准则综合评价、全生命周期价值评估等方法的综合运用，建立状态评估体系、病害的筛选和跟踪、关键风险的识别和专业报表、维养计划的一般性排序等，结合专家的辅助介入，实现辅助决策支持的

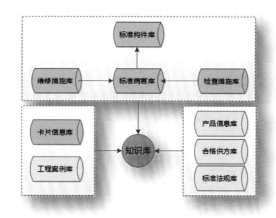

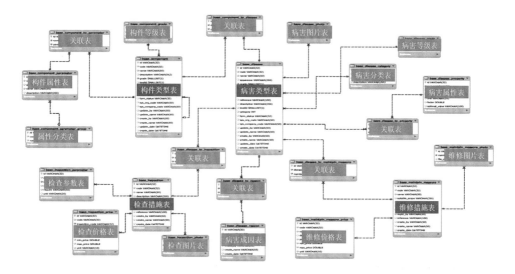

图 5-50　知识库数据体系

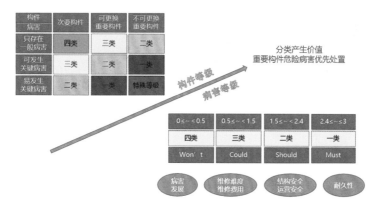

图 5-51　分类分级体系

功能（见图 5-52）。

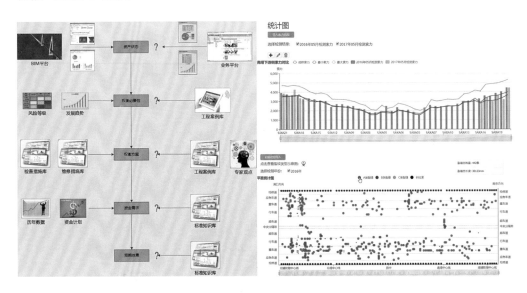

图 5-52　辅助决策体系和专业报表

（七）BIM 技术及理念的应用

充分利用 BIM 技术三维可视、直观的特点，建立满足养护使用的不低于 LOD300 模型精度的信息模型，将养护数据进行直观展示，展现资产属性、病害分布、技术状况、养护巡检路线等（见图 5-53）。

图 5-53　BIM 技术应用

（八）GIS 技术的应用

综合运用了 GIS 技术、GPS 定位技术和坐标转换算法，实现了在地图上显示构件位置、展示构件信息、多种构件定位方式等功能，在可视化的基础上更加实用（见图 5-54）。

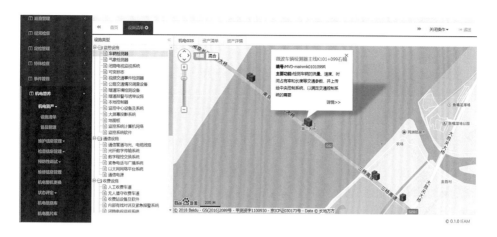

图 5-54　GIS 技术应用

（九）以任务为主线的数据采集

资产属性数据根据任务结果自动更新，任务采集终端具备离线使用模式，能够在钢箱梁、隧道内部等无网络状态下进行任务的离线执行。

四、应用效果

（一）应用案例一：南京长江第三大桥

南京长江第三大桥全长约 15.6 公里，总投资 33.9651 亿元，是中国第一座钢塔斜拉桥，也是世界上第一座弧线形钢塔斜拉桥。为更好地完成大桥的运营养护，实施了资产养护管理系统，通过养护设计建立完善的资产属性体系，围绕着土建、机电、交安结构资产的运营和管理，利用管理系统等信息化手段将所有养管业务纳入统一平台管理运行，实现资产管理的预期目标。

资产养护管理解决方案利用 WEB 端系统、移动终端、BIM 平台三部分实现，基本功能如下：

（1）检查与检测管理。

（2）养护与维修管理。

（3）桥梁、机电、交安等全资产管理。

（4）运维辅助决策。

（5）专业报告报表。

（6）结构评估。

（7）三维可视化交互平台。

（8）移动终端 APP 数据采集。

目前该方案和资产养护管理系统已于 2017 年年底上线部署测试（见图 5-55），并成功与档案系统对接。借助资产养护管理系统及管养解决方案，管养人员可通过全功能 WEB 端实现日常管养工作的标准化、专业化和流程化，依靠系统建立的各类资产属性体系、基础知识库（构件库、病害库、检查措施库、维修措施库）和分类分级体系等，利用大数据、BIM 和 GIS 等技术手段，实现构件全生命管理、病害与维修的跟踪和对比，提供资金分配、养护规划的辅助决策支持；通过 BIM 平台直观了解各类各级资产全貌，了解资产运营阶段的各类事件和管养任务（见图 5-56）；通过移动终端 APP（见图 5-57）快捷方便地执行管养任务，高效收集管养数据，完全实现标准化、无纸化、信息化、专业化的管养工作。

图 5-55　南京三桥资产养护管理系统

图 5-56　BIM 三维可视化管理系统

图 5-57　移动终端 APP 系统

资产管理系统界面美观友好，管养解决方案合理先进，管养人员易于上手，在无网络状态也能实现现场的数据录入，提高了日常巡检的工作效率，节约了成本。管养水平的提高，也将带来良好的社会反响。

（二）应用案例二：都格北盘江大桥

都格北盘江大桥位于贵州省六盘水市水城县都格镇，主桥桥跨布置为80+88+88+720+88+88+80（m），是目前世界最大跨径的钢桁架梁斜拉桥，也是世界上最高的桥梁。

为提高大桥管理者资产可利用率、降低企业长期运营维护成本，应用养护管理解决方案，采用信息化技术手段，逐步形成统一管理平台，通过对大桥资产全生命周期的有效管理，实现资产的保值与增值，提高企业的社会效益和经济效益（见图5-58）。

图 5-58　都格北盘江大桥资产管理系统

结合业主对管理系统的需求，按照交通运输部关于特大型桥梁运营期安全监管和养护技术要求，考虑到实用性、可靠性、耐久性和技术先进性的要求研究、设计资产养护管理系统总体架构。功能主要包括项目和任务管理，资产清单属性管理，检查维养活动管理，专业报表管理、技术状况评定、接口管理等。

系统将于 2018 年上线测试，以养管信息化为手段，提高养管水平和效率。

（三）应用案例三：杭州湾跨海大桥

杭州湾跨海大桥全长 36 公里，2008 年 5 月 1 日通车运营。桥梁总长长、维养复杂、工作量大，因此有序的、标准化的和专业的运维管理显得尤为重要。在急迫的需求下，公司于 2016—2017 年提出了养护管理解决方案，设计了杭州湾资产管理系统，并成功通过了设计审查，为后续的维养活动和系统建设奠定了基础。

■企业简介

中交公路规划设计院有限公司成立于 1954 年，原为交通部公路规划设计院，现为中国交通建设股份有限公司全资子公司。公司实现了全产业链（规划策划、可行性研究、投融资、勘察设计、工程建设、运营维护、资产处置）、大土木行业基础设施全生命周期全过程一体化咨询服务产业格局。公司拥有大批行业领军人才，获国家、省部级奖 300 余项。其中大数据业务涵盖了重大桥、隧、路的实时监测、资产养护管理、智慧交通等领域，其系统产品、解决方案、大数据服务已应用于多个重大项目中。

■专家点评

基于 BIM 技术的交通基础设施资产养护管理解决方案通过整合软硬件平台和行业技术力量，打造集数据收集、存储、分析处理、应用管理和运维辅助决策等功能为一体的养管大数据平台，有效地解决了交通基础设施在运营期的资产养护管理问题。该资产养护管理解决方案架构完善、技术先进，具有较好的市场前景和示范意义。

高斌（中国电子科学研究院副院长）

25 高速公路交通大数据应用解决方案

大数据

—— 大唐软件技术股份有限公司

高速公路大数据分析平台是面向高速公路交通领域应用的，通过整合路况、流量、收费、路政、养护、气象等业务数据，构建多种交通数据分析模型，实现对海量业务数据的分析和价值挖掘。为解决高速公路海量交通数据处理效率低且难以共享、数据价值挖掘不够且决策效率低等问题提供了一站式解决方案，平台满足了高速公路行业对业务大数据的统一存储、统一管理和统一服务需求，为辅助管理者及时调整和优化运营策略，提升协同决策效率以及公众智能化服务水平提供了必要的技术手段。

一、应用需求

随着我国高速公路路网的逐步形成，信息化业务系统建设已覆盖和深入到各业务领域，大大提升了路网运营管理水平。然而这些业务信息系统经过多年的运行，沉淀了海量的视频、图片、图表、文字等交通相关数据，形成了名副其实的交通营运大数据。由于种种原因，这些数据大多分散在多个异构的业务系统中，未被充分整合并加以利用，"孤岛效应"明显。

随着高速公路交通出行需求的不断增加，道路资源忙闲不均、路网事前预警能力不足、公众信息服务不够智能化等问题愈显突出，目前的运营管理手段、决策效率已远远不能适应现代高速公路交通发展的需要。然而面对这些问题，现有业务系统实时分析能力不强，海量数据处理效率低，缺少数据分析方法，内外部数据共享困难，致使决策效率不够高，无法为管理决策提供数据支撑。

因此，利用先进的大数据技术对已有海量数据进行整合、挖掘和分析，增强路网的事前预警能力，辅助管理者及时调整和优化运营策略，提升高速公路的管理水平以及决策效率，将是现代交通管理发展的必然趋势。

二、平台架构

（一）平台架构

高速公路交通大数据分析平台采用移动互联网、大数据、云计算等新技术，由面向交通管理领域应用的、可复用的通用服务能力组件构成，支持高可用及横向扩展的分布式架构，支持分布式大数据存储，支持全面高效的大数据高维检索，支持可视化服务。并依据不同业务分析需求，建立业务规则库及交通模型数据库，实现业务数据的统计分析、关联分析、影响及预测分析。

高速公路交通大数据分析平台总体架构图见图5-59。

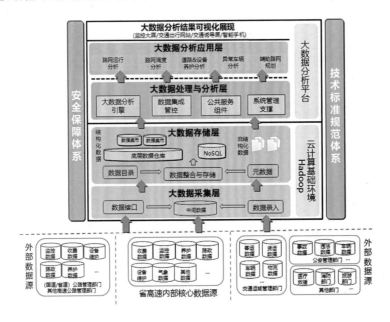

图 5-59 高速公路交通大数据分析平台总体架构图

平台遵循相关技术标准和规范，建立完善的安全体系和运维保障体系，在总体上可分为：

1. 大数据采集层

大数据采集组件实现对来自高速公路内、外部各业务系统的多源异构数据的采集，数据采集接口可根据系统、数据现状和管理要求，支持采集前置机、数据库直连、Webservice、数据录入等多种方式；支持实时采集和定时采集，以及全量采集和增量采集；并可通过制定专用数据协议，提高数据安全性和采集的实时性。

2. 大数据存储与处理层

存储了来自接口数据的结构化及非结构化数据，在数据层进行了数据集成和整合，并按业务和管理需要实现分层、分类存储及分布式存储，提高数据存取效率。结构化及非结构化数据混搭存储环境全面满足交通业务复杂性的要求，对各类相关数据，按管理规划要求、技术实现要求和业务需求等进行统一、有序的大数据组织管理。

3. 大数据服务支撑层

大数据服务为分析应用提供必要的数据调用、数据检索、中间数据生成、算法服务、流程服务等分析支撑功能。提供大数据分析引擎，为各类数据挖掘算法提供计算引擎和分布式计算支撑；提供数据集成管控平台，为数据 ETL、数据交换共享、数据资源目录、数据质量管理等提供全面的数据管理支撑功能；提供平台所需的公共服务工具及组件，提供平台管理支撑功能。

4. 大数据分析应用层

提供了面向高速公路交通大数据的多层次的、全面的分析应用和决策分析服务。依据不同需求构建分析模型，建立业务规则库，针对不同应用场景选择合适算法，进行业务价值的分析挖掘，实现统计查询分析、业务关联分析、影响及预测分析。

5. 大数据分析展现层

提供了面向最终用户的各种分析结果和图表呈现，并根据展现需要在各种终端进行呈现和发布。支持交互式可视化分析，并根据新增数据进行实时更新，并支持以大屏、出行网站、手机 APP 等多种媒介展现。

三、关键技术

（一）核心技术

1. 全数据处理引擎技术

平台构建的大数据存储子平台针对结构化、非/半结构化的数据进行融合存储、统一查询。采用 MPP 数据库存储结构化数据，而半结构化数据、非结构化数据存储在分布式文件系统上，以满足多源异构海量数据的存储需求。MPP 计算引擎和 Hadoop 计算引擎分别负责结构化和非/半结构化大数据的计算处理任务。通过全数据处理引擎技术，可以适应 OLAP、OLTP 和 NoSQL 三种计算模型的业务场景。

2. 交通大数据立方体技术

该平台克服了传统 CUBE 技术在处理性能和处理容量方面的局限性，基于时间和空间维度，建立了包含流量、路况、费用等一体的有机互关联 CUBE 体系。一方面可以结合数据标准化提升数据质量，保持数据一致性；另一方面支持利用分布式处理来提高数据存取和计算性能，可显著提高数据计算查询效率和降低技术复杂度，满足交通业务快速存储、检索、查询、统计海量数据的复杂性技术要求。

3. 大数据多特征分析技术

平台依据高速公路不同业务需求建立业务规则库，内嵌多种交通分析模型，针对不同应用场景匹配不同算法，并通过集成的深度学习和迁移学习技术实现全路网、全周期、全特征的分析。大数据多特征分析技术的使用不仅支持全面高效的大数据高维检索和分析挖掘，而且保障了平台接入海量数据时的分析实时性。

（二）核心功能

1. 数据整合功能

实现对高速公路内部已有各业务系统海量数据的整合、分类、归纳，搭建数据仓库，实现数据的分层、分类存储及分布式存储。

2. 数据分析功能

通过构建分析模型库和业务规则库，实现路网交通运行分析、路网调度决策分析、道路养护决策分析、机电设备养护决策分析、异常车辆分析及节假日流量等专题数据决策分析服务。

3. 数据综合展现功能

将分析后的路网运行数据、辅助决策数据等以图、表等形式进行交互式综合展现，支持 PC、大屏、电视、手机等多种媒介。

4. 数据共享服务

为高速公路内外部系统提供数据采集和服务的接口，实现与高速公路内部以及公路管理部门、公安管理部门、交通运输管理部门、消防救援部门等相关行业的数据采集和数据共享，满足与高速公路内外部数据的协同共享，为上层应用系统的建设提供良好的数据环境，为公众出行服务系统提供出行数据共享支撑，实现与高速公路内外部数据的跨部门、跨行业、跨市域的协同共享服务。

四、性能指标

数据管理容量：支持 PB 级数据存储及处理量。

系统可用性：可支持 365×24 小时连续运行。

95% 的系统查询响应时间：≤ 3 秒。

95% 的预计算统计分析最大响应时间：≤ 5 秒。

五、应用效果

大唐软件技术股份有限公司于 2016 年 5 月承建河北省高速公路管理局指挥调度中心的高速公路交通大数据分析平台。河北自古即是京畿要地，在京津冀交通协同一体化中更是处于重要的战略地位。河北高速经过多年的建设发展，通车总里程已达 6500 多公里，路网年车流量达 61400 万辆次，建设了十余个业务系统，构建了完整的路网状态感知和监测体系，随着路网的长年运行，积累的相关数据量级已从每年 TB 级别跃升到 PB 级别。

河北省高速公路交通大数据分析平台（见图 5-60）建设了云计算基础环境，并基于已整合的海量数据实现了对河北高速路网交通运行分析、路网调度决策分析、道路养护决策分析、异常车辆分析等大数据分析功能。分析后的成果数据为河北高速路网的日常监管、道路运营、违规车辆治理、公众出行以及内外部数据共享等提供了全面、高效、直观且精细化的数据支撑，显著提升了河北省高速公路的管理水平、服务水平以及决策效率。

图 5-60　河北省高速公路交通大数据分析平台首页

（一）平台云计算基础环境的建设，显著提升了数据存储能力和处理效率

平台实现了河北高速大数据云计算基础环境的部署，后端采用 Hadoop 技术平台构建，可以支持百亿以上数据记录的数据管理，十亿以上文件数据的存取与索

引，每秒上万条结构化数据的实时插入。平台整合了河北省高速公路管理局近五年来的 ETC、MTC、路况、气象等历史和实时数据，实现了业务数据的分布式大数据存储与并行计算。目前平台处理的结构化数据量每年约为 10 亿条，结构化数据存储量达 600T 左右，同时使路网运行数据一次统计检索时间从几小时缩短到了几秒钟，大幅度提高了系统分析效率，显著提升了高管局硬件存储能力和处理效率（见图 5-61、图 5-62）。

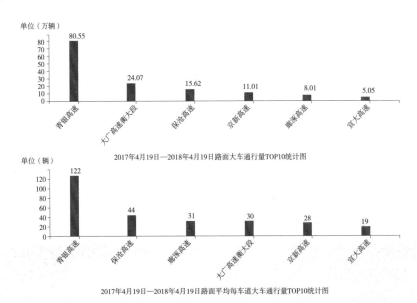

图 5-61　交警管制总体分析图

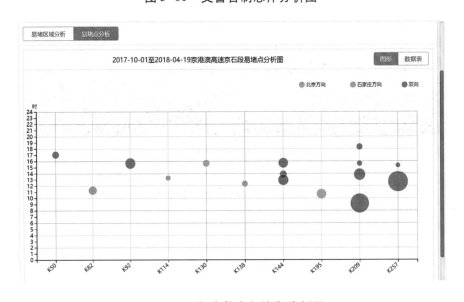

图 5-62　各路段流向均衡分析图

（二）路网交通运行及决策分析功能，大大提高了路网管理及精准决策效率

平台在对 ETC、MTC、路况等数据整合的基础上，通过构建路网运行分析相关模型，对河北省路网通行量分布、拥堵状况、服务忙闲状态、路况分布规律、重点位置重点时段流量预判等反映路网运行状态关键指标进行综合分析，并针对影响路网畅通的拥堵、事故、管控等重点因素，从时空维度、事件维度等分别进行深入挖掘和关联分析，分析后的成果数据不仅为业务及管理人员掌握路网历史运行状况和运行规律、变化趋势等提供了直观、高效的数据支撑，而且为缓解路网交通拥堵、合理疏导和分配路网交通流、辅助管理者作出基于数据的精准决策（见图5-63）。

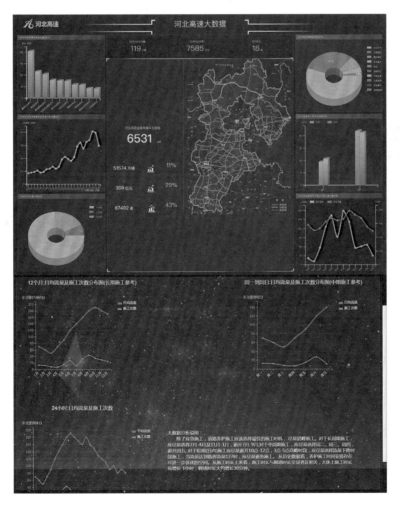

图 5-63 河北省高速大数据可视化界面

（三）数据共享服务，为业务协同及联合执法效率的提升提供高效数据支撑

平台针对指调、收费、路政、交警、气象等部门间强烈的业务协同和数据共享需求，面向业务协同管理与综合决策建立业务和数据分析模型，对天气影响分析、事故成因分析、异常车辆时空分布规律、行驶特征等实现精细化分析和预警，并通过统一的数据服务为跨部门、跨行业的数据共享、业务协同、联合执法提供高效的数据支撑，加快了数据资源在高速公路内部业务系统间以及与外部单位间、上下级管理机构间有序、高效的数据流动和访问，提高了数据资源的利用率和处理效率。

（四）业务专题数据分析功能，显著提升公众信息智能化服务水平

平台建立了公路出行服务专题数据库，将分析后的路况分析数据、拥堵分析数据、事故分析数据、车流量预测数据，以及路径诱导、线路规划、资源分布等成果数据，通过数据服务的形式主动推送至公众信息服务系统，通过微信、APP、微博、出行网站等方式进行发布，大大提升了高速公路面向公众的信息智能化服务水平（见图5-64）。

图5-64　河北省高速公路出行信息服务界面图

■ 企业简介

大唐软件技术股份有限公司是国内领先的行业应用软件及系统集成整体解决方案提供商之一。公司聚焦在运营商、智慧城市、交通、水利、教育等信息化领域，以云计算、大数据、信息安全等为核心技术基础，为客户提供顶层架构设计、规划咨询、方案设计、应用软件开发、软硬件一体化产品提供及实施、系统集成及信息安全等端到端的一揽子解决方案，并主导发布了云计算、大数据、智慧城市等十余项国际标准及多项国家、行业标准。

■ 专家点评

高速公路交通大数据分析平台充分实现了高速公路海量异构业务数据的整合，通过构建多种交通数据分析模型，实现对业务数据的分析和价值挖掘，为解决高速公路海量交通数据处理效率低且难以共享，数据资源利用和价值挖掘不够且决策效率不高等问题提供了一站式解决方案。平台整体架构完整，业务承载能力强，平台使用的数据分析处理技术体现了创新性，具有一定的推广价值。

高斌（中国电子科学研究院副院长）

大数据

26 运满满全国公路干线物流智能调度系统

——江苏满运软件科技有限公司

运满满全国公路干线物流智能调度系统是基于云计算、大数据、移动互联网和人工智能技术，依托中国公路干线物流最大的数据库，与全球顶级人工智能研究机构和科学家的合作，以复杂事件检测分析和处理技术、大数据智能分析决策技术创新为重点，运用最先进算法模型，基于嵌入式与定位追踪的智能调度平台，能够实现服务车主与货主的智能车货匹配、智能实时调度、智能标准报价，对物流信息全程追踪和可视化，显著提升了公路干线物流货源、车辆、路线、价格匹配速度、精准度和运输组织效率。

一、应用需求

近年来，我国经济发展进入新常态，结构优化、动能转换、方式转变的要求更加迫切，需要以服务业整体提升为重点，构建现代化产业新体系。国务院《关于积极推进"互联网+"行动的指导意见》（国发〔2015〕40号），国家发改委《"互联网+"高效物流实施意见》明确指出要"降低物流成本"，发展"互联网+"高效物流，支持基于大数据的运输配载、跟踪监测、库存监控等第三方物流信息平台创新发展。《服务业创新发展大纲（2017—2025年）》提出，要大力发展社会化、专业化物流，提升物流信息化、标准化、网络化、智慧化水平，建设高效便捷、通达顺畅、绿色安全的现代物流服务体系。国务院总理李克强2017年7月5日主持召开的国务院常务会议认为，推动物流降本增效，是推进供给侧结构性改革的重要举措，有利于促进大众创业、万众创新，扩大就业和发展现代服务业。

我国物流整体运行效率亟待提高，据统计，2015年我国社会物流总费用占GDP的比例为16%，2016年这一比例为14.9%，而发达国家还不到10%；卡车日行里数300公里，远低于发达国家的1000公里。公路物流完成了全社会接近80%

的货运量和33%的货物周转率，平均每天都有8400万吨的在途货运量，而公路干线物流更是占据其中90％的市场份额，规模体量十分巨大。但是，国内公路物流散、弱、小、乱，整体组织效率低下，货运空驶率非常高，接近40％，已经成为制约社会经济转型升级的重要瓶颈。近年来，以互联网为代表的信息技术日新月异，引领了社会生产服务新变革，极大提高了人类认识世界、改造世界的能力，给人们的生活带来翻天覆地的改变。国内物流领域特别是公路物流存在的诸多问题和面临的一些挑战，期待一场互联网时代的巨大变革。

针对传统物流行业存在的问题，积极响应国家政策号召，顺应物流业转型升级发展的趋势，在充分实地调研的基础上，运满满研制"全国公路干线物流智能调度系统"，提出了全流程、一揽子的解决方案，实现了降本增效经济效益和节能减排社会效益的双丰收。

二、平台架构

基于对平台的需求和业务分析，平台的整体架构见图5-65。

用户访问层主要是货源方(包括货主、货代、物流企业)、运输方(包括驾驶员、物流企业)、平台管理方（包括客户服务人员、业务监管人员、财务核算人员、税票管理人员、金融服务人员、决策人员等），操作终端为PC、智能手机。

应用层功能包括运输方服务系统、货源方服务系统、业务监管系统、开票管理系统、金融服务系统、运费核算系统、线下服务系统和经营决策系统。

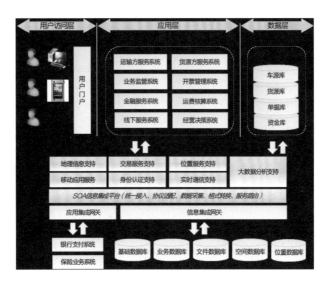

图5-65 全国公路干线物流智能调度系统平台架构图

数据层主要为公路干线智慧物流大数据共享平台提供数据存储与管理服务，重点为车源库——对参与货运业务的车辆和驾驶员的完整管理；货源库——对参与货运业务的货源，及其企业和个体的管理；单据库——针对参与业务形成的订单、运单、合同和保单的电子化管理；资金库——整个业务形成的资金流和应收应付、实收实付管理。

（一）运输方服务系统

货源检索：运输方检索目标货源，通过输入有效时间、起始点、运输要求等条件，查看平台当前发布的有效货源，并查看其始发点和目的地、预期发货时间，可直接拨打对方电话了解情况。

货源匹配：运输方发布车辆状态，以此获得平台符合其条件的货源信息推送。

货源报价：运输方可接收附近一定范围内的货源订单信息，可抢单（但不支持价格竞标模式）。抢单成功后业务自动撮合成功。

撮合担保：业务撮合将基于检索、匹配、抢单等模式形成的业务，通过缴纳押金担保的方式约束供需双方，避免一方失信导致另一方形成的不必要损失。

货运办理：货运办理实现货运交易过程中，运输方的运单确认与执行、发货登记、到货登记、身份验证，以及完成运输后的费用支付，支持对撮合环节的担保和各种纠纷的申诉，形成平台支持下通过闭环运作的物流、资金流可控运输模式。

（二）货源方服务系统

车源检索：货源方检索目标车源，通过输入有效时间、预期去向、运输要求等条件，查看平台当前发布的有效车源，并查看其地点和预期发车时间，可直接拨打对方电话了解情况。

车源匹配：货源方发布货物状态，以此获得平台符合其条件的车源信息推送。

订单下发：货源方可针对周围一定距离（自由设定）发布货源订单信息，接受来自运输方的抢单，抢单成功后业务自动撮合成功。

撮合担保：业务撮合将基于检索、匹配、抢单等模式形成的业务，通过缴纳押金担保的方式约束供需双方，避免一方失信导致另一方形成的不必要损失。

货运办理：货运办理实现货运交易过程中，货源方的费用缴纳投保，以及订单的完善，实现对货运轨迹和关键节点的跟踪，支持对撮合环节的担保和各种纠纷的申诉，形成平台支持下通过闭环运作的物流、资金流可控运输模式。

三、关键技术

运满满"全国公路干线物流智能调度系统"在以下方面取得了突破性创新，遥遥领先同业。

（一）依托互联网思维和领先科技，重塑公路干线物流行业

基于云计算、大数据、移动互联网和人工智能技术，以复杂事件检测分析和处理技术、大数据智能分析决策技术创新为重点，突破了传统公路物流领域信息不对称下的效率丢失，形成大空间尺度下的车货路径优化和调度，对整个运输链条进行重构，实现服务车主与货主的智能车货匹配、智能实时调度、智能标准报价，匹配有效率、报价有效率以及调度有效率均超过95%，显著提升了公路干线物流运输组织效率。

（二）创新打造信用等级评分系统，树立公路物流行业信用标杆

平台实现由货主司机交易关系图谱形成的国内唯一的信用等级权重评分系统，平台为货主和司机生成画像，进行信用评价和投诉处理，目前平台已有货主1380个、司机12099个进入黑名单，占平台注册货主的0.16%，占平台注册车主的0.31%。应用信用评分模型构建了一套整体信用平台，突破了传统公路物流信用把控手段缺乏的现状，平台内纠纷率（万分之三以内）仅为行业的五分之一。

（三）依托平台中国公路干线物流最大的数据库，发布"全国公路货运物流指数"

该指数全面体现大数据为物流现代化带来的变革，清晰展现全国货物流向等数据，能据此宏观分析全国公路物流健康状况，被誉为中国公路干线物流的"晴雨表"。

四、应用效果

（一）应用案例一：车货匹配平台

针对传统物流行业痛点，运满满组织开发了车货匹配平台，即为货主和司机提供实时信息匹配，在同一个平台上迅速实现车找货和货找车，从而大大减少了货运空载率、提高了物流运行效率。由于模式相近，运满满被业界称为"货运版的滴滴"（见图5-66）。

运满满的迅速崛起，通过互联网思维和技术，彻底改变了传统物流行业"小、

图 5-66　运满满 APP 界面

乱、散、差"的现状。短短四年,"运满满全国公路货运人工智能调度系统"平台上汇聚了全国 95% 的货物信息和 78% 的重卡司机,已经发展为中国乃至在全球范围内都处于前列的整车运力调度平台。平台上司机的月行驶里数由 9000 公里提高到 12000 公里,平均找货时间从 2.27 天降低为 0.38 天,节省柴油费用 1300 亿元,减少碳排放量 7000 万吨,降低物流运价 5%—10%,实现了降本增效经济效益和节能减排社会效益的双丰收。

（二）应用案例二：信用体系建设

运满满在成立之初就十分重视平台信用体系建设（见图 5-67）,四年来,不论

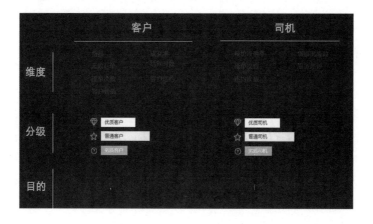

图 5-67　运满满全国公路货运人工智能调度系统信用评估体系

是在司机端还是货主端，运满满都力求通过更加规范、更加科学有效的措施，为平台用户营造一个健康有信的货运物流生态环境，基于大数据构建的公路货运生态信用体系，成为交通运输行业信用体系建设的实践代表。

开展信用数据的采集和评估：平台首先通过验证、扫描、实名制填写信息、现场实地调研、投诉处理等手段进行信用数据采集，进而根据客户性质、货损、成交率、无效订单、结款时效、押车次数、客户违约等维度，综合评估货主客户诚信级别并将资料录入信息系统。根据司机的报价准确率、货损出险数、抢单次数、违约情况、服务差评等维度，对司机诚信级别进行评估并录入系统。如果出现诈骗、倒卖或无故抬价等恶劣事件，将直接拉黑司机。

开展诚信排名：根据以上信用评级维度进行先后排名，第一级是优质客户，平台会优先匹配优质运力，最差的劣质客户级别，将逐渐被平台衡量淘汰。信用度越高者，成交效率更快。严格通过交易行为大数据沉淀，司机、用户的双发互评等数据进行信用画像，以沉淀用户信用积分及黑、白名单等方式反映信息结果，并形成基于信用的普惠金融、保险等应用场景。

运满满还与科研机构加强合作，共同挖掘大数据，2017年6月，中国交通信用研究院在杭州成立。中国交通信用研究院、交通运输部科学研究院联合运满满、云微信用等七家信用企业，共同发布了《中国交通市场信用发展报告》，对当前交通市场信用的宏观背景、发展现状及创新案例提出观点和建议。以此为契机，运满满还将与交通运输部科学研究院合作进一步推动交通信用服务市场的发展，包括拟联合发布《中国公路货运信用体系发展报告》，与交通运输部科学研究院、京津港物流、中交企协、中国道协、中物联、国家物流平台等机构共同发起货车、司机信用健康档案联盟机制，参照美国公路货运协会的货车、司机信用评分机制，建立市场化下的公路货车、司机信用健康档案联盟机制，并探索在"一带一路"倡议下输出中国公路货运信用创新方式，探索建立投资基金，孵化培育交通信用大数据开发及应用项目。

(三) 应用案例三：全国公路货运人工智能调度系统

"运满满全国公路干线物流智能调度系统"通过沉淀海量数据与学习成长，百万量级的活跃用户和交易每日产生T级别大数据，建设中国公路物流整车运输大数据库，结合各种不同实时交易场景，以事件为中心的复杂事件检测方法对数据源进行建模和匹配处理，获取复杂事件不断完善算法模型，基于嵌入式与定位追踪的智能调度平台应用事件处理语言实现最精准化匹配和智能化标准报价，突破了传统公路物流领域信息不对称下的效率丢失，形成大空间尺度下的车货路径优化和调度，对整个运输链条进行重构，实现干线物流空驶率大幅降低 10%，运输组织效率大幅提升，领先同业。

■ 企业简介

运满满成立于 2013 年，是智能物流综合平台。成立 4 年获得 8 轮融资，资方包括红杉中国、马云的云锋基金、老虎基金等，目前估值超过 40 亿美元，成为智慧物流行业的领头羊和独角兽。运满满是 APEC 中国工商理事会理事单位、国际道路运输联盟中国唯一企业会员、国家分享经济实践基地、中物联货运分会和智慧物流分会副会长单位、国家数据中心联盟全权会员，2017 年入围中国互联网企业百强。

■ 专家点评

运满满全国公路干线物流智能调度系统作为我国"互联网＋物流"、交通大数据和节能减排的样板项目，能够实现服务车主与货主的智能车货匹配、智能实时调度、智能标准报价，提升了公路干线物流货源、车辆、路线、价格匹配速度、精准度和运输组织效率，是一款优秀的交通物流领域智能解决方案。

高斌（中国电子科学研究院副院长）

27 车联网大数据场景应用解决方案
——广东翼卡车联网服务有限公司

车联网大数据场景应用解决方案实现面向车主服务场景个性应用开发及形成生态圈产业化，其特色以工业物联网卡与车联网大数据融合的方式，让车载电子设备厂商零成本获取车主驾驶行为大数据分析，形成生态圈的增值服务链各种云服务，达到在社会广泛应用，并提供高效、舒适、安全、便利的行车环境服务。实现主要功能为具备智能应用的车联网大数据云平台功能，云服务应用包括一键通、在线应用、个性化定制、车况大师、翼云电话、微信应用、智能云语音等车联网场景应用智慧出行方式。

一、应用需求

随着互联网不断发展，大数据正在成为一股热潮，且广泛应用于各行各业，车联网作为移动互联网大背景下诞生的一个产物，不管是车辆的接入、服务内容的选择还是服务的精准性，都离不开大数据。传统的车载电子设备都不具有通信功能，而通信资费的高昂成本，让大多数车载厂商不愿意推出具有通信功能的配件，造成目前无论是互联网企业还是汽车车厂、传统的车载设备制造商都无法真正在车载环境下提供结合"车联网大数据"的产品和功能。

翼卡车联网基于物联网通信卡的介质，研发出以车联网大数据场景应用的解决方案，充分利用"车联网大数据"及移动互联网的发展大势，针对车载厂商与车主用户的需求，场景解决方案细分为如下两类：

第一类：有移动互联网习惯的车主用户。使用本项目的不限流量卡车联网大数据技术应用的车载产品，使用户在行车时更加安全、便捷地获得基于移动互联网的车联网大数据应用功能，如：一键通、翼云电话、微信应用、语音识别、在线多媒体、保险服务、违章查询、加油打折等，尽享优质的"车联网大数据"智慧车生活驾驶体验。

第二类：汽车电子行业车载导航厂商和方案商。通过本项目的物联网普卡、车联网大数据技术应用、智能设备和服务场景个推应用的产品，不但可以降低产品成本，还可以在原本的车载产品上新增众多的基于车联网大数据场景应用解决方案，提高原有产品的市场竞争力，提升产品价值，实现制造型企业的转型升级。

项目为车联网大数据场景应用解决方案，提供灵活、可控、稳定的车联网大数据解决方案，并可提供综合性数据服务，同时结合企业自主发明专利，以3G、4G数据模块，蓝牙数据通信方案，为车主用户、汽车电子行业客户全方位解决"车联网大数据"时代的数据通信问题，通过提升产品的解决方案的嵌入式软件产品研发和应用，实现整个产品的产业化，提升大数据应用能力，推动传统产业升级。

二、平台架构

基于车联网大数据场景，应用解决方案项目概要由两部分组成：

（一）场景智能应用与硬件结合解决方案

1. 不限流量的工业级物联网通信卡
2. 车载APP应用开发及车联网大数据服务接入

基于智能设备的车载应用软件，实现车主所需服务，含：一键通、翼云电话、微信应用、语音识别、消息推送等功能研发。

（二）搭建车联网大数据云平台部分

1. 车联网大数据通信接入云平台建设

实现智能设备应用终端的接入、数据通信、数据存储、服务接入、获取、分发等；同时实现硬件开发者、应用开发者和服务提供商的开放接入，可提供互动式行车体验，含：在线多媒体、保险服务、违章查询、加油打折等（见图5-68）。

2. 车联网大数据监控云平台研发建设

实现物联网卡流量的管控与车主行为的数据收集、车辆实时状态监控、统计分析等功能。

3. 车联网大数据客户关系服务系统云平台建设

依托于自主研发的车联网大数据云服务平台，向车主提供优质的车联网大数据增值服务和客户关系管理服务，如地图数据、声控导航、救援、预约导航、接人、原地设防、续费、客户关怀等服务。

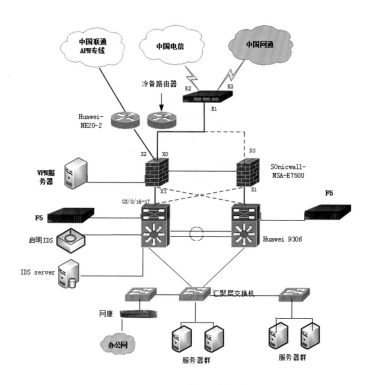

图 5-68　云服务平台架构图

本项目通过推动车联网大数据的普及，让翼卡在线场景服务应用受益于更多的车主，让解决方案更有效地在汽车电子行业中得到广泛的应用，提供有价值、有体验感的服务给广大车主用户，面向车联网大数据的服务场景个性应用开发及产业化，将汽车、互联网、大数据、云服务四者相结合，使车主在行车环境下安全、便捷地获取行车所需服务，构建基于车联网大数据车与云端服务的全新生态关系。

三、关键技术

项目主要建设的"车联网大数据"场景应用解决方案，可以植入同行业车载终端产品中，实现升级为具备智能应用的车联网大数据云平台功能，项目迅速推动技术创新、产品及服务的广泛应用。技术应用包括一键通、实时路况、翼云电话、微信应用、智能云语音等互联网智能出行方式。项目建设可引领汽车电子行业制造业的产业转型升级，以信息系统综合集成和产业链协同应用，打造行业示范企业和示范效应，推动"车联网大数据"智能制造升级的全面展开（见图 5-69）。

本项目实施方案关键技术分为四个部分：

图 5-69　解决方案开放合作结构图

（一）基于车载智能终端的车联网大数据 APP 应用

基于车载智能终端的车联网大数据 APP 应用研发，含：一键通、翼云电话、微信应用、语音识别等功能研发，并实现 SDK 封装，以方便第三方厂商进行车联网大数据接入封装。

（二）车联网大数据客户关系服务系统云平台

本系统项目面向车主研发车联网大数据客户关系与 TSP 服务系统，主要实现车联网大数据服务的交付，为车主实现辅助导航（远程 POI 信息点发送到车载智能终端）、实时路况、交通事件、咨询服务、防盗追踪等服务。

（三）车联网大数据通信接入云平台

车联网大数据通信接入云平台是本项目平台的接入层，实现智能车载终端与平台层的通信接入、数据传输功能，让车主可以获取到车联网大数据后台服务。

1. 基于 EPOLL 与 NIO 技术，实现超大规模设备接入和消息收发

2. 分布式负载均衡技术，利用 CDN 网络实现区域接入和负载均衡

3. 虚拟化技术，将物理资源虚拟化，实现资源的动态调配

4. 通过协议适配和解析，实现车载导航、车载控制设备、车载数据采集设备、手机端设备等智能车载终端的接入，并与第三方实时交通平台等无缝对接

（四）车联网大数据监控云平台研发建设

本项目通过升级 2.0 车联网大数据监控平台，可实现物联网卡流量的管控与车

主行为的数据收集、车辆实时状态监控、统计分析等功能。

四、应用效果

"互联网＋"服务场景个性应用产业化应用解决方案，将车联网 APP 应用植入同行业车载终端产品中，实现汽车升级为具有智能服务应用的车联网云服务平台的功能，迅速推动产业发展及技术创新应用，其中应用功能包括一键通、翼云电话、微信应用、语音识别、消息推送等。本技术方案在车载行业尚属首例，在行业内树立标杆，极大地推动了车联网服务的落地与发展，带领汽车电子行业在"互联网＋"大环境下提供能满足车主用户日益增长的行车服务需求。

从合作模式看，非常值得一提，翼卡跟航睿信息科技有限公司这次合作方式非常值得期待（见图 5-70），从原本单一翼卡为航睿提供流量应用服务的模式，转换为不仅提供流量，并通过翼卡后期的专业服务运营，与消费者产生紧密、黏性的互动，从之前的解决售后问题，到促进提升流量续费，相对比而言是质的上升（见图 5-71）。

从合作目的看，两家的强强合作，更是车联网独有的模式，百万 G 流量任性送，不仅拉响航睿 4G 导航流量任用之风；更加重要的是，航睿将会因此与用户保持非常好的联系互动，长期以来，用口碑营销会迎来更多的销量。这一合作提升了两家企业标杆的形象，还加速大屏机发展。

图 5-70　翼卡与航睿达成战略合作

图 5-71   翼卡与航睿开展流量免费送活动

从产品趋势看，可以大胆地猜测"旋风翼族"，肯定会涌现一阵狂热。所谓的得用户者得天下，跟用户产品紧密的互动，跟用户玩起来，也是非常多企业规划甚至落地的想法。

■企业简介

广东翼卡车联网服务有限公司成立于 2011 年，注册资本 3900 万元，是一家行车安全服务解决方案提供商，通过链接前装车厂产业合作、后装硬件、车主服务产生人车行为大数据，为智能网联汽车行业 UBI 保险、高精度地图、汽车消费金融、自动驾驶等提供基础支撑的平台型公司。翼卡集自主研发、系统集成、服务运营、产品销售于一体，竭力为客户提供安全、便捷、舒适的车联网技术应用与"互联网 +"产品服务。

■专家点评

广东翼卡研发的车联网大数据场景应用解决方案，实现了面向车联网大数据的服务场景个性应用开发，可以让车载电子设备厂商零成本获取车联网大数据通信卡和车联网大数据增值服务。该方案包括基于车载智能终端的车联网大数据 APP 应用、车联网大数据客户关系服务系统云平台、车联网大数据通信接入云平台、车联网大数据监控云平台研发建设 4 个核心组成部分，可以植入到同行业车载终端产品中，实现升级为具备智能应用的车联网大数据云平台功能。该方案的推广应用在车载行业尚属首例，为行业内树立了标杆，推动了车联网服务的落地与发展。车联网大数据平台用户已达 400 万，活跃用户超过 80%，帮助广东翼卡实现了 5 年内成为车联网大数据行业用户数第一的企业。

高斌（中国电子科学研究院副院长）

28 "云图"交通大数据解决方案

——中国电信股份有限公司广东分公司

"云图"交通大数据解决方案是基于中国电信手机位置数据，为城市及交通规划管理提供大数据分析服务。该方案主要提供城市人口分布、人员出行特征分析、高快速路路网运行监测、城市交通热点客流监测等服务。支撑公共基础设施布局规划、交通设施选址选线、交通枢纽客流疏散管理、城市公共交通线网优化、交通模型建设、流动人口管理等业务场景。有效解决了传统交通研究及城市规划调研成本高、样本少、范围小、不精确等痛点，并可实现人群出行、路况监测及人流监控功能，有效支撑相关部门规划及管理，获得了一致好评。

一、应用需求

城市交通分析及发展规划决策等需要以大范围、长时间且准确性较高的居民出行调查数据作为基础。传统的居民出行调查往往采用抽样问卷的方式，抽样率一般为2%—5%甚至更低，且调查成本较高，组织协调需耗费大量人力、物力和时间，数据汇总处理周期也较长。现阶段中国城市经济高速增长、基础设施建设突飞猛进、土地利用变更频繁，但通常间隔若干年才进行一次全面的交通调查，仅能获取相对静态的现状数据，很难跟上交通规划及城市发展的节奏。

随着信息技术的迅速发展，感应线圈、微波检测、视频图像识别等定点信息采集技术，以及GPS浮动车、电子标签等浮动信息采集技术，已经得到了大量应用并取得良好效果，但采集对象主要为运行中的车辆，检测结果更多的是车辆运行信息。根据车流信息反推居民出行信息，由于其分配算法的复杂性，难以用于较大空间范围。

二、平台架构

(一) 功能模块

"云图"方案主要以分析报告或实时监控平台的形式，分析城市人口在空间上的实际分布，区分不同性质人口的集合，分析得出全市通勤OD（交通起止点），掌握城市居民出行的特征信息等，最大化地满足城市交通调查、城市人口分布调查的需求。方案具备以下分析功能：

1.城市人口分布及出行特征分析

为了支撑城市规划、政策制定调优及管理手段实施，人员分布及出行调查是一项基础工作。基于手机动态数据的人员分布及出行特征分析，可实现人口动态分布分析、居住地工作地分析、区域与区域之间的OD分析、城市通勤特征分析、校核线／境界线客流分析、地铁客流分析及出行特征分析、重点交通枢纽客流集散分析及来源与去向分析，掌握城市出行需求特征，为城市与交通规划、建设、管理提供决策支持。城市人员出行特征分析示意图见图5-72。

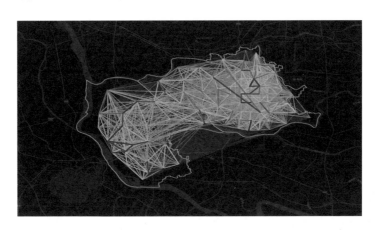

图 5-72　城市人员出行特征分析示意图

2.城市高快速路路网运行监测

结合城市高快速路路网现状、交通特征和信令技术的特点，建立高快速路实时路况信息采集模型、高快速路通行状况模型，采集基于手机信令数据的城市高快速路路况实时数据，实现城市高速公路、快速路及接驳道路等的高快速路覆盖，实时掌握高快速路路网的运行状况特征。图5-73为高快速路路网运行监测系统图。

3.城市交通热点客流监测

建设基于手机动态数据的交通热点客流估算系统，系统能够实现城市交通热点

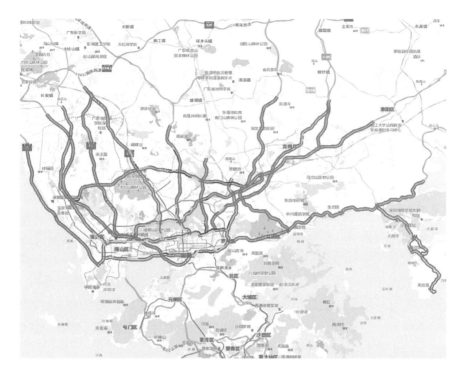

图 5-73　高快速路路网运行监测系统图

实时客流的监测与预警、全市动态人口密度分布（热力图），为城市交通与区域管理提供有效依据，有效避免踩踏事件等社会恶性事件的发生。图 5-74 为城市交通热点客流监测图。

图 5-74　城市交通热点客流监测图

（二）方案架构

1.人员出行特征分析系统

基于手机信令数据，能直接掌握手机用户在移动通信网络中的活动情况，结合基站地理位置信息，便能得到手机用户在真实地理空间上的活动情况。通过手机用户活动模型、出行分析模型、交通流模型、时空聚类算法、模式识别算法等，得到手机用户群体的活动特征及区域手机用户群体的变化情况。根据不同项目需求、经验模式、实际条件及情况，对手机用户的位置变化、停留进行筛选分析，得到满足各种需求的统计数据。图 5-75 为人员出行特征分析系统逻辑架构方案。

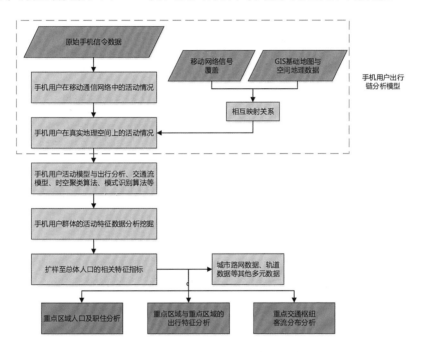

图 5-75　人员出行特征分析系统逻辑架构方案

2.高快速路路况信息采集系统

手机交通信息采集系统，主要分为手机信令数据接入、数据处理以及路况信息发布三部分内容（见图 5-76）。

手机信令数据接入：电信网络采集的原始信令数据接入，数据内容包括单一用户唯一标识、事件发生相关信息等。

数据处理：根据接入的信令数据，通过过滤去噪等处理后，通过车速核心处理模块、交通路况判定模块等处理，获取基于路段的交通路况信息。

路况信息发布：将获取的基于路段的交通路况信息，通过编码转换和标准化处理，形成可以对平台对接的数据进行发布。

图 5-77 为高快速路路况信息采集系统软件功能架构方案。

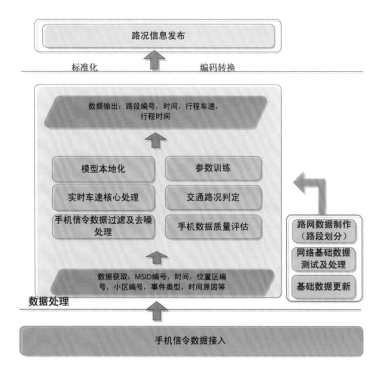

图 5-76　高快速路路况信息采集系统逻辑架构方案

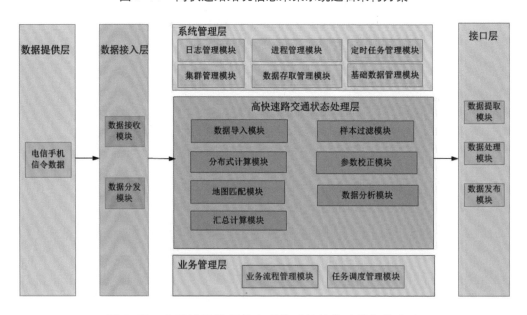

图 5-77　高快速路路况信息采集系统软件功能架构方案

3. 基于手机动态数据的区域客流估算系统

如图 5-78 所示，基于手机动态数据的区域客流估算模型的逻辑架构主要包括：

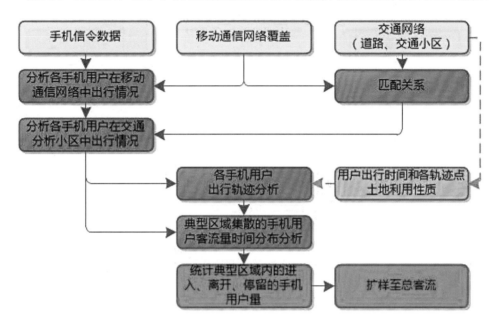

图 5-78　基于手机动态数据的区域客流估算系统逻辑架构方案

根据手机信令数据与移动通信网络覆盖信息，分析各手机用户在移动通信网络中的出行情况。

根据移动通信网络覆盖与交通分析小区的映射关系，分析各手机用户在交通分析小区中出行情况。

各手机用户在交通分析小区中出行情况的基础上，结合用户出行时间和各轨迹点的土地利用性质，进行各手机用户出行轨迹分析。

各手机用户在出行轨迹分析的基础上，进行典型区域集散的手机用户客流量的时间分布分析，识别当前统计周期内，哪些电信用户分别进入了哪些区域，及离开自哪些区域，统计周期结束时，停留在哪些区域。

统计某分析区域内、每个统计周期内（如，每 15 分钟）的进入手机用户量（吸引手机用户量）、离开手机用户量（产生手机用户量）以及停留手机用户量。

手机人群出行数据扩样至总体人群出行数据，扩样时，采用多层扩样模型，先扩样到城市多家运营商所有手机用户群体，再扩样到所有人群，即还需包括老人、小孩等无手机群体。基于手机动态数据的区域客流估算系统架构如图 5-79 所示。

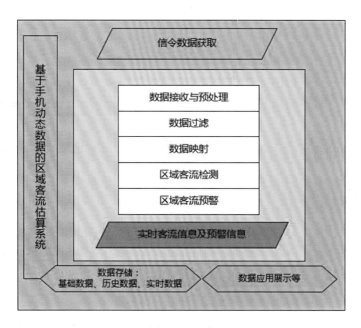

图 5-79　基于手机动态数据的区域客流估算系统架构

三、关键技术

"云图"交通大数据解决方案运用多种统计学及地理测绘学算法,针对不同交通场景及专题研究具有通用性的分析算法。其中包括:

（一）手机原始信令数据质量分析算法

检验手机原始信令数据准确性、完整性、实时性,包括信令数据信息的准确率、手机用户的捕获率、切换信令的捕获率等评价指标等。

（二）手机原始信令数据覆盖分析算法

从时间与空间两方面分析手机原始信令数据的覆盖率,包括研究范围内整体、各道路信令时空覆盖率分析。

（三）基于手机数据的路况信息处理算法

包括移动通信网络覆盖与交通网络匹配技术、基于手机数据的出行链分析技术、交通有效样本提取技术、基于手机数据的状态估计与预测技术、通行状况发布路段划分技术及通行状况路况阈值划分技术等。

（四）基于手机动态数据的客流处理算法

包括手机用户数量扩样至总体客流算法、客流预警阈值定义算法等。

（五）基于手机动态数据的重点区域人员出行特征分析算法

包括手机用户居住地与工作地识别方法、手机用户通勤出行群体识别与通勤出行特征分析方法等。

经过多次算法调试及优化，该解决方案已达到较高的性能指标，以深圳市交通运输委员会的高快速路路况信息采集系统为例，项目系统整体检测率97.64%，误报率只占2.36%，具有很高的准确性，可以精确反映道路的真实交通状况（数据由北京交科院提供）。不同交通状态的准确度见表5-1。

表5-1 不同交通状态的准确度

交通状态	样本数	准确样本数	检测率	误报率
畅通	1180	1168	98.98%	1.02%
缓行	121	101	83.47%	16.53%
拥堵	265	260	98.11%	1.89%

四、应用效果

方案自在广东试点运营以来，在广州、深圳、佛山等珠三角地区共上线4个代表项目，成功为深圳市交通运输委员会提供的基于手机动态数据的高快速路路况信息采集服务，为佛山市禅城区发展规划和统计局、佛山市城市规划勘测设计研究院、广州市国土资源与规划委员会等客户提供城市交通及人口规划专题分析报告，为相关部门的决策提供切实可靠的数据支撑，得到用户一致好评。

（一）应用案例一：基于手机动态数据的高快速路路况信息采集服务

长期以来，深圳市的高速公路交通信息采集多数依赖于信息共享获得的人工非实时信息，这与实际工作需求还存在很大差距，致使管理部门对高快速路整体运行情况缺乏全面及时的掌握。随着行业管理水平和能力要求的不断提升，对交通管理和监控业务处理能力、效率、效果也提出新的要求和目标，通过常规的人工方式已经无法获悉充足实时的信息资源、无法高效地处理和分析。基于这样的需求，中国电信股份有限公司广东分公司与深圳市交通运输委员会达成项目合作，搭建了基于手机信令数据的展示平台。

通过基于手机大数据交通信息展示平台，实现了深圳市 14 条高速公路、13 条快速路以及 20 条接驳道路，总计约 1110 公里的高快速路路网实时交通信息覆盖，实现系统每 2 分钟更新的高效的实时监测（见图 5-80）。

实现对深圳高快速路路网节假日评价分析及预测，实现了深圳市 35 个交通热点的实时客流监测，一旦到达客流预警阈值，及时发布客流预警信息（见图 5-81）。

形成了通用的高快速路实时路况信息接口，与深圳市交通运输委员会内部的 T-GIS 系统对接，提供数据服务，支撑了"交通在手""e 行网""全景大交通""诱

图 5-80　常发拥堵分析报告

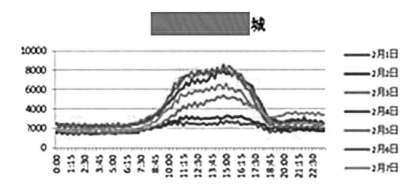

图 5-81　热点区域小时客流变化特征

导板"的应用发布，建立以地图为基础、红黄绿为主要表达形式的路况服务
形态（见图5-82）。

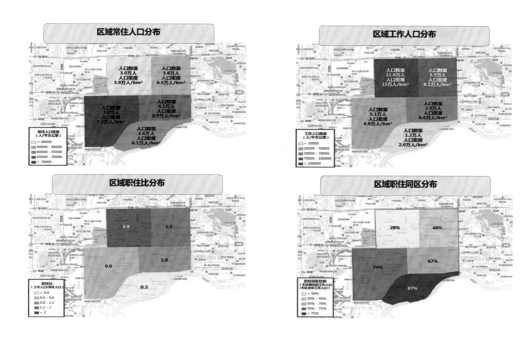

图 5-82　重点区域人口职住分布

通过本项目的应用实施，实现了智能化交通管理、交通决策的应用需求：

基于手机信令数据获取的实时路况数据，成本低、效益大，切实提高了道路信
息采集覆盖范围及路况监测精度，实时提供全高快速路路网信息，完善路网管控
能力；

实现全年7×24小时的客流实时监测，及时作出预警指令，帮助管理部门及时
作出避免拥堵的手段，有效避免踩踏事件等社会恶性事件的发生，扩大交通热点覆
盖，实现客流预警，有效避免踩踏事件等悲剧发生；

为深圳市持续提供全年7×24小时深圳市高快速路的路况应用服务，包括运行
指数系统、交通在手、全景大交通、综合交通信息发布屏等，以及交通热点的客流
应用服务，提升了交通信息服务能力，实现广域、多样、实时的公共服务需求。

（二）应用案例二：禅城区居民出行空间数据调查专题分析报告

区域人口的职住分布以及出行量分析一直是城市规划、交通规划中关注的重
点，现在利用手机数据完全可以迎刃而解，城市规划真正向定量分析迈出了一大
步。而传统的调查方式给出的分析结论往往具有滞后性，精度不高，人力物力耗费

巨大，利用手机信令数据对人口分布进行分析具有覆盖范围广、数据精度高、分析周期灵活、时效性强等显著特点。

基于这样的背景，中国电信股份有限公司广东分公司以咨询报告等形式为客户分析佛山市禅城区人口分布（见图 5-83）、跨城区交通量分布、商业区域人流密度分布、地铁人流分布及道路拥堵情况，24 小时出行情况分析，为禅城区城市规划和交通规划的编制、评价、修编提供数据支撑，更好地推动了禅城区公交线路及住宅商住区域规划（见图 5-84 至图 5-88）。

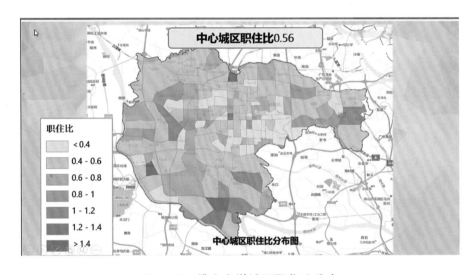

图 5-83　佛山市禅城区职住比分布

通过本项目的应用实施，为相关部门在城市规划和交通规划等方面的决策提供了依据：

对城市的人口分布及客流分析可服务于很多个方面，提供分析报表类型全面，对政府部门及时掌控城市发展规律提供了有效支撑；

通过基于手机动态数据的人员出行特征分析，真实客观地获得人的时间及空间上的出行特征，城市规划领域的贴合度更加体现在全样本、实时性、动态化、无群体性差别等，为城市规划和交通规划的编制、评价、修编提供数据支撑，全面提高了城市规划的科学性。

（三）其他应用

同时，在中国电信大数据能力的对外宣传上，交通大数据方案代表广东电信作为广东省自有大数据方案，在 2017 年 7 月分别亮相天翼智能终端交易博览会、佛山市禅城区智信城市与区块链创新应用发布会等（见图 5-89、图 5-90）。

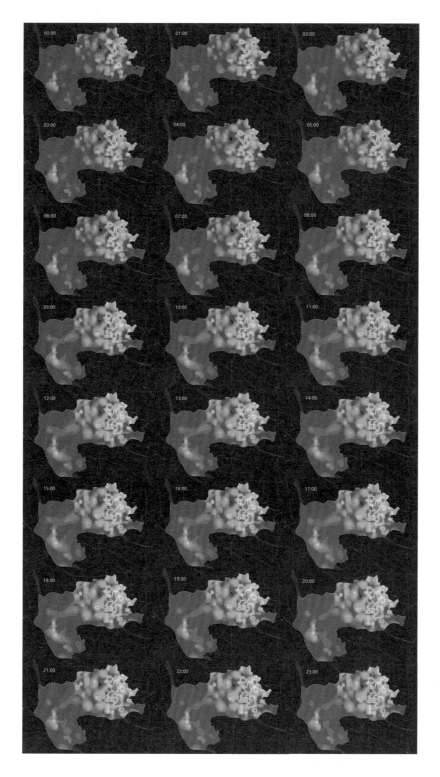

图 5-84　佛山市禅城区 24 小时动态人口分布分析

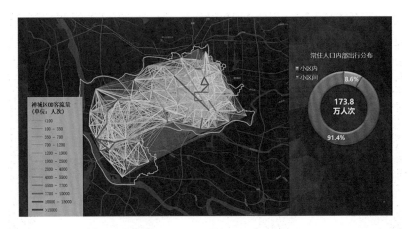

图 5-85　佛山市禅城区常住人口内部小区 OD 分布（调查日平均）

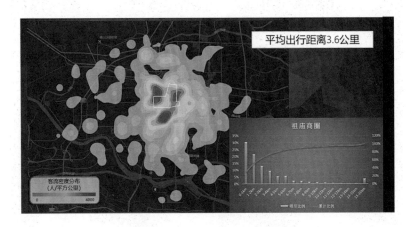

图 5-86　祖庙商圈腹地客流分析

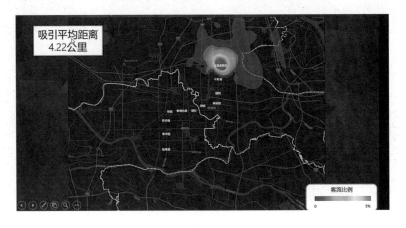

图 5-87　吸引客流空间分布—金融高新区站

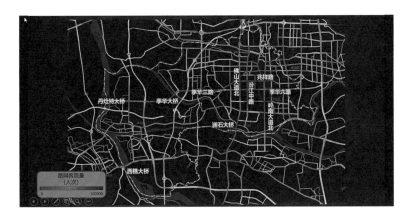

图 5-88　佛山市禅城区路网流量图

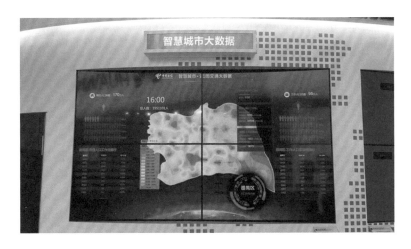

图 5-89　产品亮相 2017 年天翼智能终端交易博览会

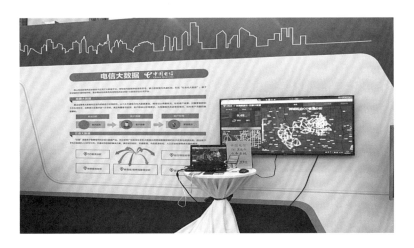

图 5-90　佛山市禅城区智信城市与区块链创新应用发布会

■企业简介

中国电信股份有限公司是国有特大型通信骨干企业，位列 2017 年世界 500 强 133 位，全球电信运营商第 8 位。广东公司是中国电信股份有限公司最大的省级分公司（收入占股份公司的 17%），基础网络与服务网点遍布广东城乡，位列"广东省百强企业"第 21 位。

截至 2017 年 6 月底，广东公司用户总规模达 6870 万户。其中，移动用户 2280 万户（含 4G 用户 1480 万户），有线宽带用户 1850 万户（含光纤用户 1460 万户），天翼高清用户 750 万户，固定电话用户 1990 万户。

作为广东信息化建设的主力军，先后被评为"中国农村信息化杰出贡献单位""广东省通信发展突出贡献单位""改革开放三十年广东标杆企业"等。

■专家点评

"云图"交通大数据解决方案是基于中国电信手机位置数据，为城市规划及交通规划管理提供大数据分析服务。该方案主要提供城市人口分布、人员出行特征分析、高快速路路网运行监测、城市交通热点客流监测等服务。

该方案已在广州开展试点，并取得了良好的效果，具有较高的推广价值。

高斌（中国电子科学研究院副院长）

29 先进的新一代智慧城市系统

大数据

——青岛海信网络科技股份有限公司

先进的新一代智慧城市系统是以物联网、大数据、人工智能等技术为基础，以给用户带来高附加值为目标，以建设高度智慧化的应用服务为核心，实现城市智慧式管理和运行，促进城市的可持续发展。

先进的新一代智慧城市系统以大数据和人工智能技术改善民众的出行，其在交通领域落地的产品主要包括交通云和数据魔方。交通云为城市提供包含城市交通、公共交通、平行停车、物流运输、交通舆情在内的综合交通运输解决方案；数据魔方采用企业级大数据存储、查询、计算、分析的统一平台，能够快速构建海量数据信息处理系统，通过对海量信息数据实时与非实时的分析挖掘，发现全新价值点。

一、应用需求

智慧城市是以物联网、大数据、人工智能等技术为基础，以给用户带来高附加值为目标，以建设高度智慧化的应用服务为核心，对公共安全、民生、环保、城市服务、工商业活动等各种需求作出智能响应，实现城市智慧式管理和运行，为城市中的人创造更美好的生活，促进城市的和谐、可持续发展。

二、平台架构

针对当前智慧城市面临的问题与挑战，海信提出先进的新一代智慧城市系统模型（见图5-91）。

模型主要包括：

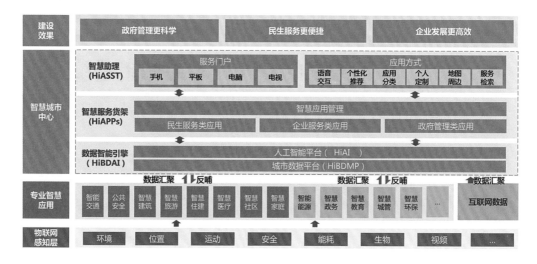

图 5-91　海信智慧城市系统模型

（一）物联网感知层

物联网感知是智慧城市建设的基础，为智慧城市上层应用提供数据支撑。

（二）专业智慧应用

指各委办局及其他专业的智能信息系统。此部分可在智慧城市统一标准下独立建设，海信可独立承建其中的智能交通、公共安全等八大模块，其他模块可以集成行业内主流产品。

（三）智慧城市中心

是智慧城市建设的关键和核心，包括数据智能引擎、智慧服务货架和智慧助理三大部分。利用数据智能引擎汇聚和管理数据资源，并提供人工智能服务；通过智慧服务货架管理应用和服务；通过智慧助理链接用户与应用。

三、关键技术

本解决方案拟突破六项关键技术，包括大数据技术、人工智能技术、GIS+ 技术、先进的刷掌支付技术、跨系统跨协议数据采集技术以及物联网感知技术等。

（一）大数据技术

大数据技术是"数据金矿"的挖掘和管理工具，包括大数据存储、大数据管理与治理、大数据分析等技术。本项目拟突破交通、安全以及人口、法人、地理信息和宏观经济四大基础库的大数据模型化技术，解决由于数据来源复杂、数据标准不统一、编码不统一、存储异构导致的数据融合难、治理难的问题；拟突破交通、安全等大数据场景化存储技术，解决城市数据融合后因规模骤增导致的检索性能低、系统可用性不高的问题。

（二）人工智能技术

提供推理引擎、模型库、算法库、知识库等通用支撑组件，基于此可以支撑企业、研究机构、创客等快速开发人工智能应用。本项目拟应用人工智能技术，突破全城公交无人调度技术，解决人工调度劳动强度大、调度效果过度依赖人员经验的问题；突破全城道路交通信号控制自动优化技术，解决人工无法做到城市整体路网流量预测、难以对突发交通事件实时快速处理等问题。

（三）GIS+技术

包括 GIS 和 BIM 技术。实现城市中地面道路、地上建筑物、地下管网、水域等现实世界内容在虚拟世界中的完整呈现。本项目拟突破基础地理要素与城市资源数据融合技术，解决智慧化运维、可视化指挥等智慧应用中需要精准定位和可视化呈现的难题。

（四）刷掌支付技术

智慧城市的目的就是给人们创造更美好的生活，先进的支付技术能给人们生活带来便捷和自由。本项目拟研究刷掌支付关键技术，突破基于手掌静脉身份识别的支付技术，解决支付的便捷性和安全性问题。

（五）跨系统、跨协议数据采集技术

智慧城市建设是个持续的过程，需要将任意系统、任意协议、任意设备的数据接入进来。由于智慧城市物联网传感器种类繁多、应用系统繁多，本项目拟突破跨系统、跨协议集成技术，解决协议各不相同、系统建设标准不统一造成的数据接入难、系统整合难的问题。

（六）物联网感知技术

智慧城市需要感知城市运行中的环境、位置、安全等信息，需要不同类型、不同功能的传感器支撑，如各类视频、微波、雷达、生物传感等。本项目拟研究体势动态感知算法，解决手势与体态无法精细化实时动态识别的问题；拟突破多源声音融合技术、定向语音增强与回声消除技术，解决背景噪声抑制效果差、声音识别率低的问题；拟研究超低功耗通信传输应用技术，研发窄带物联网（NB—IoT）模组，研究产业化和产品应用技术，建设 NB—IoT 产业化基地。

四、应用效果

（一）应用案例一：交通云

交通云全方位汇聚城市道路、公共交通、物流、停车、交通舆情等交通领域数据资源，结合环境与气象数据、城市人口与岗位分布数据、交通事故与违章数据、手机信令数据、社会网络数据等，充分利用云计算、大数据等技术，为城市提供包含城市交通、公共交通、平行停车、物流运输、交通舆情在内的综合交通运输解决方案。

产品总体框架是一个云数据中心、三大支撑平台和七大智慧应用平台（见图5-92）。产品处于国内领先水平，用户以大数据局、交警支队和交通委为主，以直接

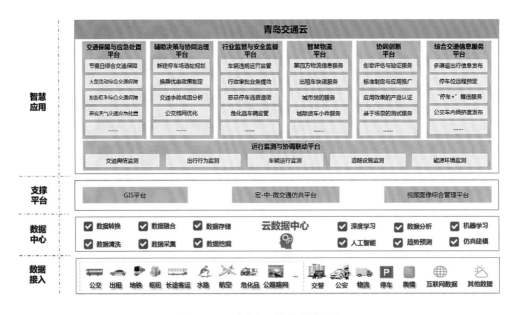

图 5-92　交通云总体框架图

售卖产品为主要商业模式。

交通云项目实现交警、交通委、相关委办局、互联网、企业等数据的共享，在达成同等效果的情况下，有效节约政府硬件设备投资；并在有效缓解交通拥堵和保障交通安全的同时，减少了燃油消耗，减少了碳排放量；引入大众的智慧，共同为城市的交通管理献计献策。

目前，交通云已在青岛、兰州等地进行建设（见图 5-93、图 5-94）。以兰州为例，平台效果正逐步显现，具体情况如下：

1. 采用"多源异构，全量数据"的总体设计思路

在充分利用兰州市大数据局已整合的全市数据资源基础上，运用市公安局交警电警卡口过车数据、市交通委城运处全市出租车 GPS 数据、市公交集团公交车 GPS 数据、运营商手机信令数据、市气象局气象数据，实现对全市主城区道路交通运行态势信息的实时和预警发布。

2. 路况准确度高于现在的互联网发布，如：高德、百度

实时视频监测　　　　　　　　综合指标监测　　　　　　　　GIS地图监测

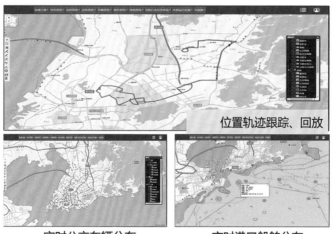

位置轨迹跟踪、回放

实时公交车辆分布　　　　　实时港口船舶分布

图 5-93　交通全景可视化展示图

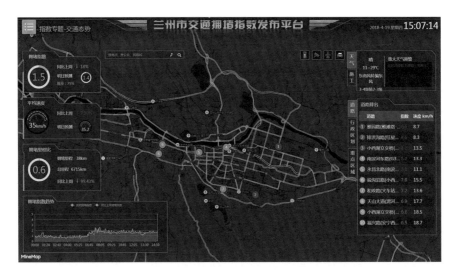

图 5-94 兰州市交通拥堵指数发布平台

3. 已完成内网大屏、网站、微信等多渠道发布

4. 全方位、多角度的交通全景呈现

通过先进的流处理、可视化技术，对多种交通源数据及路况、指数数据进行分析、挖掘，为用户提供直观、丰富的交通信息和分析结论。

（二）应用案例二：数据魔方

在智能交通领域，为提升城市的交通运行效率，促进城市的健康可持续发展，海信基于大数据建立了"数据魔方"，对交管业务数据进行汇聚、清洗、关联、碰撞和挖掘，实现傻瓜式查询、智能化分析研判、灵活性的技战法、可视化展示和自定义报表打印，满足基层实战、高层决策的需要，真正做到了"数据随用即得、战法随想即成、应用随需而变、警务效能倍增"（见图 5-95 至图 5-99）。

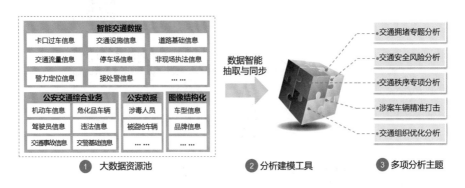

图 5-95 数据魔方系统框架图

　　"数据魔方"可从海量交通数据中筛选出可用数据，再运用大数据分析技术进行分析，最后还可将分析结果以趋势图、饼状图等形式可视化呈现。比如分析后就可显示晚高峰都有哪些拥堵点，拥堵时长是多少，近几个月的拥堵趋势是什么样的。

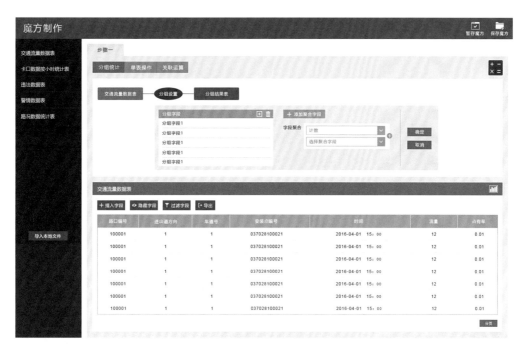

图 5-96　交通流量信息展示图

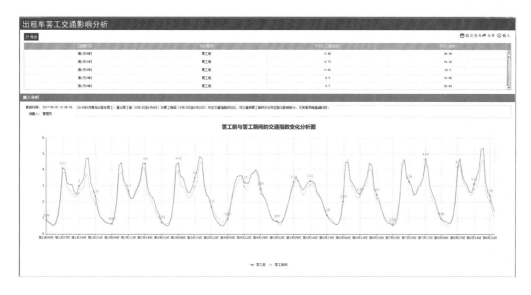

图 5-97　出租车罢工前后市区交通指数变化分析图

数据魔方项目中已建立了涵盖交通畅通、秩序、安全、组织优化、涉案车辆打击5类专题共100余项分析模型。基于过车大数据分析挖掘，实现专业交通OD分析，为信号调优、交通组织提供数据依据。对百亿级海量车牌信息进行检索分析，分析

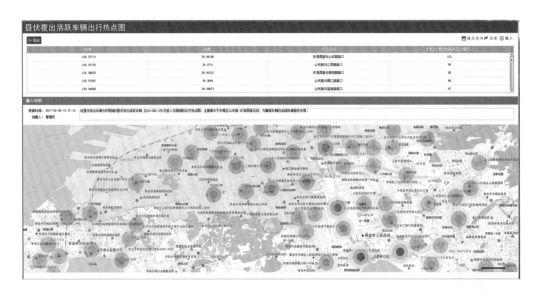

图 5-98　昼伏夜出活跃车辆出行热点图

图 5-99　数据魔方可视化展示图

检索速度不大于 3 秒。10 亿规模数据关联运算分析 30 秒内响应，达到行业领先水平。

■ 企业简介

青岛海信网络科技股份有限公司成立于 1998 年，是海信集团骨干企业，是海信集团信息产业板块的核心力量。公司秉承海信"技术立企"的发展战略，定位产业高端，立足自主创新，专业从事智慧城市、智慧交通、公共安全行业整体解决方案、核心技术和产品的研究、开发和服务，公司的市场占有率连续多年蝉联行业第一。海信网络科技申请专利软件著作权 700 项，有 25 项技术成果达到国际领先或先进水平，主持和参与 21 项交通领域国家、行业标准的制定，承担 30 余项国家科技项目，多次荣获国家技术发明奖二等奖、国际交通领域大奖等科技奖项。

■ 专家点评

青岛海信网络科技股份有限公司运用大数据、人工智能等技术，自主研发的交通云与数据魔方，以海量交通数据为基础，分析交通运行的规律性和相似性，建立智能学习模型，通过深度学习去预测流量等交通参数，预知拥堵区域，为交通管理部门进行科学决策提供了有力的支撑，提升了城市的交通运行效率，促进了城市的健康可持续发展，值得向更多的地方推广。

高斌（中国电子科学研究院副院长）

30 大数据 货车帮车货匹配系统

——贵阳货车帮科技有限公司

货车帮车货匹配系统由贵阳货车帮科技有限公司自主研发、建设，结合公路物流领域因信息不对称导致公路物流运输车辆趴窝、等待、空驶、乱跑等特点，通过成熟的互联网技术手段，由企业专业技术团队建设的基于车源与货源的实时车货匹配系统平台。并以货车帮车货匹配移动端及电脑端软件为载体，实现全国公路物流车辆与货源线上高效匹配。目前货车帮以车货匹配为核心搭建了公路物流信息共享平台，满足了全国公路物流领域货主和司机对运力及货源的强烈需求，在降低公路物流交通运输车辆空驶率、提高行业效率、减少能源的损耗、改善社会运力综合成本上作出了努力与贡献。

一、应用需求

近年来，物流产业规模快速增长。美国供应链调研与咨询公司 Armstrong & Associates 的数据显示，中国物流业 2013 年的市场规模达 1.59 万亿美元，比 2005 年增长 3.1 倍，整体规模占全球的 18.6%，蝉联全球第一，而德勤近期发布的《中国物流产业投资促进报告》显示，中国与发达国家的物流服务质量差距依然很大。

当前，我国物流企业超过 100 万家，公路物流占物流总量的 75% 以上，社会货运车辆保有量已经超过 2100 万台，其中，中重型长途运输车辆约 700 万台，国内从事公路物流行业的产业人员达 3000 多万人，90% 以上大型货车为个体户。低效率、高耗能、高风险是国内公路物流的显著特征。从低效率来看，2016 年我国社会物流总费用占 GDP 的比重约为 14.9%，是欧美发达国家的 2 倍；物流成本占制造成本的 30%—40%，是欧美发达国家（10%—15%）的 2 倍以上；我国公路物流车辆每月的平均行驶里程只有 8000—9000 公里，只占欧美发达国家（25000 公里）的 1/3。从高耗能来看，国内所有的物流园几乎处于"信息孤岛"状态，物流园直接信息互通非常低，车辆趴窝配货时间超过40%。由于物流信息的不对称，每年因空驶带来的柴油浪费在千亿元以上。从高风险来看，以全国数以千计的传统物流园为例，信息不对称导致货车司机非正常的聚集，由此带来的道路压力巨大、交通拥堵及环境破坏等问题甚至使物流园成为城市的肿瘤。

我国公路货运领域，小、散、乱、弱的局面长期存在，公路货运信息不对称、公路物流资源分布不合理，这些弊端严重制约了公路物流向前迈进的步伐，严重影响了公路物流规模化、高效化、集约化、智能化发展趋势，中国公路物流已经成为新常态下中国经济健康发展的瓶颈之一。

二、平台架构

该系统由以下六个核心子模块以及配套的车货匹配业务安全（风险控制）系统组成（见图5-100）。包括：货源基础管理模块；货源搜索模块；货源优化排序模块；车货匹配应用配置管理模块；车货匹配大数据计算模块——分为对车货匹配平台用户行为数据流的实时计算子模块及离线计算子模块；车货匹配货源订阅推送模块。

利用该系统集成性、便捷式、交互化的特性，将货主端与司机端通过互联网进行连接，服务器进行系列数据信息的存储、调用、修改，实现其数据负荷轻量化。一旦服务器程序被启动，就随时等待响应客户程序发来的请求，当需要对数据库中的数据进行任何操作时，客户程序就自动地寻找服务器程序，并向其发出请求，服务器程序根据预定的规则作出应答，送回结果，应用服务器运行数据负荷较轻。在数据库应用中，数据的储存管理功能是由服务器程序和客户应用程序分别独立进行

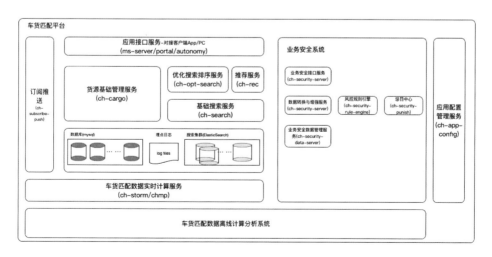

图5-100　货车帮车货匹配架构图

的，前台应用可以适当分担后台程序的处理信息，并且可以实时地将代码不同的信息数据进行统一分配，从而在服务器的应用程序中实现各司其职、物尽其用。而在客户服务器架构的应用中，相对复杂的操作环节都可以交付服务器与网络进行有条不紊地操作处理，这就使得信息吞吐量巨大的平台得以实时进行信息更新、数据交换以及高效匹配处理。

三、关键技术

（一）货车帮车货匹配系统搭建使用的核心技术

1. Spring MVC 框架，用于搭建应用服务
2. Redis，用于搭建缓存服务
3. Mysql 数据库，用于存储货源等基础信息
4. ElasticSearch，搜索数据库，构建用于搜索货源的索引
5. RabbitMq，消息中间件，同步货源信息和其他服务
6. Storm，实时计算平台，实时计算货源指标
7. Kafka，消息中间件，同步用户行为数据埋点日志
8. Hive，离线基于 Hadoop 的数据仓库
9. Hadoop，离线存储用户行为数据及货源数据

（二）基于以上核心技术实现了车货匹配系统六大子模块以及配套的业务安全系统的核心功能

1. 货源基础管理

实现货源基础管理核心功能，管理多渠道（自建渠道客户端 APP、PC、第三方物流平台渠道）发布的货源订单信息。货源基础信息包括货源出发地、目的地、货型、货物货位、吨位、预计出发时间、到达目的地时间等。

另外，实现货源订单的创建、删除、重发等功能以及货源订单的信息查看、查询等功能。

2. 货源搜索功能

达成货源搜索功能，使得司机和货主可以根据搜索条件（出发地、到达地、所需车长、车型等条件）进行货源信息搜索，保障货源搜索时的高召回率和精准度。

3. 货源优化排序功能

实现货源优化排序功能，一方面根据用户输入的搜索条件，结合平台积累的用

户行为大数据，计算出用户的偏好、搜索条件特征，进行搜索条件的优化，构建多路搜索请求，一方面对货源搜索返回的结果集（通过货源搜索模块）进行二次排序，即根据司机偏好、货源特征等多维度进行过滤及优化排序。

4.车货匹配应用配置管理功能

实现车货匹配应用配置管理功能，包括对车货匹配系统各个子模块上各类应用配置及系统功能开关的管理，使得整个系统可以根据运营需求、系统需求，改变配置，并下发配置参数，从而实时调整系统的功能。比如，通过后台配置，可以动态实时地改变货源搜索排序结果集的排序顺序、规则，控制货主发货的最大频率等。

5.车货匹配大数据的计算

实现车货匹配大数据的计算，对车货匹配系统关键数据(用户行为数据，货源、货主、司机的特征数据）指标抽取、计算生成；对车货匹配所涉及的角色及货源信息特征进行分析计算，包括货主的画像（如货主价值、货源特征）、司机的画像（如司机的搜索偏好）、货源与运力的供需关系数据。

6.车货匹配货源订阅推送功能

实现车货匹配货源订阅推送功能，可以根据司机订阅的路线将新发货源中与之路线匹配的及时通过手机推送到司机端。

7.车货匹配业务安全

在车货匹配业务安全（风险控制）系统中包括对货主发货、司机搜索找货等业务场景下对货主、司机恶意行为的监控识别、报警、屏蔽、反制等核心功能的实现。

（三）关键的技术指标

货车帮车货匹配系统核心技术指标为各个场景下（新发货源、重发货源、基本搜索、推荐搜索、查看详情、拨打电话）的接口响应指标，具体指标如接口访问总量、错误量、错误率、延迟分布、最高 qps 等。

若以一周时间为例见图 5-101。

四、应用效果

货车帮车货匹配应用解决方案对于物流产业转型升级的积极作用主要体现在以下几个方面。

（一）实现线上移动车货匹配功能

货车帮车货匹配系统以"货车帮货主 APP+ 货车帮司机 APP 以及货车帮 PC 版"

指标分类	指标名称		昨日变化率	2017-11-16	2017-11-15	2017-11-14	2017-11-13	2017-11-12	2017-11-11	2017-11-10
新发货源	总量		-1.50534%	2130667	2163231	2151981	2123668	1903045	1944813	2119097
	错误量		-1.33379%	295	299	234	244	270	253	304
	错误率		0.17011%	0.01385%	0.01382%	0.01087%	0.01149%	0.01419%	0.01301%	0.01435%
	延时分布	<=100ms	2.02359%	98.00254%	96.05870%	94.98508%	95.40288%	98.13443%	98.02245%	98.73374%
		100~500ms	-49.39729%	1.99160%	3.93575%	5.00804%	4.59010%	1.86200%	1.97400%	1.26090%
		>500ms	5.75772%	0.00587%	0.00555%	0.00688%	0.00702%	0.00357%	0.00355%	0.00536%
	最高qps		7.27273%	118	110	118	290	104	114	104
重发货源	总量		-1.34829%	2644593	2680737	2631262	2468728	2254763	2321815	2534000
	错误量		3.29670%	94	91	86	70	87	59	81
	错误率		4.70847%	0.00355%	0.00339%	0.00327%	0.00284%	0.00386%	0.00254%	0.00320%
	延时分布	<=100ms	0.00933%	99.90282%	99.89349%	99.90654%	99.87390%	99.91006%	99.88815%	99.92502%
		100~500ms	-8.54344%	0.09423%	0.10304%	0.09019%	0.11893%	0.08773%	0.10819%	0.07255%
		>500ms	-14.98370%	0.00295%	0.00347%	0.00327%	0.00717%	0.00222%	0.00366%	0.00243%
	最高qps		-3.17460%	122	126	124	112	110	116	120
基本搜索	总量		-1.12992%	49961538	50532517	50867353	52372738	47979026	47707941	50026618
	错误量		-10.56959%	9028	10095	9464	9717	9139	10333	9524
	错误率		-9.54754%	0.01807%	0.01998%	0.01855%	0.01855%	0.01905%	0.02166%	0.01904%
	延时分布	<=100ms	0.10780%	98.53087%	98.42476%	98.52831%	98.58966%	98.81662%	98.68327%	99.25586%
		100~500ms	-6.55753%	1.46735%	1.57033%	1.47005%	1.40968%	1.18298%	1.31364%	0.74363%
		>500ms	-63.75304%	0.00178%	0.00491%	0.00164%	0.00066%	0.00040%	0.00309%	0.00052%
	最高qps		-12.33974%	1094	1248	1140	1780	1094	1396	1112
推荐搜索	总量		-0.69151%	11424763	11504317	11544123	11783930	10920967	10773848	11072684
	错误量		-12.64957%	511	585	527	558	549	571	544
	错误率		-12.04133%	0.00447%	0.00509%	0.00457%	0.00474%	0.00503%	0.00530%	0.00491%
	延时分布	<=100ms	0.05359%	99.55769%	99.50437%	99.57065%	99.61638%	99.67471%	99.62342%	99.58100%
		100~500ms	-8.80499%	0.43527%	0.47729%	0.42480%	0.38024%	0.32428%	0.37209%	0.41739%
		>500ms	-61.58268%	0.00705%	0.01834%	0.00456%	0.00339%	0.00102%	0.00449%	0.00161%
	最高qps		-18.83289%	612	754	452	740	426	412	484
查看详情	总量		-1.31942%	1849283	1874009	1879227	1892033	1549113	1700661	1857530
	错误量		14.11509%	1051	921	1075	1181	1082	998	952
	错误率		15.64088%	0.05683%	0.04915%	0.05720%	0.06242%	0.06985%	0.05868%	0.05125%
	延时分布	<=100ms	0.10309%	99.90439%	99.80150%	99.75063%	99.81900%	99.93538%	99.92790%	99.93970%
		100~500ms	-51.77071%	0.09437%	0.19567%	0.24873%	0.17957%	0.06462%	0.07051%	0.05957%
		>500ms	-56.02966%	0.00124%	0.00283%	0.00064%	0.00143%	0.00000%	0.00159%	0.00073%
	最高qps		-12.19512%	72	82	72	72	60	62	72
拨打电话	总量		-1.91647%	2161612	2203848	2224865	2300974	2047634	2078069	2158821
	错误量		0.00000%	0	0	0	0	0	0	0
	错误率		0.00000%	0.00000%	0.00000%	0.00000%	0.00000%	0.00000%	0.00000%	0.00000%
	延时分布	<=100ms	0.00398%	99.97775%	99.97377%	99.97398%	99.90747%	99.97475%	99.95679%	99.92232%
		100~500ms	-7.70488%	0.01989%	0.02155%	0.01960%	0.07827%	0.02525%	0.04220%	0.07337%
		>500ms	-49.51797%	0.00236%	0.00467%	0.00643%	0.01425%	0.00000%	0.00101%	0.00431%
	最高qps		-5.12821%	148	156	158	162	150	148	162

图 5-101　关键的技术指标分布数据图

为载体，改变过去传统物流中线下找货、配货的方式，实现线上移动车货匹配功能，以信息数据让供需方进行有效对接，以信息流引导物流和资金流朝着合理的方向运动，让社会资源得到最大限度的节约和合理运用。突破时间和空间的限制，为全国中长途干线货车司机与物流信息公司提供车货匹配服务。

（二）实现供需方信息对接

通过货车帮车货匹配系统可以整合广大的车主信息、货主信息、交易信息，解决了行业内供需方信息不对称问题，完善了公路物流供求体系，使得承运人与货主方之间信息更加公开透明，降低了公路物流企业成本，提高行业运行效率，降低车辆空驶率。

（三）解决了传统物流业车找货难、货找车难的问题

货车帮车货匹配系统的构建使得货主和司机能够非常方便地发布信息，快速高效地对接，带来的直接变化是：减少了车找货、货找车的周期和货车空驶、车辆趴窝现象，解决了过去传统物流业车找货难、货找车难的问题。

通过货车帮车货匹配系统的构建，将物流业态中的基本载体——物流园区，以

互联网为手段将它们连在一起，配合货车帮园区一体化系统的植入，司机在停车休息的同时，可以迅速准确地找到全国各地货源信息，提高了司机和物流园区的生产效率，极大减少了物流园区车辆、人员集中而造成的交通压力、环境噪声污染和治安案件的发生。

（四）提高了司机和物流园区的生产效率

1. 应用案例一：线上移动车货匹配

以货车帮车货匹配系统为数据核心，以移动客户端以及电脑客户端实现线上移动车货匹配。货车司机以及货主通过三个线上产品：货车帮企业版客户端、货车帮手机 APP 司机端、货主端实现线上车货匹配。

（1）货车帮企业版客户端

货车帮推出的企业版 PC 客户端，货车和司机可以通过该客户端在电脑上实现车找货、货找车功能（见图 5-102、图 5-103）。

（2）货车帮手机 APP 司机端、货主端

该软件是针对货车司机开发的移动端软件，司机、货主通过该软件直接在线上寻找、发布、查询全国的货源信息（见图 5-104、图 5-105）。

2. 应用案例二：大数据车货匹配

（1）通过大数据车货匹配，提升货车司机月均行驶里程数以及收入

通过货车帮车货匹配系统以及大数据技术应用帮助货车司机以及货主对接车

图 5-102 PC 电脑端货源信息的详情图

图 5-103　PC 电脑端在线车源信息图

图 5-104　车货匹配司机、货主版 APP 图

图 5-105　车货匹配司机、货主版 APP 内页详情图

源、货源信息，提高了配货效率，提升了货车司机月均行驶里程，客观上提升了货车司机的收入。据不完全统计，我国每辆货车月均行驶里程约9000公里，使用货车帮车货匹配系统后增加到约11000公里（见图5-106）。

图 5-106　车货匹配优化后行驶里程图

（2）以大数据云计算为核心，助力物流行业提效减费

通过货车帮车货匹配系统大数据云计算的推广应用，为司机和货主构建了信息化沟通的桥梁，促进司机与货主快速达成交易，减少车辆空跑及配货等待时间，提升了货物运转效率，以一名司机从南宁市到宜宾市的运输货物为例，司机到宜宾下货后，由于物流信息不对称、局限性，在难以联系合适货源的情况下，司机前往成都找货，结果找到乐山出发回南宁的货物，因此开着空车去乐山装货，产生了车辆的空驶，如果通过货车帮车货匹配系统，司机便可以在线上找到从乐山或者宜宾相邻地区发往南宁的货源，减少车辆空驶的里程（见图5-107）。据测算，仅2016年通过货车帮车货匹配的应用为社会节省燃油费用615亿元，减少碳排放约3300

图 5-107　车货匹配优化后运输路径图

万吨（见图 5-108）。

615亿元
2016年货车帮为社会
节省燃油

3300万吨
2016年货车帮为社会
减少碳排放

图 5-108　车货匹配优化后社会价值图

■ 企业简介

贵阳货车帮科技有限公司 2014 年成立于"中国数谷"贵阳，致力于通过"互联网＋"、大数据技术搭建中国公路物流货运车辆共享运力池，重构中国公路物流产业生态，做中国公路物流的基础设施。运用现代数字信息技术手段，打造基于全国公路物流信息共享平台，为货主与车主提供最直接的信息沟通平台和精准的车货匹配服务。截至 2018 年 4 月，平台已经拥有 125 万诚信货主会员，520 万货车司机会员，在全国 360 个城市设有 1000 多个线下直营服务网点。

■ 专家点评

贵阳货车帮科技有限公司研发的货车帮车货匹配系统，是以货车 APP、司机 APP 及 PC 版为载体，利用大数据技术整合车主信息、货主信息和交易信息，为货主与司机双方提供信息对接服务，实现线上"车源"＋"货源"精准匹配，有效解决了行业内供需双方因信息不互通导致的货车司机"找货难"、货源货主"找车难"，货车空驶、能源消耗严重等问题，促进了我国公路物流行业的信息化水平提升。

高斌（中国电子科学研究院副院长）

31

盾构 TBM 施工大数据应用平台
——中铁隧道局集团有限公司

　　面向盾构 TBM 行业应用需求，构建装备全生命周期、"自主可控"的工业大数据核心分析能力，打造涵盖监控应用、业务管理、大数据分析、大数据应用和行业论坛"五位一体"的盾构 TBM 施工大数据应用平台，为行业提供一站式的解决方案。实现多厂家、多类型盾构 TBM 远程在线实时故障诊断，为管理决策层分析施工效率提供数据支撑，实现掘进参数和施工进度和风险预警和报警，进行超前地质感知分析，满足各管理层级业务管理需要，为盾构 TBM 施工提供参数化建议，指导施工生产，降低管理难度，优化现有资源，满足行业科研设计、智能制造、工程施工、教学培训各层次数据应用需求，提升盾构 TBM 施工效率，提高智能化管理水平。

一、应用需求

　　近年来，国家基建隧道建设规模持续增加，二三线城市地铁兴起，特别是国家一批超大、超埋深、水下高风险隧道及小间距、大坡度等复杂线性隧道也越来越趋向盾构法施工。同时，随着国家"一带一路"倡议的提出，中国盾构 TBM 施工已经延伸至新加坡、马来西亚等东南亚地区，以及以色列、伊朗等中东地区，并有向发达国家延伸的趋势。工程项目的广泛分布给盾构 TBM 施工统一管理、设备及时调度、工程风险管控、企业重大决策等增加了很大的难度。但是由于国内盾构法施工起步较晚，盾构信息化管理也处于研究阶段，还没有成熟化、智能化的综合信息管理平台。

　　目前，国外 VMT（维艾姆迪测量技术有限公司）公司 IRIS 系统（风险与信息综合管理系统）虽然具备了一定的管理能力，但也存在单项目管理模式、基础数据全靠人工录入、管理流程扁平化和不能满足国内多层级管理模式等局限性，该系统计费模式为单一项目授权使用，项目结束后，软件自动到期，不能续用，所有盾构使用时投资成本很大。国内虽然部分单位对盾构掘进施工也进行了信息化的研究，但是都偏重于实时监控，主要反映盾构机的运行状态，隧道施工现场概况和与盾构掘进有关的其他因素的变化情况，在大数据处理与分析、业务管理、反馈指导施工和大数据应用等方面还有很大不足，且系统架构设计先天不足，弹性差，可靠性和稳定性不能保证。现有盾构施工管理因数据分析、风险识别等方面的不足，导致工程事故频发，造成了巨大经济损失及恶劣社会影响。

因此，为了降低施工风险，有必要实时监控盾构 TBM 运行状态、开展盾构关键参数分析、实现关键部件在线监测，进行前瞻性工程室内仿真掘进，提高工程风险防控能力。

二、平台架构

平台采用了最先进的大数据集群技术架构，由采集层、数据预处理层、数据存储与计算层、数据分析层、能力层及应用层组成。大数据存储采用基于分布式 Hadoop 平台的 Hbase 数据库，利用 Spark 分布式高性能计算引擎进行流式计算、统计分析和机器学习（见图 5-109、图 5-110）。

系统主要包括监控应用、数据分析、业务管理、大数据应用和智能运维六大模块。

监控应用模块：把各地施工的盾构 TBM 机器数据在线实时传送到平台，按照土压、泥水、双护盾、敞开式 TBM 和单护盾五种类型分别进行展示，可以全面了

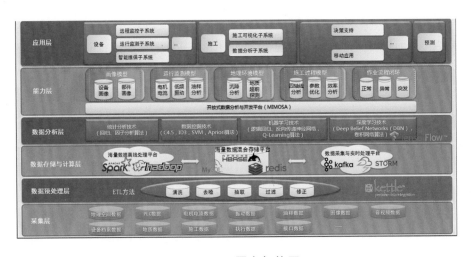

图 5-109　平台架构图

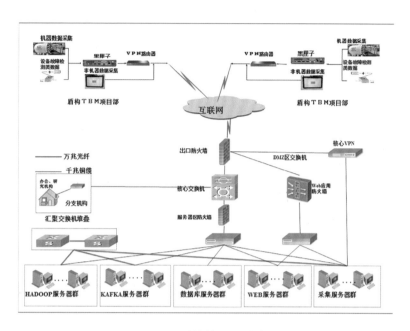

图 5-110　盾构接入网络架构图

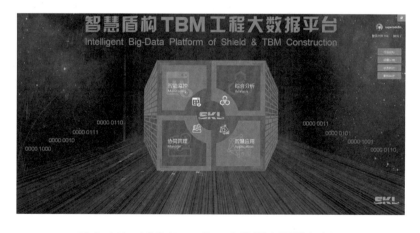

图 5-111　盾构 TBM 施工大数据应用平台主页

解和掌握盾构掘进工况。主要包括盾构监控主界面，泥水盾构环流系统界面，盾构导向系统监控界面，盾构视频监控接口界面，盾构电机、密封等监控界面等（见图5-112、图 5-113、图 5-114、图 5-115、图 5-116）。

　　数据分析模块：对盾构 TBM 掘进的关键参数和业务管理数据进行详细对比、分析和挖掘，总结掘进的规律，提高施工效率和避免施工风险，及时发现、解决施工中存在的问题，对盾构 TBM 施工具有积极的指导作用（见图 5-117、图 5-118、图 5-119、图 5-120）。

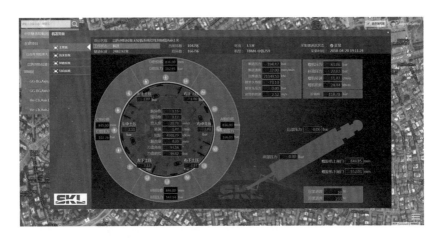

图 5-112　盾构监控主界面

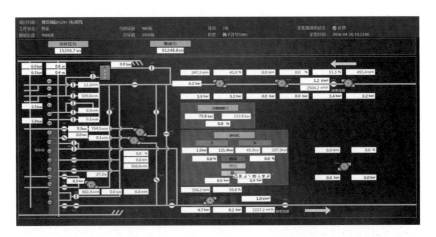

图 5-113　泥水盾构环流系统界面

图 5-114　盾构导向系统监控界面

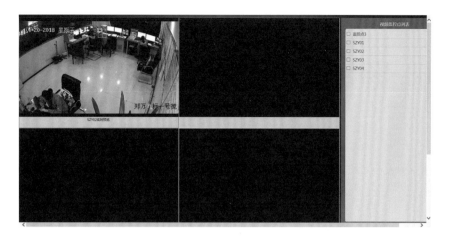

图 5-115 盾构视频监控接口界面

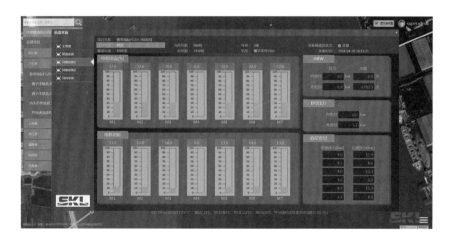

图 5-116 盾构电机、密封等监控界面

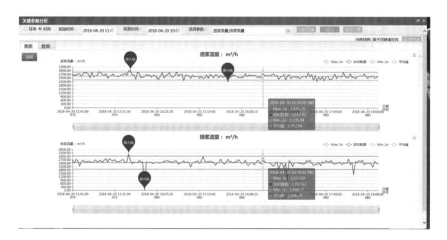

图 5-117 泥水盾构进出浆流量分析

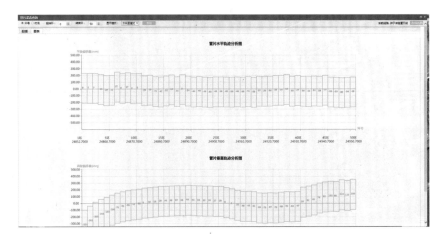

图 5-118　管片姿态监控分析

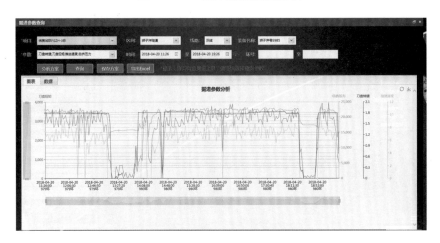

图 5-119　盾构掘进参数综合分析

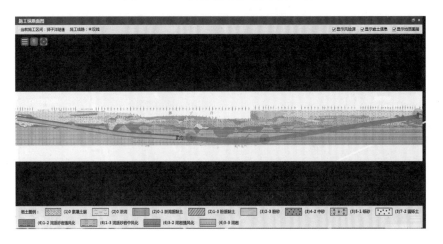

图 5-120　盾构施工纵断面图动态信息

业务管理模块:业务管理系统主要包括决策管理、设备管理、施工管理、风险管理、测量管理和智能运维管理,满足多层级管理部门业务需求,开展各层级日常业务的在线管理,如领导决策报表、盾构 TBM 掘进预警和报警、进度和风险管理、设备履历查询、平台健康管理等(见图 5-121 至图 5-125)。

大数据应用模块:利用大数据技术通过机器算法、常规分布统计算法、核心经验区域算法等各类算法采集的海量机器历史数据和现场业务管理数据建立大数据应用模型,开展地质关联分析、装备选型、施工交底、预警与诊断、超前地质预报、管理决策、关键部件设计、辅助巡航等方面应用,提高行业施工管理水平和装备管理水平,实现盾构智能无人掘进。

地质关联分析是根据盾构 TBM 施工海量数据进行施工经验性总结、预测盾构

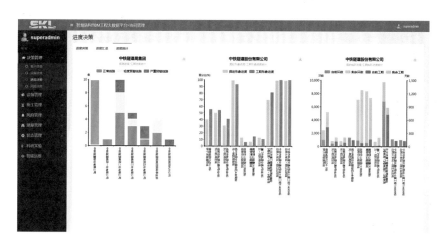

图 5-121 世界各地盾构 TBM 项目进度统计

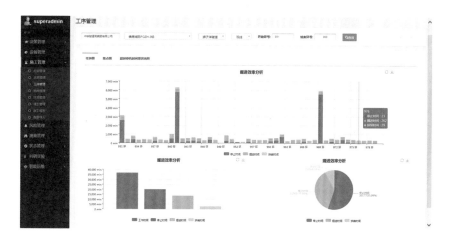

图 5-122 盾构 TBM 项目风险信息统计

图 5-123　盾构 TBM 履历资料

图 5-124　盾构掘进工序管理分析

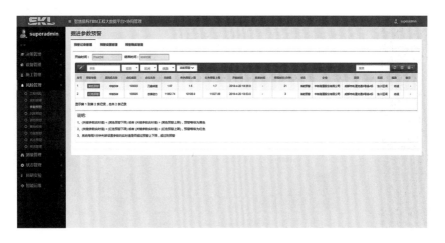

图 5-125　盾构 TBM 掘进参数实时预警

TBM 装备故障及可能存在的施工风险，指导区域性（类似地层）施工，为盾构施工提供参数化建议，为盾构 TBM 智能制造提供数据服务（见图 5-126）。

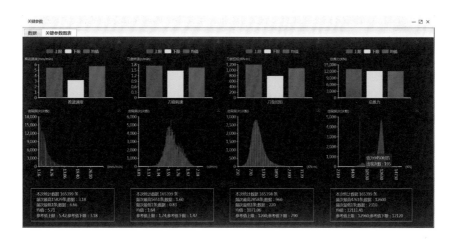

图 5-126　盾构掘进在类似地层施工地质关联分析

智能运维模块：大数据平台是一个高度复杂的架构，智能运维模块就是实时监测确保实现系统各项服务正常工作，包含服务器健康诊断、大数据数据巡检、采集运维信息配置、项目业务检查报告、自动容灾备份和系统管理等功能（见图 5-127、图 5-128）。

图 5-127　平台服务器健康诊断

三、关键技术

关键技术一：研发了具有自主知识产权的盾构 TBM 采集黑匣子和定制了人工数据工业平板电脑，采取完全不影响盾构的正常掘进的旁路模式，实现物理隔离和

图 5-128　系统管理角色权限分配

VPN 加密等通信安全保证措施，可以安全、稳定、高效地采集盾构 TBM 机器数据和现场业务管理数据。采集系统采用断点续传进行本地数据缓存，缓存数据可以高达 1T，确保数据采集的完整性（见图 5-129）。

图 5-129　自主知识产权黑匣子和平板

关键技术二：在盾构及掘进技术大数据领域，首次采用先进的 Hadoop 集群生态系统，是真正的开源弹性扩容又可进行多副本容灾的架构，为大数据可持续发展提供了坚实的基础。

Hadoop 平台使用基于分布式 Hbase 列存储数据库和基于高性能 Spark 内存计算引擎进行分布式数据离线和在线分析计算，通过深度分析算法进行数据预测和数据关联性洞察，提供卓越的性能保证，实现从千万到百亿级数据分析的秒级响应。作为一个超级可动态扩展性平台，也可以方便地把企业其他业务快速、高效地部署到大数据平台上，不再受制于传统数据平台存储和性能瓶颈，作为企业整合的统一大数据平台，可以为行业提供"盾构云"服务，便于推广应用。

关键技术三：按照盾构 TBM 装备类型、装备直径及地质信息、地域、公司、项目及装备厂家等多个维度，创新实现盾构 TBM 掘进参数关联分析。利用实时和离线合一数据分析技术架构并将直方分布统计算法、核心经验区域算法应用于盾构 TBM 关键掘进参数和导向系统关键参数数据分析，实现与地质信息关联分析，建立各类装备在特定地质条件下的经验参数参考模型，形成工程施工在多种地理条件下的主体经验区间，将施工经验转化为理论经验和理论模型指导施工。

关键技术四：基于数据相关性的多副本一致哈希存储、启发式遗传及局部鉴别分析（LDA）的超平面邻接距离聚类（HDNC）等方法，创建盾构 TBM 施工高维、非线性、多种数据相关性分析理论，进行施工掘进效率优化、装备选型设计及工程风险评估。

关键技术五：基于盾构 TBM 施工大数据来源，创新 Mohr-Coulomb 模型与塑性损伤失效模型、依托显式求解算法建立盾构 TBM 刀盘掘进全物理过程三维动态数值仿真理论模型，原创性地开展掘进载荷计算、刀盘性能分析、土体失效模拟的前瞻性室内 VR 数字实验（见图 5-130）。

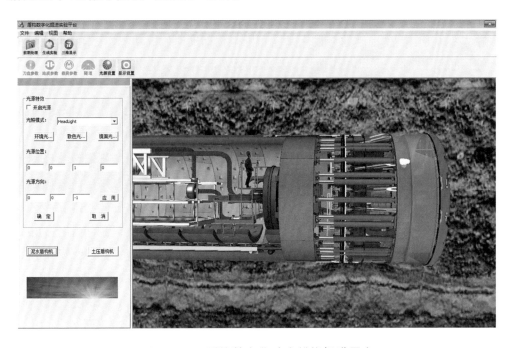

图 5-130　盾构数字化动态模拟掘进平台

四、应用效果

系统于 2017 年 6 月 1 日开展第一台盾构数据，截至 2018 年 3 月，中铁隧道局共接入 67 台盾构 TBM。

（一）商业模式

在中国中铁股份有限公司的指导下，充分发挥盾构及掘进技术国家重点实验室的引领作用，在全行业推广使用盾构 TBM 大数据平台，采用征收项目掘进咨询服务费的方式，利用线上线下资源为项目提供智能掘进服务，指导项目快速高效生产。

（二）效益分析

1. 经济效益

根据前期调研，国外 VMT 公司 IRIS 系统单项目授权使用费 60 万元，我们研发盾构 TBM 施工大数据平台，仅此一项就会节约很大投资，截至 2018 年 4 月我集团已经成功接入 40 台，仅此一项就能为集团节约 2400 万元，如果项目开展推广后，目前国内盾构 TBM 保有量约 1200 台，年运行约 50%，每年仅此一项就能为国家节约 1200 台 ×50% ×60 万元 / 台 =3.6 亿元。项目使用大数据平台后，可以根据大数据历史数据提供的参数化建议和可视化辅助巡航等功能，显著减少掘进摸索产生的隐含成本；通过在线监控、诊断和业务管理模块能节约盾构主司机、项目管理人员，公司管理层的各种管理成本；三级预警和报警功能能减少或避免施工不当引起的刀具磨损、地面沉降量过大、材料消耗过多等成本。如：引松供水工程四标项目在 8# 支洞 TBM 施工段掘进时，54+944.5—54+762.7 段处于沟谷，发育一条断层破碎带 Fy26 和低阻异常带 Fw26，受断层及岩性复杂影响，节理裂隙极发育，岩体呈碎裂结构。同时该段埋深浅、风化严重、整体性差、围岩破碎、掘进过程中伴有不同程度掉块、塌方、清渣、潮喷，掘进难度极大，风险极高。公司专家远程提供技术服务，会同项目技术人员及管理人员充分利用该平台远程实时监控功能实时掌控现场施工情况，纠正了十余起施工不当行为；并通过平台的关联分析功能查看具有相似地层、相似直径、相似类型的引汉济渭项目施工参数进行对比分析，并根据建议参数进行施工优化，大大提高了施工效率，有力保障了 TBM 安全快速通过该施工段，初步估算节约成本约 80 余万元。按每个项目每年使用平台节约综合成本 80 万元来计算，全国每年项目成本能节约 1200 台 ×50% ×80 万元 / 台 =4.8 亿元。合计每年为国家节约 8.4 亿元，经济效益巨大。

2. 社会效益

该平台是国内第一家真正采用大数据架构的盾构 TBM 综合管理平台，填补了国内盾构 TBM 行业工业大数据应用的空白，实现了盾构 TBM 智能化掘进，特别是在一些超大、超埋深、水下高风险隧道及小间距、大坡度等复杂线性隧道，充分利用平台监测、故障及风险诊断，超前地质预报等信息化手段，能显著改善、减少现有盾构施工管理因数据分析、风险识别等方面的不足而导致的工程事故频发现象，避免造成巨大经济损失及恶劣社会影响。

（三）应用案例：以色列轻轨项目

移动应用 APP 实现了以色列轻轨项目六台盾构机尽在"掌"握（见图 5-131）。中铁隧道局集团承建的以色列特拉维夫轻轨系统红线 TBM 段西段工程，线路西起 Herzl 始发井，东至 Ben Guriong 站，区间采用 6 台 7.2m 大直径土压平衡盾构进行施工，隧道双线合计 10560m+6 座盖挖车站 +17 条联络通道，主要穿越地层为 Kurlar（凝砂块）结构的 K1、K2、K3 地层，线路主要位于市政道路下方，沿线分布诸多多层建筑，穿越了河流、公路、铁路及隧道、桥梁及多处市政管线设施结构，

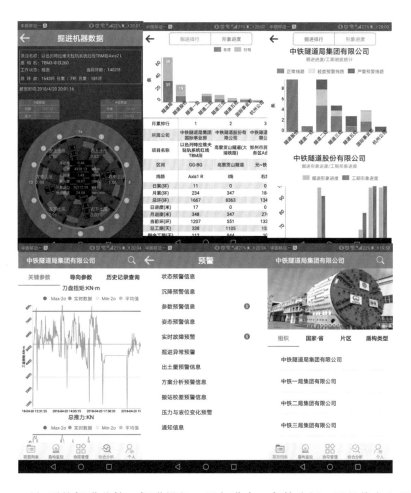

图 5-131　手机盾构掘进监控、掘进排行、形象进度、参数分析、预警信息和项目列表

具有小间距、规模大、接口工程多、工期紧、周边环境复杂，对建构筑的保护和沉降控制标准要求高等重难点，该项目是中国施工企业从中低端市场走向中高端市场的标志性项目。通过移动应用APP对盾构TBM施工进行实时在线监控，第一时间接收施工掘进、导向等各类参数预警、报警推送的信息，在施工过程中及时纠正了12起施工不当行为；利用APP的方便性，管理决策层不但可以实时在线了解国外的项目，而且还针对以色列工程项目掘进中碰到的难题多次组织国内专家进行远程会诊和指导工程施工，确保了以色列工程项目的顺利推进，节约了资源成本，为中国"一带一路"做了最好的代言，赢得中国盾构在国际施工上的美誉。

企业简介

中铁隧道局集团主要经营范围为铁路、公路、市政、房建、水利水电、机电安装工程等施工总承包以及设计、机械制造、科研咨询等领域；拥有中国土木工程学会隧道与地下工程分会、盾构及掘进技术国家重点实验室；员工14735人，累计建成各类隧道隧洞4076公里；获国家科技进步奖13项、获华厦建设科学技术奖5项，荣获鲁班奖17项、国家优质工程奖24项、詹天佑大奖23项；被誉为"隧道和地下工程施工领域的国家代表队"。

专家点评

中铁隧道局集团有限公司自主研发的盾构TBM施工大数据应用平台可实现多厂家、多类型盾构TBM远程在线实时故障诊断，为管理决策层分析施工效率提供数据支撑，实现施工预警和报警，满足各管理层级业务管理需要，具有较高的推广价值。

高斌（中国电子科学研究院副院长）

大数据 32 智慧公交信息综合管理系统解决方案
——广州通达汽车电气股份有限公司

广州通达汽车电气股份有限公司为用户提供一个定制化、个性化的公交运营管理平台，打造全面的一站式解决方案——智慧公交信息综合管理系统解决方案。该解决方案可实现公交运营的智能化、车载信息一体化、数据信息的可视化，对车辆进行实时定位、远程监控、故障检测、远程维护和调度等，为政府行业、公交行业及个人用户随时随地提供多样化的行业监控、公司管理、移动应用及增值媒体服务。智慧公交信息综合管理平台已在广州、深圳、武汉、南昌、济南等三十多个城市进行了推广，覆盖面积达到全国一线城市及部分二三线城市。

一、应用需求

公交车辆的运行监控一直以来都是智能交通发展的重点领域。国家先后出台《2012—2020 年智能交通发展战略》《城市公共交通"十三五"发展纲要》《关于运用大数据加强对市场主体服务和监管的若干意见》等政策，政府大力发展智能交通和大数据应用，智慧公交信息综合管理平台可实现对车辆运营数据共享、实时监控车辆运行状况与驾驶人员情况的车与网、车与人三者数据信息的共享，有利于推动智慧交通的快速发展，也将迎来广阔的发展空间。

目前我国各城市公交发展水平参差不齐，普遍存在实时监控能力不强、运营调度信息化水平不高、公交发班不准时、乘客等待时间长、车辆投放不均匀、公交线网不均衡、公众出行信息服务水平低的情况，导致民众搭乘公交的体验差、搭乘意愿不强，公共交通出行分担率还比较低，公共交通无法适应城市规模发展速度和公众服务要求。

二、平台架构

智慧公交信息综合管理平台在整合现有相关资源的基础上，通过信息化、智能化手段，为交通运输管理部门提供运行监管、安全预警、应急与协同调度、行业管理、行业分析；提高城市公共交通企业的运营调度与管理效率，增强行业管理、决策与应急能力；提升乘客出行信息服务水平，为乘客提供快捷、安全、方便、舒适的出行服务（见图5-132）。

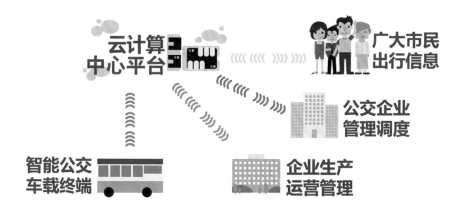

图 5-132　智慧公交信息综合管理平台应用对象

以车载调度终端、CAN总线为主采集车辆海量数据，通过无线传输回服务器，并由服务器后台程序进行大数据预处理，通过分布式数据库完成大数据的存储和管理。根据采集的大数据进行分析和处理，并最终应用于应用层三大平台（行业监管决策平台、公共信息服务层、企业运营管理平台）。通过数据接口为交通运输管理部门提供运行监督、安全预警、应急与协调调度、行业管理、行业分析（见图5-133）。

智慧公交信息综合管理平台可整合其他公交车载设备，如车载智能终端、发动机热管理系统、CAN组合仪表、智能GPS报站系统、动态电子路牌、安全监控系统、LED导乘图、满意度调查器等车载电子产品（见图5-134）。

本平台包括以下六个子系统。

（一）基础数据管理系统

主要包括车辆档案、线路档案、驾驶员档案，是公交ERP系统的数据仓库，提供统一数据来源和数据汇总的功能。

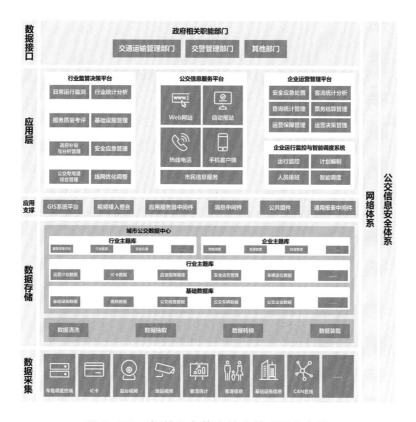

图 5-133 智慧公交信息综合管理平台架构

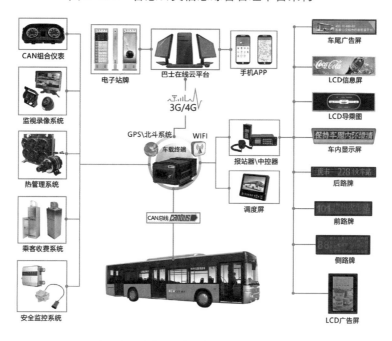

图 5-134 智慧公交信息综合管理平台软硬件网络关系

（二）智能调度系统

满足公交营运生产管理的业务需要，通过与车载终端产品报站器、路牌、车载主机、监视录像产品、满意度调查器等设备的联动，实现公交的动态跟踪，为调度员准确把握人员、车辆实时状态，有效指挥车辆调度提供了依据，提高运营公司的管理、服务水平和工作效率，以及为乘客的安全出行提供必要的出行导乘信息。

（三）机务管理系统

包括车辆管理、车辆保养、车辆维修、车辆年审、物资材料管理。机务管理系统是通过对库存单价使用加权平均法，去实现定制采购单、入库单、出库单、维修单的功能，为仓管员准确把握仓库的库存情况，及时更新库存、制定采购任务，客户可及时了解材料的使用情况、车辆的维修情况、维修人员的工时情况，以及实时掌握仓库的库存，提高材料的使用率。

（四）信息发布管理系统

满足公交公司广告业务管理、信息发布管理、车辆运行状态等业务需要的管理系统。通过无线网络联动 LED、LCD 广告屏来实现车辆广告的投放，实现广告的实时发放、及时跟踪，准确把握公交车广告信息的发放状态，及时更新广告，提高公交公司广告的收入也拓宽广告公司的业务。

（五）运营成本分析系统

通过 WEB API 接口技术将车辆油耗、里程、IC 卡收入等数据从公交终端的接口协议传输至系统云端数据库，通过统计分析实现车辆营运、IC 卡和现金收入、燃耗等统计，形成各种分析统计报表，并通过建立算法将司机的收入与车辆行走里程、票款收入、燃耗情况挂钩，约束司机驾驶行为，节约车辆运行成本。

（六）移动互联系统

包括企业 APP 与公众 APP，手机 APP 能将信息准确、快速、完整地反馈给系统管理人员和乘客，并提供智能优化解决方案，为企业运营、乘客出行提高效率，节省时间。

企业移动 APP 支持公交运营企业管理人员随时随地管理运营车辆，提供线路简图、线路地图、视频监控、报警信息、视频广告、指令发送、线路调度、信息发布、实情监控等功能；公众移动 APP 为乘客提供即时车辆信息、线路图、出行线路规划等功能，方便乘客出行。

三、关键技术

（一）核心技术

1.基于分布式内存的大数据计算体系结构研究

大数据管理平台需要处理海量大数据，基于分布式内存的计算体系结构可提升数据处理效率，并保证高可扩展性。

（1）高效的数据存储访问管理

智慧公交中的数据具有时空特性，且变长、多维，具有不同的采样率，需要研究针对缓存层次、缓存容量、缓存介质、缓存对齐模式等的数据分块、数据布局、物理存储模式。通过基于分布式内存的计算体系，对数据进行经济、有效地压缩管理，实现高效的访问管理存储的数据。

（2）负载均衡的并行处理框架

在并行处理框架中，服务器拥有较多的计算资源（如处理器、核、超线程等），而内存墙、通信墙问题又不可避免。通过负载均衡技术，可以避免传统的数据迁移带来的性能开销，使得整体系统资源的利用率得到优化。

2.跨域全时交通数据关联与知识聚合技术

利用知识图谱实现交通数据的关联与融合，包括三个层次：在知识感知层，对交通大数据表达、分析和建模；在知识处理层，对交通数据的并行化清洗、质量评估与增强；在知识应用层，对交通知识图谱的大规模数据时空多粒度、异质交通数据融合，实现交通知识图谱动态构建以及实时查询算法。具体如下：

（1）多源异构交通大数据的表达与建模

针对客流记录、GPS数据、视频监控等多源数据跨系统、跨业务、异构分散、特征独立等特点，设计形式化语义表达方法，实现交通大数据的规范化统一描述与建模分析。采用规则、标签、语义网络等技术来刻画交通知识图谱，实现更高层次的交通知识表达。

（2）多源异构交通大数据的融合、质量评估与增强

跨域全时交通大数据具有多样性、低质性、异构性、弱关联等特点。采用知识图谱理论方法，根据不同数据的特征，分析内在语义联系，对不同来源的交通个体数据进行语义标注和关联，建立基于高效地数据存储、索引和更新的交通知识图谱。在交通个体数据空间中形成对不同信息的关联组合，从而提高交通大数据融合

质量。在交通数据采集、数据传输或数据处理中由于技术原因或设备原因造成数据故障，使得数据质量下降、可信度降低。通过数据质量评估和修正的方法，增强交通大数据质量。分析数据一致性、唯一性、精确性、完备性和时效性，建立相应的质量评估与增强方案。

（3）基于实时交通流数据的交通知识图谱动态构建及实时查询

采用自适应的增量方法，实现基于实时交通流数据的交通知识图谱的动态构建。一方面分布式的增量式索引，能快速在各个节点建立索引；另一方面，通过交通知识图谱的关系边，将各个节点的增量式索引连接起来，构成分布式增量索引网络，从而达到海量交通知识图谱的实时查询。

四、应用效果

本解决方案主要服务于"政府、企业、市民"三大领域。通过将交通数据上传至政府交通部门，真实反馈出公交企业的营运情况，为政府实现"购买服务、成本补贴"提供了决策依据，为城市公交线网优化提供了数据支撑；为公交运营企业打造切合自身特点的管理模式，为企业建设"流程化、信息化、可视化、一体化"智能公交管理体系，提高公交车运行监管能力，降低车辆运行监管成本，实现各个环节信息互通共享，提高企业经营管理水平；为乘客提供出行服务信息，乘客通过信息发布屏、手机客户端、电子站牌了解到车辆到站和预报站、车辆换乘方式等公共交通信息。

目前本平台取得良好的市场应用效果，已在广州、深圳、武汉、南昌、济南、澳门等三十多个城市进行了推广，客户包括汕头交通局和六十多家企业（广州一汽、汕头公交、南昌公交、武汉公交、海口公交、合肥公交等），覆盖面积达到全国一线城市及部分二三线城市；现拥有的数据规模已达到 TB 级。

（一）应用案例一：汕头智能公交项目

随着汕头城市经济、城市规模不断发展和扩大，机动车拥有量及道路交通流量急剧增加，公交车辆增加、线路延长、车次增多，公交运行不畅的状况日益突出，给市民带来了极大的生活不便，一直困扰着公交管理人员和公共安全部门。2015年，广东省交通运输厅把汕头列为广东省两个首批城市公共交通信息化建设试点城市之一，汕头市政府将智能公交系统建设列为十大民生实事之一。

汕头目前拥有公交企业 23 家、监管行局 6 家、政府监控 1 家、车辆总数 1500台左右，需要一个能满足特定要求进行监控、调度、管理功能客户化定制的公交监控调度平台软件。综合汕头目前公交运营现状，广州通达汽车电气股份有限公司为其打造了定制化的三个平台服务：政府监管平台、企业管理平台、便民服务平台（见图5-135）。

图 5-135　汕头金苑公交智能调度中心

截至2017年，汕头项目完成情况见表5-2。

表 5-2　汕头智能公交项目

项目名称	汕头智能公交项目
项目建设单位	汕头交通局联合汕头地区所有公交公司
项目承建单位	广州通达汽车电气股份有限公司
项目预计车辆总数	1500辆
项目建设期	24个月
项目简介	汕头项目涉及包括23家公交公司、6家监管行局、汕头交通局，实现整个地区的行业监管、企业管理、便民服务三方贯通的系统构建，是经典的行业融合案例

（二）应用案例二：湛江智能公交项目

2015年，广东省交通运输厅把湛江列为广东省两个首批城市公共交通信息化建设试点城市之一。湛江公交先前使用了同行的调度系统管理平台，发现在问题响应和售后维护方面无法满足其需求。为此，经过具体的需求分析，决定启用通达智慧公交平台（见图5-136），实现公交智能调度和企业ERP管理功能融合，截至2017年，通达湛江公交智能调度项目的主要完成情况见表5-3。

图 5-136　湛江公交监控界面图

表 5-3　湛江智能公交项目

项目名称	湛江市公共交通集团有限公司
项目建设单位	湛江市公共交通集团有限公司
项目承建单位	广州通达汽车电气股份有限公司
项目预计车辆总数	900 辆
项目建设期	12 个月
项目简介	湛江公交项目成立于 2016 年年初，项目涉及公交营运调度、企业 ERP，是两者融合使用成功的案例典范

（三）应用案例三：南昌智能公交项目

江西南昌公交运输集团隶属于南昌市国资委管辖的南昌市市政公用集团，拥有公交车辆 3800 余台，出租车近 3000 台（占全市总数近一半），相继推出 GPS 调度系统、3G 视频监控、掌上公交、电子站牌等智能公交项目后，目前正积极升级改善现有智能公交信息化建设。

广州通达汽车电气股份有限公司为南昌公交打造定制化的调度管理平台，建立适用于南昌市的城市公交智能化系统；全面采集全市公交数据资源，构建全市统一的公交数据中心，建成公交行业监管决策平台、企业监控调度系统与运营管理平台、乘客出行信息服务平台；提升公交行业监管水平，提高公交企业运营管理效率，增强公交信息服务能力，推进南昌市公交都市创建工作（见图5-137）。截至5月份，通达巴士在线智能公交的项目建设情况见表5-4。

图5-137 南昌公交监控界面图

表5-4 南昌智能公交项目

项目名称	南昌智能公交信息化建设方案
项目建设单位	江西南昌公交运输集团
项目承建单位	广州通达汽车电气股份有限公司
项目预计车辆总数	第一期2000辆
项目建设期	12个月
项目简介	项目成立于2017年，南昌公交是南昌地区唯一一家公共交通企业，企业运营范围包括公交、出租、地铁，目前第一期工程有2000辆，第二期有近3000辆

■ 企业简介

　　广州通达汽车电气股份有限公司是一家专业从事车载智能终端综合信息管理系统及配套汽车电气产品研发、生产、销售的高新技术企业。公司主要为客车、物流车生产厂商提供车载智能系统系列产品、新能源汽车电机与热管理系统系列产品、公交多媒体信息发布系统系列产品、车载部件系列产品等，致力于成为国内车载电气领域最具竞争力的企业之一。

■专家点评

通过构建智慧公交信息综合管理平台能够为企业创造和挖掘大数据时代及移动浪潮下的商业价值，能够为政府行业、公交行业及个人用户提供多样化的行业监控、公司管理、移动应用及增值媒体服务，具有较高的推广价值。

高斌（中国电子科学研究院副院长）

大数据

33 交通交警大数据服务解决方案
——陕西北佳信息技术有限责任公司

交通交警大数据服务解决方案是利用大数据技术建立交警"互联网+"服务平台。通过采集浮动车、移动信令、世纪高通地图路况、用户互动等互联网数据,并整合路况、视频、交通数据等交管业务系统数据进行深度融合,将各业务系统数据进行汇集、处理、分析后逐步形成交通交警大数据中心。该"互联网+"服务平台将互联网的创新成果深度融合于经济社会各领域之中,提升经济和社会的创新力和生产力,形成更广泛的以互联网为基础设施和实现工具的经济、管理和服务的新形态,全面服务于交警秩序管理、车驾管理和道路综合管理,以 APP、微信、网站为抓手,使车主、市民积极参与,最终形成管理与服务一体化的交通管理服务平台。

一、应用需求

目前各交通管理部门建立了功能相对完善的交通指挥控制中心,公安交管部门不仅具备了交通基础信息,还拥有了各类动态数据,如车辆实时营运信息、道路交通状况等,采集的数据类型包括属性数据、空间数据、影像数据等。对交通三要素(人流、车辆、道路)连续不断采集的多源交通数据流产生了巨量的交通数据,具有典型的"3V"特性:大容量、多样性、高速度,属于名副其实的交通"大数据"。管理部门手握大数据,但是因为海量数据分散管理缺乏关联的客观现状,并没有在日常交通管理中进行充分融合利用,挖掘出"大数据"的"大价值",导致数据资产价值低。

二、平台架构

交通交警大数据服务平台的内容见图 5-138。

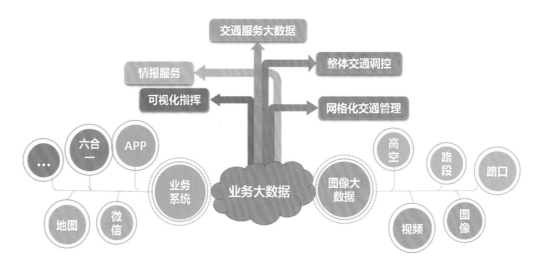

图 5-138　交通交警大数据服务平台示意图

构建"两大数据，三位一体，六大统一"的交通交警大数据服务平台。

（一）"两大数据"指平台数据主要来源于图像大数据与业务大数据

图像大数据：在高空、路段、路口多点之上架设多种类视频监控设备，提供全方位全天候全过程的城市交通信息，为可视化指挥、精细化勤务管理、稽查布控、互联网服务提供实时视频图像大数据服务。

业务大数据：融合多方系统及互联网数据，通过深度数据挖掘、用户画像分析等技术手段，实现数据—信息—知识—智慧的价值转换，为可视化指挥、网格化交通管理、交通服务大数据、情报服务提供智慧决策报告和个性化服务体系。

（二）"三位一体"指通过大数据平台，提供宏观交通策略研判分析、交通业务精细化管理、公众交通信息服务，三种不同类型的服务能力

（三）"六大统一"涵盖系统技术实施及系统运行

它具有以下特点：

1. 数据接口统一

交警"互联网+"服务平台分别与公安网内业务系统（指挥调度系统、管控平台、车驾管理应用）和互联网内业务系统（腾讯地图、运行商视频、微信／APP 随后拍）等系统进行对接，实现对图像大数据和业务大数据的解析融合。通过交警"互联网+"服务平台为对外服务提供统一的数据支撑和数据基础。

2. 数据集成统一

通过对交警、公安等各类视频监控图像，以及卡口、电警、随手拍、互联网渠道采集的各类交通图片数据进行智能化分析处理，实现图像数据挖掘、智能化搜索、调度管理服务，为交通管理各业务部门提供有价值的图像信息。

3. 业务协同统一

实现跨部门、跨业务的数据采集、处理、整合、存储、交换共享等应用，交警交通管控、事故管理、警务管理、车驾管、秩序管理、宣传教育、"互联网＋服务中心"等业务处理和提供业务支撑和数据依据。

4. 数据统一监管

建立数据监控处理平台实现，实现交通异常事件监控、交通热点区域识别、交通运行监控和提供主题检索。

5. 站点统一管理

利用 WEB 系统集群技术实现 WEB 系统的统一管理、扩容和问题的统一处理。

三、关键技术

(一) 基础大数据平台

搭建企业级大数据存储、查询和分析的统一平台作为数据存储及计算的基础大数据平台。以海量数据处理引擎和实时数据处理引擎为核心，通过运行维护、应用开发等手段，为解决方案落地实施打造敏捷、智慧、可信的基础保障，能够更快、更准、更稳地从各类繁杂无序的海量数据中发现全新价值点。图 5-139 为基础大数据平台架构图。

(二) 业务大数据

基于现有六合一业务系统数据、互联网数据（APP、微信）、图像大数据、地图数据等，进行数据抽取存储至基础大数据平台，设计并搭建数据仓库，并提供统计分析服务，设计开发服务接口以及可视化展示功能界面。

1. 多维数据平台

融合内网业务系统机动车、驾驶人、交通违法与事故等数据，建立了多维数据平台，实现了多维数据的关联查询、统计、分析功能，通过多种可视化形式表现了车辆、驾驶人、违法时空的分布特性及变化曲线，解决了以往业务系统数据库来源单一、表达不直观的问题，为决策研判、精细化管理、数据挖掘分析奠定了重要基础。

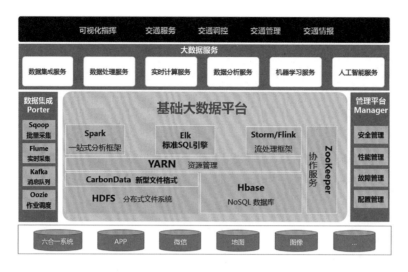

图 5-139　基础大数据平台架构图

（1）交通违法规律分析：依托六合一系统违法数据进行统计分析，通过对车辆类型、驾驶员信息、违法地点等多维度进行分析，包括违法空间分布、危险人员分布、违法时间分布、违法处理机关、违法大户、机动车与非机动违法、违法年龄等，从时间、空间等维度表示出违法的分布特征，总结违法规律，助力交管指挥以及警力部署。

（2）交通事故规律分析：依托六合一系统事故数据进行统计分析，通过对道路、天气、车辆等信息进行分析，表现事故的分布情况，揭示事故产生的特征与机理，为交管部门部署防范提供参考指导。

（3）交通对象统计分析：依托六合一系统数据，针对机动车辆以及驾驶人，以时间为序列，按照多种维度进行整体统计，划分重点人车以及代办车托，运用总量统计、增量统计、排行统计、详情统计多样的手段，把控机动车和驾驶人保有量总体情况和变化趋势，为下一步开展交管业务提供数据导向。

（4）可视化展示系统：作为大数据统计分析展示系统，不仅包括分布曲线等各类图表，还包括了查询、结果报表下载等功能，从各个角度更好地展示数据的变化规律，为宏观决策、精细化管理与公众服务提供数据支撑，对于进一步完善交通管理业务提供了数据基础（见图 5-140）。

（5）静态信息推送，促进普法宣传：依托六合一系统违法数据，刻画人车违法行为特征，结合 APP 网校应用，为 APP 用户提供交通知识个性化推送，避免了千篇一律的学习内容，提高了学习内容与驾驶员的相关性，能够较好地提高学习效率和效果，开辟普法宣传新思路。

图 4-140　交通交警大数据可视化展示系统

2. 人工智能预测

融合驾驶员、车辆、交通违法等数据，通过运用人工智能技术建立违法预测模型、违法人员的人物画像模型。通过违法预测模型预测不同驾驶员在不同时间、地点的违法类型及违法几率，为驾驶员提供实时的个性化、差异化交通违法信息提示，为 APP 用户实时推送安全文明驾驶提醒，降低交通违法率（见图 5-141）。

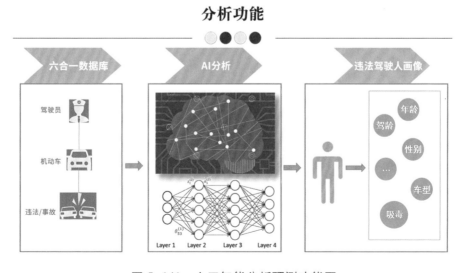

图 5-141　人工智能分析预测功能图

（三）图像大数据

前端设备与后端系统相结合，在高空全景、路段、路口三种场景下，在采集全方位全天候全过程的城市交通信息的同时，提供以下图像大数据分析服务（见图5-142）。

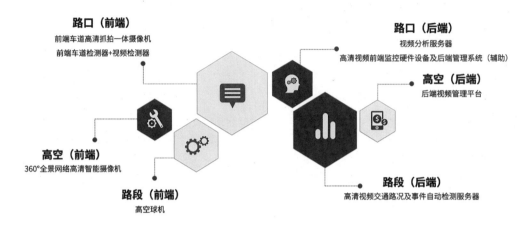

路口（前端）
前端车道高清抓拍一体摄像机
前端车道检测器+视频检测器

路口（后端）
视频分析服务器
高清视频前端监控硬件设备及后端管理系统（辅助）

高空（后端）
后端视频管理平台

高空（前端）
360°全景网络高清智能摄像机

路段（前端）
高空球机

路段（后端）
高清视频交通路况及事件自动检测服务器

图 5-142　图像大数据分析示意图

1. 交通态势实时感知：通过将前端视频、图片实时回传至指挥中心，对上层应用（APP等）实时发布，实现交通态势感知的及时化和共享化。

2. 目标车辆识别检索：通过对大量车辆图片的"以图搜车、以车型搜车、以品牌搜车、以颜色搜车、以多维特征搜车"等丰富手段，帮助交管部门快速定位目标车辆，不受套牌、假牌、无牌、号牌污损等影响。

3. 涉车案件智能防控：通过对大量车辆信息进行关联挖掘，通过多维度的碰撞分析，实现对监控场景中的目标车辆进行提取识别，关联串并和碰撞比对，并在此基础上分析和判断目标的行为，从而做到在异常情况发生时及时作出反应。实现对涉车案件"事前防控、事中控制、事后侦查"的全过程场景应用。

4. 交通管理服务支持：通过视频实时发现交通事件（拥堵、抛撒、路障等），并通过对交通参数历史数据的分析，聚焦交通事件高发区域，用数字揭示城市交通痛点，为改善交通管理服务提供决策参考。

四、应用效果

北佳信息"交通交警大数据服务解决方案"基于业务数据，进行交通服务大数据融合，管理与服务为一体的交通管理服务平台。从海量数据中分析、挖掘所需的信息和规律，结合已有经验和数学模型等生成更高层次的决策支持信息，获得各类分析、评价数据，为交通诱导、交通控制、交通需求管理、紧急事件管理等提供决策支持，为交通管理者、运营者和个体出行者提供交通信息。以大数据、云计算技术为技术支撑交警"互联网+"服务平台，使平台运行更加安全、可靠、平稳，进一步加强了交通管理部门对路况态势的掌握，极大缩短交通事故处理时间，提高交警工作效能，使得城市交通管理更加智能化。并且强化了对机动车和驾驶人的有效监管，加强警民互动，持续促进文明驾驶行为（见表5-5）。

表5-5　大数据平台上云前后对比表

大数据平台上云前后对比

西安交警大数据服务功能		上云前	上云后
群发推送170万用户		15~20小时	2~3小时
访问平台的并发量		1万	10万
并发相应等待数		大于4000	小于20
出口宽带		共享200M	独享700M
安全防护		防火墙	Ddos、IPS、云堤、漏扫等三级等保安全防护
响应速度		大于5秒	小于1秒
维护工作变化	交警配备人数	4	无
	每次信息推送时人员留守时长	1~2小时	无
	服务器运行环境	支队机房	电信云机房
	维护压力	紧张	无

该数据平台在西安市交警支队实施部署，更方便地为西安市交警执法人员和民众提供了服务，打造一个统一的面向民众和西安市交警的服务平台。公司与交通工具及服务管理部门建立技术服务合作关系，依靠与西安市交通监管机构、交通管理局及司机，以管理和服务的"及时、互动、众包"模式创新，大数据支持的"管控服务一体化"战法，以4G手机终端为主的感知、管理、服务便捷化通过现实的用户体验，利用大数据分析，为机动车管理处、驾校以及保险商业单位提供新的增值服务模式。

方案通过采集驾驶员手机的GPS数据，就可以分析出当前哪些道路正在堵车，并可以及时发布道路交通提醒；通过采集汽车的GPS位置数据，就可以分析城市的哪些区域停车较多，这也代表该区域有着较为活跃的人群，这些分析数据适合卖给广告投放商。

实现了智慧出行，根据用户当前位置计算所在道路的交通指数、平均速度及拥堵指数，指导用户作出更加合理的出行判断，为成千上万的快递车辆规划实时交通路线，躲避拥堵，对快递公司节约时间提供了保障。

手机定位数据和交通数据为政府提供城市规划的基础交通报告，为设计公司提供咨询管理服务，提供数据分析资料，研判城市规划合理性，及时解析故障、问题和缺陷的根源，每年可为交通意外伤害节省数亿元。

对驾校学员提供学习统计、典型案例、交警原创、交通法规、驾考模拟考、驾考小测验、驾考错题本、驾考解读、驾考章节练习、驾考视频，有效提高学员的驾考能力，并为新手上路提供交通辅导。

目前该方案已在实现以上诸多商业功能，随着数据的增多和挖掘能力的增强，将为智慧城市提供更多服务功能。

■企业简介

陕西北佳信息技术有限责任公司（简称北佳信息）于 1998 年正式成立，现已成为西北领先的信息技术服务提供商之一，业务涵盖 IT 咨询、运维服务、软件开发、系统集成和信息安全。北佳信息秉持"为用户提供优质的解决方案及产品服务"的核心经营理念，面向政府、教育、医疗、交通等行业客户，致力于以优秀的产品服务品质和持续的技术创新精神，成功积累了多领域的专业典型案例，其中在 2014—2015 年度中国信息技术服务产业年会上，公司的"中医公共卫生健康管理信息平台解决方案"获得工信部软件与集成电路促进中心颁发的 2015 年度医疗健康科技惠民优秀创新实践奖，交通交警大数据服务解决方案获得 2017 年度中国信息技术服务产业交通领域优秀解决方案奖。

■专家点评

交通交警大数据服务解决方案通过对浮动车、移动信令、高德地图路况等社会数据和交通路况、视频等交通数据进行采集、分析、处理，并以 APP、微信、网站为抓手，加入车主、市民的互动信息，最终形成管理与服务为一体的交通管理服务平台，具有较好的市场前景和重要的示范意义。

高斌（中国电子科学研究院副院长）

附录："2017 大数据优秀产品和应用解决方案案例"入选名单

1. 大数据产品类（30 个）

序号	申报单位	案例名称	所属类别
1	网易（杭州）网络有限公司	网易猛犸大数据平台	数据综合类
2	北京工业大数据创新中心有限公司	KMX 工业大数据管理分析平台	数据综合类
3	阿里云计算有限公司	阿里云数加平台	数据综合类
4	科大讯飞股份有限公司	讯飞大数据 AI 营销平台	数据综合类
5	新华三技术有限公司	H3C DataEngine V1.0	数据综合类
6	美林数据技术股份有限公司	Tempo 大数据分析平台 V3.0	数据综合类
7	深圳中兴力维技术有限公司	脸酷大数据平台	数据综合类
8	中国电信股份有限公司广东分公司	广东电信智慧城市大数据应用产品	数据综合类
9	成都四方伟业软件股份有限公司	Sefonsoft Data DisCovery 大数据平台	数据综合类
10	贵州易鲸捷信息技术有限公司	易鲸捷数据库	数据综合类
11	北京神州泰岳软件股份有限公司	DINFO-OEC 非结构化大数据分析挖掘平台	数据分析挖掘类
12	北京久其软件股份有限公司	久其大数据处理与分析平台	数据分析挖掘类
13	中航信移动科技有限公司	航旅纵横 APP	数据分析挖掘类
14	内蒙古蒙草生态环境（集团）股份有限公司	草原生态产业大数据平台	数据分析挖掘类
15	浪潮通用软件有限公司	面向企业的浪潮"一站式"大数据分析平台	数据分析挖掘类
16	广州科韵大数据技术股份有限公司	科韵大数据水晶球分析师平台	数据分析挖掘类
17	北京浩瀚深度信息技术股份有限公司	高性能互联网大数据采集分析管控系统大数据产品	数据分析挖掘类
18	威讯柏睿数据科技（北京）有限公司	面向实时大数据分析领域的高性能分析应用平台	数据分析挖掘类
19	北京东方国信科技股份有限公司	东方国信分布式数据库	数据管理类

327

序号	申报单位	案例名称	所属类别
20	科大国创软件股份有限公司	科大国创数据铁笼系统	数据管理类
21	飞友科技有限公司	基于大数据的智慧机场协同决策系统	数据管理类
22	北京神舟航天软件技术有限公司	神软智汇大数据产品套件	数据管理类
23	东软集团股份有限公司	SaCa RealRec 数据科学平台	数据管理类
24	北京易华录信息技术股份有限公司	城市综合交通大数据应用服务平台	数据管理类
25	神华和利时信息技术有限公司	基于价值创造的发电大数据平台	数据管理类
26	北京奇安信科技有限公司	网络安全态势感知与运营平台	安全类
27	南威软件股份有限公司	公安智能感知大数据平台解决方案	安全类
28	中国移动通信集团福建有限公司	基于大数据的反信息通信诈骗平台	安全类
29	东方通信股份有限公司	信息安全大数据网络服务平台	安全类
30	深圳市恒扬数据股份有限公司	面向信息安全系统的大数据异构计算加速解决方案	安全类

2. 大数据应用解决方案类（70个）

序号	申报单位	案例名称	所属类别
1	联想（北京）有限公司	联想工业大数据解决方案	工业领域
2	贵州航天云网科技有限公司	区域级工业云创新服务平台应用集成解决方案	工业领域
3	中联重科股份有限公司	工程机械行业智能装备、智能服务及智能管理一体化解决方案	工业领域
4	中车青岛四方机车车辆股份有限公司	基于大数据技术的高速动车组健康诊断及专家支持（PHM）系统	工业领域
5	双星集团有限责任公司	基于大规模个性化定制的轮胎全生命周期大数据应用方案	工业领域
6	北京东方国信科技股份有限公司	东方国信节能大数据平台	工业领域
7	青岛酷特智能股份有限公司	数据驱动的服装大规模个性化定制系统解决方案	工业领域
8	江苏徐工信息技术股份有限公司	Xrea 工业互联网大数据平台	工业领域
9	金航数码科技有限责任公司	飞机快速响应客户服务平台	工业领域

续表

序号	申报单位	案例名称	所属类别
10	北京工业大数据创新中心有限公司	复杂装备智能运维解决方案	工业领域
11	中国船舶重工集团公司第七○三研究所	基于大数据技术的燃气轮机远程诊断及专家支持系统	工业领域
12	酒泉钢铁（集团）有限责任公司	酒钢系统监管和经营分析大数据应用解决方案	工业领域
13	中国软件与技术服务股份有限公司	基于工业大数据的智慧运营解决方案	工业领域
14	北京东方金信科技有限公司	晶澳太阳能智能综合管理运营平台	工业领域
15	全球能源互联网研究院有限公司	电力大数据开放共享服务平台解决方案	能源电力
16	神华和利时信息技术有限公司	基于大数据云平台的智能矿山解决方案	能源电力
17	中国电力建设股份有限公司	全球可再生能源储量评估、前景分析与平台规划	能源电力
18	湖南大唐先一科技有限公司	大数据关键技术研究及其在智能发电中的应用	能源电力
19	广州健新科技股份有限公司	拾贝云智慧电厂一体化管控平台	能源电力
20	摩拜（上海）智能技术有限公司	摩拜单车	交通物流
21	阿里云计算有限公司	ET 城市大脑	交通物流
22	北京同方软件股份有限公司	交通大数据中心解决方案	交通物流
23	中铁大桥科学研究院有限公司	铁路桥隧检养修管理系统与大数据分析	交通物流
24	中交公路规划设计院有限公司	基于 BIM 技术的交通基础设施资产养护管理解决方案	交通物流
25	大唐软件技术股份有限公司	高速公路交通大数据应用解决方案	交通物流
26	江苏满运软件科技有限公司	运满满全国干线物流智能调度系统	交通物流
27	广东翼卡车联网服务有限公司	车联网大数据场景应用解决方案	交通物流
28	中国电信股份有限公司广东分公司	"云图"交通大数据解决方案	交通物流
29	青岛海信网络科技股份有限公司	先进的新一代智慧城市系统	交通物流
30	贵阳货车帮科技有限公司	货车帮车货匹配系统	交通物流
31	中铁隧道局集团有限公司	盾构 TBM 施工大数据应用平台	交通物流
32	广州通达汽车电气股份有限公司	智慧公交信息综合管理系统解决方案	交通物流
33	陕西北佳信息技术有限责任公司	交通交警大数据服务解决方案	交通物流
34	厦门市美亚柏科信息股份有限公司	城市公共安全管理平台	政务服务

序号	申报单位	案例名称	所属类别
35	浙江大华技术股份有限公司	基于海量视频面向智慧城市的大华混合云解决方案	政务服务
36	亚信科技（中国）有限公司	亚信位置运营解决方案	政务服务
37	云南能投信息产业开发有限公司	云南"智慧水利"大数据平台应用解决方案	政务服务
38	浪潮软件股份有限公司	浪潮政务大数据管理平台	政务服务
39	航天信息股份有限公司	食品药品安全监测预警数据中心	政务服务
40	中国移动通信集团有限公司	中国移动"民生"大数据服务	政务服务
41	重庆中科云丛科技有限公司	安防火眼大数据作战平台	政务服务
42	武汉新烽光电股份有限公司	海绵城市监测评价体系整体解决方案	政务服务
43	浙江科澜信息技术有限公司	"地理时空信息云平台＋城市大数据应用解决方案"	政务服务
44	广州金越软件技术有限公司	金越公安大数据平台	政务服务
45	九次方大数据信息集团有限公司	数据星河大数据交易平台	政务服务
46	上海望海大数据信息有限公司	"智慧海洋"解决方案	政务服务
47	万达信息股份有限公司	面向医疗健康行业的大数据治理与管控解决方案	医疗健康
48	湖南科创信息技术股份有限公司	科创医学大数据平台	医疗健康
49	唐山启奥科技股份有限公司	基于大数据的血液行业智能化管理与应用系统解决方案	医疗健康
50	中电数据服务有限公司	基于大数据的健康医疗综合运营服务解决方案	医疗健康
51	浙江和仁科技股份有限公司	富阳智慧医疗云平台	医疗健康
52	重庆亚德科技股份有限公司	基于全民健康信息平台的健康大数据应用服务平台	医疗健康
53	江西电信信息产业有限公司	基于全民健康信息平台大数据的精准医疗 AI 服务整体解决方案	医疗健康
54	航天信息股份有限公司	国税增值税发票大数据解决方案	金融财税
55	亚信科技（南京）有限公司	基于机器学习的数据驱动型实时金融欺诈检测系统解决方案	金融财税
56	联动优势科技有限公司	金融风控大数据应用服务平台	金融财税
57	中国联合网络通信有限公司上海市分公司	通信运营商与金融行业大数据后向运营应用解决方案	金融财税

续表

序号	申报单位	案例名称	所属类别
58	武汉普利商用机器有限公司	基于深度学习人脸识别与大数据云计算的跨行业智能身份核验解决方案	金融财税
59	山东中创软件工程股份有限公司	银行大数据风险预警平台解决方案	金融财税
60	浙江菜鸟供应链管理有限公司	菜鸟网络智慧物流供应链优化平台	商贸服务
61	上海中信信息发展股份有限公司	基于大数据分析的食品安全追溯服务平台整体解决方案	商贸服务
62	互动派科技股份有限公司	社会化数据营销解决方案	商贸服务
63	南京云创大数据科技股份有限公司	环境大数据开放平台	资源环保
64	廊坊市海宏环保科技有限公司	环保大数据优秀解决方案	资源环保
65	软通动力信息技术有限公司	环保大数据平台	资源环保
66	北京拓尔思信息技术股份有限公司	TRS 融媒体智能生产与传播服务平台	科教文体
67	三盟科技股份有限公司	三盟高校大数据解决方案	科教文体
68	中国农业机械化科学研究院	农业全程机械化云服务平台	农林畜牧
69	哈尔滨航天恒星数据系统科技有限公司	农业大数据解决方案	农林畜牧
70	中国移动通信集团有限公司	中国移动"逍遥"大数据服务平台	旅游服务

丛书总策划：李春生

策 划 编 辑：郑海燕

责 任 编 辑：郑海燕

封 面 设 计：汪　莹

责 任 校 对：苏小昭

图书在版编目（CIP）数据

大数据优秀应用解决方案案例. 工业、能源、交通卷／国家工业信息安全发展研究中心
　编著. —北京：人民出版社，2018.5

（大数据优秀产品和应用解决方案案例系列丛书：2017—2018 年）

ISBN 978－7－01－019316－8

I.①大…　II.①国…　III.①数据处理－案例－中国－2017-2018　IV.①TP274

中国版本图书馆 CIP 数据核字（2018）第 075283 号

大数据优秀应用解决方案案例工业、能源、交通卷

DASHUJU YOUXIU YINGYONG JIEJUE FANG'AN ANLI GONGYE NENGYUAN JIAOTONG JUAN

国家工业信息安全发展研究中心　编著

人民出版社 出版发行

（100706　北京市东城区隆福寺街 99 号）

北京盛通印刷股份有限公司印刷　新华书店经销

2018 年 5 月第 1 版　2018 年 5 月北京第 1 次印刷
开本：787 毫米 ×1092 毫米 1/16　印张：21.5
字数：409 千字

ISBN 978－7－01－019316－8　定价：98.00 元

邮购地址 100706　北京市东城区隆福寺街 99 号
人民东方图书销售中心　电话（010）65250042　65289539